U0204331

航空发动机新技术丛书

国家出版基金项目
NATIONAL PUBLICATION FOUNDATION

航空发动机涡轮叶片
疲劳寿命分析理论

Fatigue Lifetime Analysis Theory of
Aero – Engine Turbine Blades

杨晓光　李少林　石多奇　著

北京航空航天大学出版社

内 容 简 介

本书聚焦于航空发动机涡轮叶片疲劳问题,从试验研究、损伤机理、寿命建模等方面进行系统介绍。全书采用"先总后分"的逻辑框架,围绕着涡轮叶片高温升、强腐蚀、强耦合这种特殊载荷/环境条件下的疲劳寿命问题,从基本概念、基本方法到结构疲劳寿命分析方法进行系统讨论。全书分为 8 章:第 1 章为绪论,凝练涡轮叶片疲劳寿命的基本问题和基本方法;第 2 章介绍微组织退化致涡轮叶片疲劳寿命劣化问题;第 3 章介绍温度引起的蠕变及其与疲劳交互问题;第 4 章介绍热机械耦合载荷下的疲劳问题;第 5 章介绍结构几何不连续带来的缺口疲劳问题;第 6 章介绍服役环境带来的腐蚀疲劳问题;第 7、8 章则进一步探讨热防护涂层结构和叶冠钎焊结构的高温疲劳问题。

本书对从事航空航天、石油化工、军工核电等领域的疲劳寿命分析与设计的研究人员具有一定的参考价值和指导意义。

图书在版编目(CIP)数据

航空发动机涡轮叶片疲劳寿命分析理论 / 杨晓光,李少林,石多奇著. −− 北京 : 北京航空航天大学出版社,2024.2

ISBN 978−7−5124−4328−0

Ⅰ. ①航… Ⅱ. ①杨… ②李… ③石… Ⅲ. ①航空发动机−透平−叶片−疲劳寿命 Ⅳ. ①V232.4

中国国家版本馆 CIP 数据核字(2024)第 029542 号

版权所有,侵权必究。

航空发动机涡轮叶片疲劳寿命分析理论

杨晓光 李少林 石多奇 著
策划编辑 冯颖 龚雪 责任编辑 冯颖 陈守平

*

北京航空航天大学出版社出版发行

北京市海淀区学院路 37 号(邮编 100191) http://www.buaapress.com.cn
发行部电话:(010)82317024 传真:(010)82328026
读者信箱:goodtextbook@126.com 邮购电话:(010)82316936
保定市中画美凯印刷有限公司印装 各地书店经销

*

开本:710×1 000 1/16 印张:20.5 字数:437 千字
2024 年 3 月第 1 版 2024 年 3 月第 1 次印刷
ISBN 978−7−5124−4328−0 定价:179.00 元

若本书有倒页、脱页、缺页等印装质量问题,请与本社发行部联系调换。联系电话:(010)82317024

《航空发动机新技术丛书》
编写委员会

主　任：刘大响　陈懋章

副主任：甘晓华

委　员（以姓氏笔画为序排列）：

丁水汀　王占学　王华明　王振国　尹泽勇

朱如鹏　向　巧　刘永泉　江和甫　孙晓峰

李　伟　李应红　李继保　金　捷　赵希宏

闻雪友　姚　华　桂幸民　徐建中　黄维娜

崔海涛　温　泉

《航空发动机新技术丛书》
策 划 委 员 会

主　任：赵延永　吴一黄

副主任：蔡　喆

委　员(以姓氏笔画为序排列)：

王　娟　冯　颖　李丽嘉　陈守平

周世婷　龚　雪　董　瑞

前　言

　　现代航空发动机不断朝着高性能、高可靠性和高安全性等方向发展,工作条件越来越恶劣和复杂,对航空发动机部件的结构强度提出了严峻挑战。其中,航空发动机部件中的涡轮叶片所处服役环境极为苛刻。涡轮叶片承受轴向力、离心力、气动力、热应力等一系列交变载荷,各载荷之间可能为比例加载、非比例加载或随机加载,使得涡轮叶片处于复杂的交变载荷状况下。另外,涡轮叶片结构的几何形状比较复杂,其结构往往具有冷却气孔、凸台、沟槽等,导致涡轮叶片结构局部应力应变分布实际为多轴应力状态,成为故障易发区域。因此,涡轮叶片的破坏一直是威胁航空发动机安全运行的主要因素。随着航空发动机的进一步发展,其涡轮叶片的变形行为和破坏方式更加复杂,这将增加涡轮叶片的强度设计难度,也将增加其服役过程中寿命预测和结构健康管理的不确定性。

　　在第二代航空发动机设计时,通过基于单一损伤模式的疲劳寿命设计方法,再辅以安全系数,即可保证航空发动机高温合金结构的安全运行。但是对于第三代和第四代航空发动机的强度与寿命设计,基于单一损伤模式的疲劳寿命分析理论、理论模型及实践方法难以确定合适的安全系数、安全边界,导致国产发动机在研制和服役过程中高温合金结构强度问题频出,突出表现为航空发动机设计服役寿命与实际服役寿命相差较大,成为保障现役国产发动机服役安全、定寿延寿及可靠性提高的瓶颈。因此,亟待开展考虑多损伤模式耦合的疲劳寿命理论与预测方法研究。

　　最近二十年,我带领学生们与航空发动机涡轮叶片及其典型材料——定向凝固高温合金DZ125"较上了劲"。在国防973"航空发动机结构完整性及可靠性基础问题"、科技部973"航空发动机服役安全基础问题"、APTD、国家自然基金等多个项目的支持下,系统地开展了复杂温度和载荷下高温结构强度与疲劳理论、本构理论、热障涂层强度及寿命等基础研究,包括粘塑性本构理论、疲劳-蠕变交互作用、热机械疲劳、热障涂层失效机理及寿命预测、环境-疲劳交互作用、叶片定寿、缺口疲劳/多轴疲劳、裂纹扩展数值模拟技术、高温保载裂纹扩展及先进光测技术及应用等。

本书内容取自上述部分研究成果,但聚焦于航空发动机涡轮叶片疲劳问题。全书采用"先总后分"的逻辑框架,围绕着涡轮叶片高温升、强腐蚀、强耦合这种特殊载荷/环境条件下的疲劳寿命问题,从基本概念、基本方法到结构疲劳寿命分析方法进行系统讨论。全书分为8章:第1章为绪论,凝练涡轮叶片疲劳寿命的基本问题和基本方法;第2章介绍微组织退化致涡轮叶片疲劳寿命劣化问题;第3章介绍温度引起的蠕变及其与疲劳交互问题;第4章介绍热机械耦合载荷下的疲劳问题;第5章介绍结构几何不连续带来的缺口疲劳问题;第6章介绍服役环境带来的腐蚀疲劳问题;第7、8章则进一步探讨热防护涂层结构和叶冠钎焊结构的高温疲劳问题。

　　我对本书所引用研究成果的作者表示感谢。同时,我对参与本书相关工作的研究人员表示感谢,他们分别是石多奇博士、魏洪亮博士、刘金龙博士、王井科博士、董成利博士、李少林博士、胡晓安博士、范永升博士。

　　由于著者水平有限,书中难免存在疏漏和不足之处,恳请各位读者朋友们不吝赐教,予以指正。

杨晓光

2023 年 9 月

目　录

第 1 章
绪　论

| 1.1　高温疲劳的基本概念 |

金属疲劳失效是工业事故的常见原因,涉及航空航天、交通运输、石油化工等诸多领域。国际材料试验协会标准 ASTM E1823-23 给出的疲劳定义:"材料某一点或某一些点在承受交变应力和应变的条件下,使材料产生局部的、永久性的、逐步发展的结构性变化的过程"。在足够多的交变次数后,疲劳可能造成裂纹的累积或材料完全断裂;而疲劳寿命是指材料在某些应力的重复作用下发生疲劳断裂的次数或时间,反映了材料或结构的承载能力。

高温疲劳与室温下的疲劳相似,一般也由裂纹萌生、扩展和最终断裂三个阶段组成。但是,高温疲劳除服从一般的疲劳规律外,还有它本身的特殊性,即高温疲劳由于应力、时间、温度和环境等重要因素的影响,使其损伤机理、寿命建模等均比一般疲劳问题更为复杂;且上述因素之间还产生交互作用,出现蠕变-疲劳交互作用(Creep-Fatigue Interaction,CFI)、腐蚀疲劳(Corrosin-Fatigue)和热机械疲劳(Thermo-Mechanical Fatigue,TMF)等失效模式。对涡轮叶片疲劳的研究是这些复杂损伤机理综合作用的典型高温疲劳问题。

高温疲劳最初是从研究高周应力疲劳开始的。这是为了满足一般热力机械(如蒸汽轮机、锅炉等)的设计要求而出现的一个疲劳研究分支。低周应变高温疲劳的相关研究首先是 20 世纪 60 年代中期针对高推重比喷气发动机而进行的[1]。两者的主要区别在于循环数的多寡,一般以 10^4 为界限。

| 1.2　航空发动机涡轮叶片的高温疲劳损伤模式 |

图 1.1 所示为航空发动机典型任务转速剖面。该图表明了航空发动机要经受更

为复杂多变的载荷,其主要表现如下:次循环多;加载次序随机多样;载荷上升和下降的频率各不相同;保载时间也有长有短。不仅如此,在这样的航空发动机载荷下,各个热端部件的不同位置还有着不同的应力/应变响应。

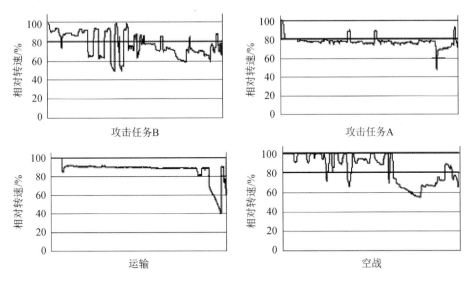

图 1.1　发动机典型任务转速剖面[2]

航空发动机典型的高温部件包括涡轮叶片、涡轮盘、燃烧室等。其中以涡轮叶片的工作条件最为恶劣,不仅其结构中的几何突变部位存在着高应力梯度,且涡轮前温度高达 1 700 ℃、启动时的温升超过 100 ℃/s,同时还存在燃气冲蚀和腐蚀作用。

对于航空发动机涡轮部件的结构强度设计需要考虑多方面的因素,主要包含以下几个方面:

(1) 环境效应

在高温腐蚀性燃气环境的作用下,涡轮部件材料的综合性能发生退化,例如出现氧化或热腐蚀等。涡轮部件材料表面由于环境损伤而发生化学成分和微观结构改变后,力学性能一般趋于"弱化",从而促进疲劳裂纹的萌生和扩展。

(2) 缺口效应

由于几何形状和功能设计的要求,涡轮叶片上普遍存在应力集中区域,例如冷却孔、叶根缘板过渡、叶冠以及榫连结构等,而这些区域内,应力集中将使得材料局部很容易进入塑性应力状态,从而促进疲劳裂纹的萌生,并导致过早失效。

(3) 复杂载荷效应

涡轮部件承受着非常复杂的载荷,包含低周疲劳、高周疲劳、蠕变、疲劳-蠕变交互作用、TMF 等。这些载荷通常都是几何位置相关的:在叶片前缘和尾缘劈缝等换热剧烈的区域,将经历由于热膨胀不协调导致的热应力以及由旋转产生的离心和弯曲应力,形成反相位(Out of Phase,OP)TMF 载荷;而在叶片缘板、伸根、榫头、内冷却通道等热交换较慢的区域,则以等温疲劳或同相位(In Phase,IP)TMF 载荷为主。

(4) 微观组织效应

除了外部环境和载荷外,涡轮部件疲劳失效机理还与材料自身的微观组织密切相关。例如,晶粒细度小的高温合金,拉伸保载会改变微结构上的微裂纹扩展模式,从穿晶模式转变为沿晶模式,从而导致更快的微裂纹扩展速率。材料的微观组织与制造工艺紧密相关,同时由于服役条件而出现"老化"或烧蚀等现象,并降低材料抵抗破坏的能力。

(5) 热障涂层和焊接结构的高温疲劳强度问题

与均质材料相比,热障涂层和焊接结构都属于非均质多物理属性系统。各个组成部分的弹性模量、热胀系数等热力参数差异很大,因此在热或力循环过程中,其内部因产生较高的失配应力而破裂,从而造成热障涂层或焊接结构的退化。

1.3 高温疲劳寿命预测基本方法

目前,高温疲劳寿命预测方法可以分为以下几类:① 基于经验的唯象疲劳寿命预测方法;② 基于连续损伤力学的线性和非线性累积损伤寿命预测方法;③ 基于断裂力学方法的寿命预测方法;④ 基于信息科学的寿命预测方法。

1.3.1 唯象方法

传统上,S‐N 曲线是通过经验方程对几组分散的数据进行拟合及其理论修正得到的。这些数据都取自承受恒定的应力幅直至失效的试验件,故大多数 S‐N 曲线是在实验室中确定的。Basquin[3] 于 1910 年提出了用于高周疲劳的寿命预测方法并建立了应力幅值与发生破坏时所需要的载荷反向次数 $2N_f$ 间的关系:

$$\frac{\Delta\sigma}{2} = \sigma'_f (2N_f)^b \tag{1.1}$$

式中,$\Delta\sigma$ 为循环应力变程,等式左边为循环应力幅值大小,σ'_f 和 b 分别代表疲劳强度系数和疲劳强度指数。Manson[4] 和 Coffin[5] 提出了塑性应变幅度与疲劳寿命之间的经验关系,即 Manson‐Coffin 公式:

$$\frac{\Delta\varepsilon_p}{2} = \varepsilon'_f (2N_f)^c \tag{1.2}$$

式中,等式左边为循环塑性应变幅值,ε'_f 和 c 分别代表疲劳延性系数和疲劳延性指数。Mason‐Coffin 公式宏观唯象地建立了塑性应变幅值和疲劳寿命间的关系,其表达形式较为简单,所需要的变量少,应用广泛。然而,该模型没有考虑平均应力、加载频率、高温及保载对寿命的影响。

Walker[6] 考虑到平均应力对疲劳损伤的影响,在寿命预测模型中定义了一个包

含平均应力的等效应变参量 ε_w :

$$\varepsilon_w = a_1 \cdot N_f^{a_2} \tag{1.3}$$

$$\varepsilon_w = \left(\frac{\sigma_{max}}{E}\right) \cdot \left(\frac{\Delta\varepsilon \cdot E}{\sigma_{max}}\right)^m \tag{1.4}$$

式中, a_1、a_2、m 为材料常数,可通过不同载荷比光滑试验数据拟合得到。σ_{max} 为最大应力,E 为弹性模量,$\Delta\varepsilon$ 为应变变程。

然而在高温环境中影响高温合金疲劳行为的因素很多,有必要建立一个包含这些因素的疲劳模型来评价材料的疲劳损伤。

虽然唯象模型能够较为精准地预测疲劳寿命,但也存在如下不足:① 在阐述疲劳损伤过程中的物理机制方面并不十分严格,唯象模型没有考虑疲劳过程中涉及的裂纹扩展损伤机理;② 高温环境中影响高温合金疲劳行为的因素很多,因此需要在唯象模型中考虑更多的参量,这将导致求解繁琐、计算难度大;③ 唯象模型往往需要大量的试验才能获得可靠的寿命曲线,从而造成经济与时间成本的升高。

1.3.2 损伤力学方法

在外加载荷或环境作用下,由细观结构的缺陷(如微裂纹、微孔隙等)等引起的材料或结构宏观力学性能的劣化,称之为损伤。这些损伤是不断演化发展的且不可逆的。损伤力学方法主要研究材料或结构在变形过程中损伤的演化乃至最终破坏的力学过程中的规律。因此,该方法的主要研究内容是定义一个损伤因子 D 去描述结构的损伤演化速率 dD/dN,从能量和微观的角度分析疲劳产生和扩展的过程。

自 1958 年 Kachanov[7] 提出连续度的概念、1963 年 Rabotnov[8] 提出有效应力和损伤因子的概念,到 1977 年 Janson 等[9] 提出损伤力学概念,损伤力学获得了重要进展。20 世纪 70 年代后期,法国的 Lemaitre[10]、Chaboche[15] 等采用连续介质力学的方法,将损伤因子进一步推广为一种场变量,逐渐形成了"连续介质损伤力学"这门新的学科。其中,Chaboche 在连续损伤力学基础上提出的基于非线性累积损伤模型尤为引人注目。

$$\begin{cases} \dfrac{dD_c}{dt} = \left(\dfrac{\sigma}{A}\right)^r \dfrac{1}{(1-D_c)^k} \\ \dfrac{dD_f}{dN} = \left[1-(1-D)^{\beta+1}\right]^{A(\sigma_{max},\bar{\sigma})} \left[\dfrac{\sigma_{max}-\bar{\sigma}}{M(\bar{\sigma})(1-D)}\right]^{\beta} \end{cases} \tag{1.5}$$

式中,dD_c/dt 和 dD_f/dN 分别为纯蠕变和纯疲劳损伤演化方程,当 $D_c+D_f=1$ 时,表明材料发生失效断裂。

虽然基于损伤力学方法可以对疲劳寿命进行较为精准的预测,但不难发现疲劳损伤参量的定义还没有统一的认识,损伤演化模型也不完善。因此,基于损伤力学的疲劳寿命预测方法在发动机涡轮叶片等复杂结构中的应用有待进一步探索。

1.3.3　断裂力学方法

传统的疲劳分析方法认为结构无裂纹,而断裂力学方法认为结构均存在一定缺陷,且疲劳裂纹源自这些缺陷,结构的破坏是循环载荷下裂纹扩展的后果。断裂力学方法的关键问题在于疲劳裂纹扩展速率模型的建立。现如今 Paris 公式作为研究疲劳裂纹扩展速率最基本的模型被广泛使用[12]。作为断裂力学中一个最重要的参数,应力强度因子 K 是一个用于描述由外部载荷引起的裂纹尖端附近应力状态的参数,可以单独用作疲劳损伤参数并与 Paris 定律相结合关联疲劳寿命。

$$\frac{\mathrm{d}a}{\mathrm{d}N} = C(\Delta K)^m \tag{1.6}$$

式中,a 是裂纹深度或宽度;N 是应力循环次数;C 和 m 是和材料有关的参数;ΔK 为应力强度因子变程。

为了更好地满足工程实际的需求,众多学者对疲劳裂纹扩展速率模型的建立进行了探索。考虑应力比 R 和断裂韧度 K_{IC} 的影响,Forman[13] 提出另一种唯象模型:

$$\frac{\mathrm{d}a}{\mathrm{d}N} = \frac{C(\Delta K)^m}{(1-R)K_{IC} - \Delta K} \tag{1.7}$$

当最大应力强度因子 K_{max} 趋于 K_{IC},且 $\Delta K = (1-R)K_{max}$ 时,裂纹扩展速率 $\mathrm{d}a/\mathrm{d}N$ 趋于无穷,构件发生断裂。在 Forman 方程的基础上,Schütz 等[14] 考虑裂纹扩展门槛值 ΔK_{th} 的影响,提出改进公式如下:

$$\frac{\mathrm{d}a}{\mathrm{d}N} = \frac{C(\Delta K^m - \Delta K_{th}^m)}{(1-R)K_{IC} - \Delta K} \tag{1.8}$$

另外,也有学者通过对 Paris 公式进行温度修正提出了相应的改进模型。如通过引入温度相关项参数,可以得到含热力学参数的 Arrhenius 模型的寿命预测方法。

由于使用断裂力学过程中都是将缺陷视为裂纹,造成无法反映不同缺陷特征对裂纹萌生寿命的影响,因此导致基于断裂力学的寿命预测方法有待进一步完善与发展。

1.3.4　信息科学方法

近年来,随着机器学习技术的发展,数据驱动的方法已经在各个领域崭露头角。其中,机器学习算法以统计分析为基础,能够对复杂数据进行回归预测建模,模型的预测精确度和泛化能力较强,故基于机器学习技术的快速发展显示了在大数据集中识别疲劳影响因素方面的巨大潜力。

机器学习模型在识别多因素耦合和变量间强交互作用下的疲劳寿命关键特征方面具有明显优势。在最近的研究中,支持向量机(SVM)、随机森林(RF)、人工神经网络(ANN)和高斯过程回归(GPR)等机器学习模型已经应用于疲劳建模。通过使用机器学习算法可以更为全面地对缺陷进行描述并作为输入来预测疲劳寿命。可以使用光学、X 射线、声发射等无损检测手段获得关键缺陷的几何特征,并使用相应算法进行训练。为了加速优化过程,使用交叉验证的网格搜索方法来拟合模型参数,最终得到机器学习预测模型。预测效果相比传统模型有较大改进。

然而,信息科学方法的有效性在很大程度上取决于足够的可用输入数据,只有较为完整且相关性较好的数据集才有助于建立精确的疲劳寿命预测模型。除此之外,由于大多数机器学习预测方法主要是纯数据驱动的,故整个模型没有考虑物理定律和相应复杂机理。总之,当可用数据足够多时,信息科学方法在疲劳寿命预测过程中具有潜在的优势。

| 1.4 本书编写目的 |

现有的疲劳相关专著或教材多聚焦于一般的疲劳行为,目前还没有一本书能够全面、系统地介绍航空发动机涡轮叶片复杂的疲劳行为。本书围绕着航空发动机涡轮叶片高温升、强腐蚀、强耦合这种特殊载荷/环境条件下特殊的疲劳破坏问题,从试验研究、损伤机理和寿命建模以及工程应用等方面进行系统介绍。

此外,以涡轮叶片为代表的高温结构的疲劳破坏模式与常温下一般的疲劳破坏,无论是机理、表征方法还是寿命预测方法均存在较大差别,因此本书旨在提高人们对于涡轮叶片疲劳破坏的深层次认识,为高温结构设计提供基础理论和科学方法。

| 参考文献 |

[1] 何晋瑞. 金属高温疲劳研究与发展[J]. 机械工程材料,1979(06):2-18. DOI:CNKI:SUN:GXGC. 0. 1979-06-000.

[2] 苏清友,等. 航空发动机主要零部件定寿指南[M]. 北京:航空工业出版社,2004.

[3] BASQUIN O. The Exponential Law of Endurance Tests[J]. Proc ASTM,1910(10).

[4] MANSON S S. Behavior of Materials Under Conditions of Thermal Stress[M]. Michigan:University of Michigan Press,1953.

[5] COFFIN LF,J R. A Study of the Effects of Cyclic Thermal Stresses on a Ductile Metal[J]. Transactions of the American Society of Mechanical Engineers,1954,76(6):931-949.

[6] WALKER K. The Effect of Stress Ratio During Crack Propagation and Fatigue for 2024-T3 and 7075-T6 Aluminum[G]//ROSENFELD M. Effects of Envi-

ronment and Complex Load History on Fatigue Life. ASTM International，1970，STP462-EB：0.

［7］KACHANOV L M. Rupture Time Under Creep Conditions［J］. International Journal of Fracture，1999，97（1）：11-18.

［8］RABOTNOV Y N. On the Equation of State of Creep［C］//Proceedings of the Institution of Mechanical Engineers，Conference Proceedings. 1963，178（1）：307-315.

［9］JANSON，HULT J. Fracture Mechanics and Damage Mechanics，a Combined Approach［J］. Journal de Mecanique Appliquee，1977，1（1）：69-84.

［10］LEMAITRE J. A Course on Damage Mechanics［M］. Berlin：Springer-Verlag，1992.

［11］MINER M A. Cumulative Damage in Fatigue［J］. Journal of Applied Mechanics，2021，12（3）：A159-A64.

［12］NEU R，SEHITOGLU H. Thermomechanical Fatigue，Oxidation，and Creep：Part II Life Prediction［J］. Metallurgical Transactions A，1989，20（9）：1769-83.

［13］LIU Q，GAO Y，LI Y，et al. Fatigue Life Prediction Based on a Novel Improved Version of the Corten-Dolan Model Considering Load Interaction Effect［J］. Engineering Structures，2020（221）：111036.

［14］LI Z，SHI D，LI S，et al. Residual Fatigue Life Prediction Based on a Novel Damage Accumulation Model Considering Loading History［J］. Fatigue & Fracture of Engineering Materials & Structures，2020，43（5）：1005-21.

［15］CHABOCHE J-L. Continuous Damage Mechanics—A Tool to Describe Phenomena Before Crack Initiation［J］. Nuclear Engineering and Design，1981，64（2）：233-47.

［16］PARIS P，ERDOGAN F. A Critical Analysis of Crack Propagation Laws［J］. Journal of Basic Engineering，1963，85（4）：528-33.

［17］Forman R G，Kearney V E，Engle R M. Numerical Analysis of Crack Propagation in Cyclic-Loaded Structure［J］. Sen-ito Kogyo，1967，49（3）：459-464.

［18］SCHüTZ W. The Prediction of Fatigue Life in the Crack Initiation and Propagation Stages—a State of the Art Survey［J］. Engineering Fracture Mechanics，1979，11（2）：405-21.

第 2 章

微观组织退化致涡轮叶片疲劳寿命劣化

| 2.1 引　言 |

在极严苛的强热-力耦合环境中工作,单晶/定向凝固涡轮叶片的微观组织不可避免地发生各类退化行为,主要表现为 γ' 相的粗化(Coarsening)与筏化(Rafting)、初生与次生碳化物(MC)的演化、拓扑密排相(Topological Closed Packed Phase,TCP)的生成、涂层与基体二次反应区(Secondary Reaction Zone,SRZ)生成以及表面再结晶等[1-3],见图 2.1。对于定向凝固/单晶镍基高温合金而言,其高温力学性能主要由其内部高体积含量的 γ' 相强化粒子和 γ 基体所构成的共格结构所主导,因而在诸多微观组织退化模式中的粗化和筏化尤为重要。粗化与筏化在合金的服役过程中同时发生并受服役温度、时间、载荷和 γ'/γ 两相结构之间的错配度等多方面因素的综合影响。镍基高温合金的力学性能与 γ' 相的尺寸、形貌、体积分数和分布密切相关,已有研究表明 γ' 相的粗化和筏化将会造成合金拉伸性能、疲劳和蠕变寿命劣化,严重影响涡轮叶片的长时安全服役,是影响航空发动机大修间隔确定的重要因素,也是大修时涡轮叶片检查判废的重要指标。因此,粗化和筏化行为及其对镍基高温合金力学性能乃至寿命影响的研究近些年来已经成为航空发动机高温材料和强度领域研究的热点与重点。

本章首先以国产涡轮叶片材料定向凝固镍基高温合金 DZ125 为研究对象,研究了服役粗化和筏化对其疲劳寿命的劣化影响规律和机理,提出了合金微观组织筏化状态与疲劳性能衰减的定量关联方法和寿命预测模型;然后,开展了现役某型发动机高压一级转子叶片的服役微观组织筏化特征分析与剩余疲劳寿命试验与分析;最后,对微观组织退化致涡轮叶片疲劳寿命劣化问题中的一些基本现象和规律进行了总结。

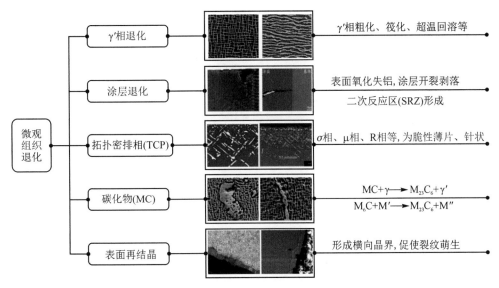

图 2.1　服役涡轮叶片微观组织退化行为

2.2　服役涡轮叶片典型微观组织退化及其对疲劳寿命的影响

2.2.1　γ′相的粗化和筏化

单晶/定向凝固镍基高温合金在微观层面上主要由 LI$_2$ 型的强化相粒子和面心立方(Face Centered Cubic,FCC)基体组成[4],见图 2.2(a)。涡轮叶片长时服役在复杂应力状态和高温环境下,内部的相不可避免地发生退化,主要包括 γ′相的粗化、聚集、筏化和超温溶解等。粗化过程中,γ′相粒子的立方度逐渐下降,边角逐渐钝化而变得圆滑同时伴随着粒子尺寸的变大。粗化是受合金微观两相界面能驱动的元素扩散行为,符合 Ostwald 熟化机制[5];而筏化则是 γ′相粒子在外载荷作用下沿特定方向相互连接,进而长大的定向粗化行为。涡轮叶片筏化受服役载荷、温度、时间、合金元素和错配度等多方面因素的复杂作用。一般具有负错配的单晶/定向凝固镍基高温合金在受压缩载荷时会形成平行于载荷方向的 P 型筏化,而受拉伸载荷时会形成垂直于载荷方向的 N 型筏化[6],如图 2.2 所示。

γ′相的筏化现象最早由 Tien 研究镍基合金 Udimet700 的高温力学性能时发现[7]。一般筏化只有在服役温度超过一定值时才会发生,在镍基单晶合金中该温度的下限约为 900 ℃,并且筏化速率会随着服役温度的升高和服役载荷的提高而加快[6]。筏化的微观驱动力一般可以解释为外加应力改变了不同区域的原子化学势,

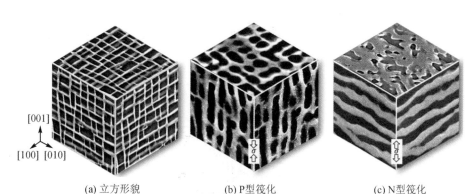

(a) 立方形貌   (b) P型筏化   (c) N型筏化

图 2.2   DD6 合金微观组织形貌

进而导致元素的定向扩散和 γ′ 相筏状形貌的形成[8]。大量的试验和模拟结果表明，在高温和外加应力的作用下，γ′ 相筏化在蠕变第二阶段就已经基本完成。此后，大量位错切入 γ′ 相并降低其抗剪切能力，造成合金两相结构的拓扑反转和解筏。

    涡轮叶片服役时应力状态极其复杂，同时伴随着不均匀的温度分布，而筏化与叶片的服役载荷和温度又有十分密切的关系，这就造成涡轮叶片在实际服役过程中的筏化也有不均匀性和位置相关的特点。图 2.3 所示为服役若干小时后某型发动机涡轮叶片叶身截面筏化分布情况。可以发现，叶根位置 γ′ 相并没有发生明显的退化，前缘二分之一叶高处 γ′ 相已经筏化得比较严重，叶尖位置则表现出明显的粗化和筏化的共同作用。

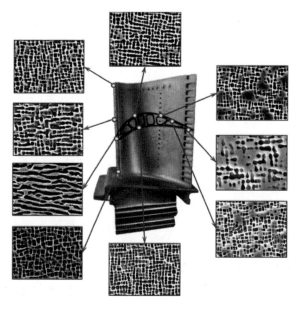

图 2.3   服役若干小时后某型发动机涡轮叶片叶身截面微观组织筏化分布情况

虽然在材料冶金学已经对筏化开展了广泛的研究,但很少有研究关注筏化对镍基高温合金疲劳性能的影响。Ott 等[9]研究了三种不同微观组织形貌的单晶合金 CMSX－4/6 在高温下的低循环疲劳性能,指出 N 型筏化降低了合金的疲劳寿命,而 P 型筏化却有助于提高合金的疲劳寿命。Kirka 开展了不同筏化形貌对定向凝固镍基合金 CM247LC－DS 热机械疲劳(Thermo－Mechanical Fatigue,TMF)行为的影响研究[10]。结果表明,粗化和 N 型筏化形态的 γ' 相降低了合金同相位热 TMF 寿命,而 P 型筏化形态的 γ' 相增加了合金的反相位 TMF 寿命。Portella 等[11]通过对 CMSX－4 合金进行研究发现筏化在中温下对合金疲劳寿命的影响要大于高温下的影响,并当载荷越靠近高循环疲劳区,其影响越明显。但是 Cervellon 对相同材料在高温下的超高周疲劳研究中却指出微观组织筏化并不影响合金的寿命,只是造成了 I 型的裂纹扩展形式[12]。

　　这些研究结果均表明 γ' 相的筏化,尤其是 N 型筏化,将会导致合金疲劳寿命的降低。但是筏化对合金疲劳行为的影响机理,目前并没有得到一致的结论。Kirka 等将粗化和 N 型筏化造成合金 TMF 寿命降低的原因归结为循环变形过程中的高平均应力,认为粗化和筏化引入的界面位错网络松弛了 γ'/γ 两相结构的共格应变,降低了 γ' 相的抗剪切能力[13]。Tinga 等[14]指出微观组织的退化加速了蠕变-疲劳过程中疲劳损伤的累积,从而降低了合金的疲劳性能。Ott 把筏化形貌对合金寿命的作用归结为不同的微观组织形貌对于疲劳裂纹扩展行为的影响:N 型筏化的 γ' 相由于其板层状结构促进裂纹沿 γ 相和 γ'/γ 两相界面扩展,提高裂纹扩展速率,导致疲劳寿命缩短;而 P 型筏化形貌中针状的 γ' 相相当于增强纤维阻碍了裂纹的扩展,从而提高了合金的疲劳抗性[9]。

　　目前对于定向凝固/单晶镍基合金服役微观组织筏化行为及其对合金力学性能的影响研究,大多数集中在镍基合金粗化和筏化的试验和理论以及微观组织变化对其力学性能影响的定性研究层面,缺乏筏化状态与剩余疲劳性能的定量认知与力学模型。对于涡轮叶片而言,为了保障运行安全,工程上必须要有服役涡轮叶片的筏化判废依据和预测服役叶片剩余安全寿命的能力。因此,开展微观组织筏化的定量化表征以及构建微观组织退化与宏观寿命衰减的定量关联,将是涡轮叶片面向安全服役与经济大修的关键。

2.2.2　TCP 相生成与涂层退化

　　镍基高温合金尤其是单晶合金,在设计时为了增强合金的高温蠕变抗性,会掺入难熔合金元素,如 Re、Cr 和 Mo 等[4]。但是,难熔元素在涡轮叶片高温长时服役时会在枝晶干中心区偏析、聚集形成 TCP 相,其主要类型有 σ 相、μ 相、P 相和 Laves 相等。TCP 相的形成会降低合金的力学性能,危害涡轮叶片的安全服役:首先,TCP 相的组成元素恰是镍基高温合金的强化元素,这些强化元素的消耗会降低合金的蠕变抗性[14];其次,TCP 相大多为脆性相,会导致涡轮叶片在服役受载过程中产生应力集中,成为裂纹萌生源并促进裂纹的成核与扩展,严重的话将会造成叶片断裂事故的发生[15,16];最后,TCP 相的消除需要对叶片进行热处理,而目前已知的 TCP 相只有极少一部分比较容易消除,大多数 TCP 相在高温下具有较强的稳定性[17]。Sujata 等[18]对飞行断裂涡轮叶片的微观组织进行分析,发现叶片内部存在大量的 TCP 相且遍布整个叶身,并由此认为是 TCP 相的形成导致了涡轮叶片的过早断裂并造成了飞行事故。

单晶涡轮叶片为了提高抗氧化性以及高温性能,往往会在表面涂覆热障涂层。难熔合金元素的掺入以及涂层基体异质界面的化学势梯度会导致涂层基体之间发生复杂的互扩散,形成 IDZ(Inter-diffusion Zone,互扩散区)和 SRZ(Secondary Reaction Zone,二次反应区),如图 2.4 所示。研究表明,带涂层的高代次单晶高温合金在高温下工作时,涂层–单晶合金界面会快速析出大量 TCP 相[19]。这种互扩散行为产生的涂层–单晶合金界面微观组织特征的变化不但会对涂层自身的抗氧化和抗腐蚀性能造成影响,同时也会改变合金基体表面的组织结构,进而影响其高温力学性能。SRZ 位置析出的 TCP 相极易诱发微裂纹萌生,导致涂层–单晶合金界面开裂[20]。界面产生的裂纹严重的话将会导致涂层剥落,直接引起叶片基体的氧化烧蚀,从而引发重大灾难事故。

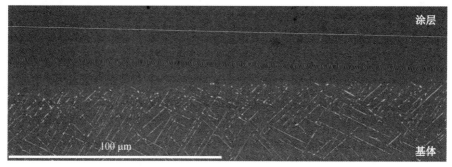

图 2.4　高温工作 1 000 h 后涂层–单晶合金界面组织形貌[21]

2.2.3　碳化物退化

C 元素通常在涡轮叶片材料中析出形成初生碳化物,并起到一定的强化作用,特别是在多晶和定向凝固镍基高温合金中。大多数情况下,碳化物会在晶界和枝晶间区域析出.常见的碳化类型有 MC、M_6C 和 $M_{23}C_6$ 型,其中 M 表示合金中的 Ti、Cr 或耐火元素[22,23],典型形态有条状、块状和骨架状。

初生 MC 型碳化物通常在凝固过程中形成,凝固温度接近于合金熔融温度。与 γ 相一样,MC 碳化物也具有 FCC 结构[24]。MC 型碳化物对合金性能的影响取决于其尺寸及形貌,大块的网状碳化物会导致材料受载时产生微观局部应力集中,且由于碳化物本身呈脆性容易萌生裂纹。小尺寸的块状 MC 型碳化物有利于提高合金的持久寿命[23]。MC 型碳化物的稳定性和演化特征影响合金的性能和使用寿命。

尽管 MC 型碳化物非常稳定,但它们是高温分解形成其他类型碳化物和有害 TCP 相的主要碳源[25,26]。镍基高温合金中发生的主要固态反应之一就是 MC 碳化物和基体在 870～950 ℃温度范围内反应生成 $M_{23}C_6$ 型碳化物和 γ' 相,其反应式可以写成[27]

$$MC + \gamma \longrightarrow M_{23}C_6 + \gamma' \tag{2.1}$$

上述反应是试验观察的结果,即 $M_{23}C_6$ 和 γ' 与变质 MC 型碳化物形成在同一区域[27]。一般低于 871 ℃时,初级 MC 型碳化物不会分解[28]。M_6C 型碳化物通常在 815～980 ℃温度范围内形成,并在耐火元素高含量区域形成。M_6C 型碳化物的形成是通过用钼或钨代替其他碳化物中的铬而发生的。作为晶界强化剂,M_6C 型碳化物在 $M_{23}C_6$ 的分解温度以上保持稳定。与 $M_{23}C_6$ 一样,M_6C 是由 MC 型碳化物和基体反应生成的[29]

$$MC + \gamma \longrightarrow M_6C + \gamma' \tag{2.2}$$

就当前已公开的文献报道来看,M_6C 型碳化物往往对涡轮叶片材料的性能起劣化作用,而颗粒状的 $M_{23}C_6$ 型碳化物由于对位错运动的阻碍而起到了一定的强化作用。M_6C 型碳化物多在晶界和孪晶界以片状形式析出,也可以在晶粒内部以针状析出,由于 M_6C 型碳化物硬而脆,容易成为裂纹萌生和扩展位置,从而降低材料的疲劳性能。为了确保叶片的服役性能,涡轮叶片中一旦出现 M_6C 型碳化物必须进行必要的恢复热处理[30,31]。谢君等[32]在镍基高温合金 K416B 的蠕变过程中发现 MC 型碳化物在枝晶间区域呈条状分布,随着蠕变的持续,长条状碳化物逐渐被溶解、分解形成不连续的颗粒状 M_6C 型碳化物。Li 等[33]对某定向凝固镍基高温合金进行高温时效处理过程中发现晶界块状 MC 碳化物分解为颗粒状 $M_{23}C_6$ 型碳化物。随后,他们对含不同类型碳化物的试验件在 780 ℃/700 MPa 下进行蠕变实验,发现具有颗粒状 $M_{23}C_6$ 型碳化物的合金蠕变性能优于其他合金,这是因为颗粒状 $M_{23}C_6$ 型碳化物有效地阻碍了位错的滑移并且限制晶界移动,从而提高了合金的高温蠕变特性。

2.2.4　表面再结晶

对单晶/定向凝固涡轮叶片而言,如果叶片在生产过程中受到冷变形(如磕碰、吹砂、机械加工等),服役过程中又处于高于再结晶形成的温度环境中,叶片就会发生表面再结晶[34,35]。此外,在叶片修复过程中由于吹砂等表面处理,随后在进行热恢复时热处理温度在再结晶温度附近时也会产生表面再结晶。单晶/定向凝固镍基高温合金由于缺少晶界强化元素,一旦产生再结晶,在再结晶晶界处极易形成裂纹导致叶片的断裂,造成重大安全事故。21 世纪初,定向凝固镍基高温合金涡轮叶片发生了多起与再结晶有关的裂纹和断裂故障,导致了严重的飞行事故,造成了大量发动机返厂检修和巨大的经济损失[36,37]。

再结晶受表面应力状态、温度以及第二相粒子特征等多个因素的影响[38,39]。相关研究指出热处理前表面吹砂会造成再结晶,并且随着吹砂压力或时间的增加,合金表面变形量也会增加,从而导致标准热处理后再结晶层厚度均显著增加,吹砂时间对再结晶的影响尤为严重。此外,再结晶的形貌也受热处理温度的影响:当热处理温度不超过 1 150 ℃时,形成胞状再结晶;当热处理温度高于 1 150 ℃时,由胞状再结晶逐渐转变为等轴状再结晶[40,41]。此外,有研究表明当热处理温度高于某个临界温度时,合金中的 γ' 相溶解量会随着温度的升高而迅速增加,再结晶形核和晶界推移过程中所遇阻力大幅度减小,再结晶层厚度急剧增加[41]。图 2.5 所示为吹砂处理后 DZ125 合金的表面再结晶组织形貌。

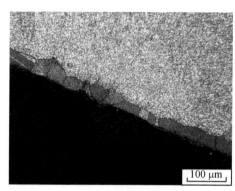

(a) 光镜图片　　　　　　　　　　　　　　(b) SEM图片

图 2.5　DZ125 合金表面再结晶

一般来说,表面再结晶的横向晶界由于强度较低,极易萌生裂纹,会显著降低合金的疲劳寿命[42,43],如图 2.6 所示。马显锋等[44,45]针对定向凝固和单晶镍基高温合金表面再结晶对合金的疲劳性能开展了一定的研究工作。试验发现再结晶晶粒表现出沿晶断裂形式,倾向于多元萌生,但是裂纹的沿晶(或穿晶)与试验温度也有关系,同时发现裂纹容易从再结晶粗大的孪晶处萌生。在疲劳加载过程中,裂纹大多沿着表面再结晶的晶界扩展,说明表面再结晶促进了疲劳裂纹的萌生与扩展,降低了合金的疲劳寿命。曲彦平等[46]研究了表面再结晶厚度对 DZ125 合金蠕变寿命的影响,发现具有不同再结晶层厚度的 DZ125 合金蠕变寿命基本相当,但与未发生再结晶合金相比寿命降低了 30%;而且蠕变断裂后再结晶晶粒内出现了 γ' 相筏化,说明柱状晶发生再结晶后产生的晶界仍然具有一定的强度,同时也观察到蠕变裂纹在再结晶晶界及合金内部萌生。然而,也有研究发现随着表面再结晶厚度的增加,试验件的疲劳寿命并不一定会单纯降低。当再结晶厚度较大时,甚至会出现寿命的反常增加,这可能与合金试验件表面再结晶的细晶强化有关[45]。

由于其严重的危害性,故在涡轮叶片的生产制造和服役大修中都要尽力消除或者抑制表面再结晶,主要方式有以下 2 种:① 避免在叶片表面产生塑性变形;② 采用

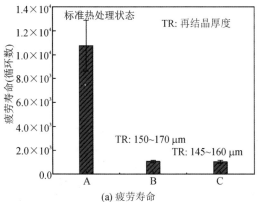

(a) 疲劳寿命

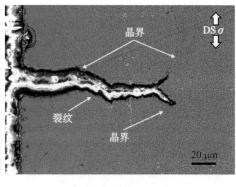

(b) 萌生与再结晶晶界处的裂纹

图 2.6 表面再结晶对 DZ125 合金疲劳行为的影响

预恢复热处理方法来降低再结晶的驱动力,从而抑制恢复热处理过程中产生再结晶。Bond 等[47]研究了预恢复热处理对镍基单晶高温合金再结晶的抑制作用,结果表明,在一定的预恢复热处理温度下,可抑制恢复热处理过程中产生再结晶,但是预恢复热处理并不是对所有合金均能起到抑制作用[40]。目前,在实验室试验件级的组织恢复试验中,均可以很好地控制再结晶的产生,但由于叶片服役过程中发生的变形以及恢复热处理过程中较高的温度作用,经常在恢复热处理过程中出现再结晶问题,这也是阻碍恢复热处理技术在单晶/定向凝固涡轮叶片上应用的重要因素。

从涡轮叶片的服役安全角度出发,一方面要尽力抑制和消除表面再结晶,另一方面对于表面再结晶无法避免的情况,应当形成相应的再结晶判定准则,明确叶片可承受的表面再结晶厚度和类型的许用极限。国外对定向凝固叶片中再结晶均有严格的控制,但公开报道较少。我国制定的行业标准《定向凝固叶片中再结晶的检测与评定方法(HB 7782—2005)》中规定了再结晶的检测和评定方法。然而,单晶/定向凝固涡轮叶片表面再结晶受诸多影响的复杂影响,国内外相关研究开展较少,难以形成统一定量结论,仍须开展进一步的研究工作。

2.3 微观组织粗化/筏化定向凝固镍基高温合金疲劳行为

2.3.1 试验材料及试验过程

为揭示微观组织粗化/筏化行为对涡轮叶片材料疲劳行为的影响规律和机理,下面以广泛应用于航空发动机涡轮叶片的定向凝固镍基高温合金 DZ125 为对象,开展不同粗化/筏化状态下的低循环疲劳试验。DZ125 合金元素组分见表 2.1。图 2.7 给出了初始状态下合金的柱状晶粒和 γ' 相形貌,可以发现在初始状态下合金枝晶干

内 γ′ 相呈立方体形貌均匀的排布在 γ 通道相中。γ′ 相的体积分数为 66%，宽度为 0.38 μm。γ 通道相的宽度为 0.063 4 μm。

表 2.1　DZ125 合金元素组分

元　　素	Ni	C	Cr	Co	W	Mo	Al	Ti	Ta	Hf	B
质量分数	—	0.096%	8.77%	9.88%	7.29%	2.00%	5.13%	1.03%	3.70%	1.42%	0.015%

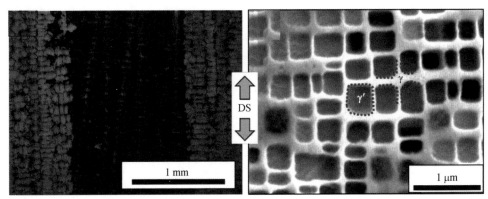

(a) 柱状晶粒组织　　　　　　(b) γ′相形貌(沿[100]平面观测)

图 2.7　DZ125 合金初始状态下微观组织形貌

参考涡轮叶片的典型工作温度、载荷范围和服役时长，共设置 4 种无载荷粗化预处理条件：① 850 ℃/300 h；② 980 ℃/300 h；③ 980 ℃/600 h；④ 980 ℃/1 000 h。粗化处理用初始状态下的 DZ125 合金铸棒直接在箱式高温炉中进行。对于含载荷作用的筏化处理，因为 γ′ 相易在高温低应力状态下发生筏化，并且要防止试验件在筏化处理过程中断裂，因此选取筏化处理温度为 950 ℃、980 ℃ 和 1 050 ℃，载荷范围为 50～125 MPa，加载时间范围为 30～100 h。共设置 5 组筏化处理条件：① 950 ℃/100 MPa/100 h；② 980 ℃/125 MPa/60 h；③ 1 050 ℃/50 MPa/30 h；④ 1 050 ℃/75 MPa/30 h；⑤ 1 050 ℃/100 MPa/30 h。粗化和筏化处理结束后，对合金进行线切割加工制备金相试验件。金相试验件经机械抛光后采用配比为 20 g $CuSO_4 \cdot H_2O$+50 mL HCL+5 mL H_2SO_4+100 mL H_2O 的化学溶液进行腐蚀。采用SUPRA 55 型场发射扫描电镜对粗化/筏化处理后合金内部 γ′ 相的形貌及尺寸参数变化进行观察分析。

微观组织粗化/筏化高温合金的疲劳试验温度选取涡轮叶片的典型服役温度 850 ℃。粗化试验疲劳试验采用小尺寸片状试验件，试验件横截面名义应力为 810 MPa，应力比为 0.05，加载频率 0.5 Hz。图 2.8 出给了小尺寸试验件高温疲劳试验装置、专用夹具主要组成部分及小尺寸粗化疲劳试验件几何尺寸。筏化疲劳试验件采用标准试棒形式，见图 2.9。筏化处理结束后，对筏化试验件表面进行抛光处理去除表面氧化层。试验温度为 850 ℃，采用应变控制，选取应变变程为 1.1%，应变比为 0.05,加载应变速率为 0.005 s^{-1}。

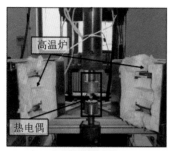

(a) 小尺寸试验件高温疲劳试验系统

(b) 小尺寸试验件专用夹具示意图

(c) 小尺寸粗化疲劳试验件实物图

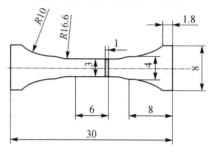

(d) 小尺寸粗化疲劳试验件几何尺寸(单位：mm)

图 2.8　涡轮叶片小尺寸试验件高温疲劳试验方法

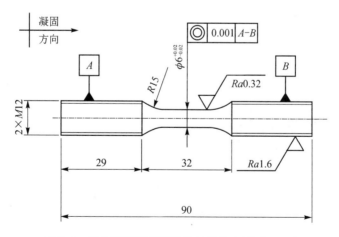

图 2.9　筏化疲劳试验试验件几何尺寸(单位:mm)

所有低循环疲劳试验均采用液压伺服疲劳试验机(MTS 809)开展。试验温度采用接触式热电偶进行控制。粗化小试验件的伸长量利用试验机横梁位移传感器进行采集后换算得到。筏化标准试验件伸长量采用高温引伸计进行测量。疲劳试验结束后采用丙酮溶液对断口进行清洗,采用扫描电镜对试验件断口和断口附近形貌和裂纹信息进行观察分析。为了观察粗化/筏化形貌对合金疲劳变形过程中位错组态的影响,在断口附近利用线切割技术沿[100]方向切下厚 0.4 mm 的薄片,用砂纸打磨至 0.1 mm 后采用电化学减薄方法制备出满足观察厚度的透射电镜(TEM)试验件。采用 JEOL 2100TEM 型透射电镜观察不同微观组织状态下位错组态,观察工作电压为 200 kV。

2.3.2 微观组织粗化/筏化形貌与统一量化表征

不同粗化状态 DZ125 合金的微观组织形貌如图 2.10 所示。850 ℃/300 h 预处理后的合金微观组织和原材料相比并没有发生明显变化,γ' 相宽度分别为 383.5 nm 和 398.1 nm,γ' 相体积分数分别为 65.1% 和 64.21%,说明在 850 ℃下,DZ125 合金的微观组织稳定性较好。980 ℃/300 h、980 ℃/600 h 和 980 ℃/1 000 h 条件下,合金枝晶干内 γ' 相形貌并没有发生明显变化,都基本保持立方体形状,只发生了各向同性粗化行为。随着温度和时间的增大,粗化程度越大。不同粗化状态下合金内部微观组织参数见表 2.2。

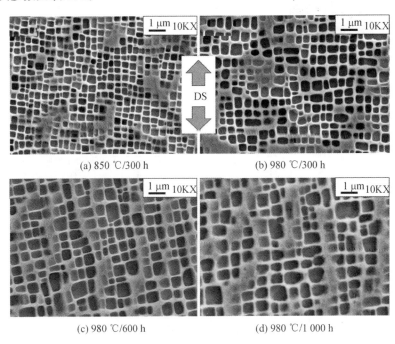

图 2.10　粗化 DZ125 合金枝晶干内 γ' 相形貌

图 2.11 所示为 5 种筏化状态下合金内部 γ'/γ 两相组织形貌与初始合金微观组织形貌的对比。如图 2.11(d)~(f)所示,对于具有负错配的镍基高温合金,γ' 相在高温和外载荷作用下沿垂直于载荷方向增长并相互连接。100 h/100 MPa/950 ℃ 和 60 h/125 MPa/980 ℃ 处理条件下合金处于微观组织筏化的初始阶段,γ' 相基本保持

原有的立方体形貌。当处理温度达到 1 050 ℃时，γ′相发生了明显的筏化。随着载荷的增加，垂直方向的通道相宽度逐渐缩小和消失，水平方向基体通道从初始状态的 63.42 nm 分别增加到 203.86 nm、248.95 nm 和 271.12 nm，见表 2.3。

表 2.2　不同粗化状态下 DZ125 合金微观组织参数

粗化处理方案	l/nm	ω/nm	f	ξ
初始状态	383.50	63.43	0.66	0
850 ℃/300 h	407.10	73.95	0.64	0.142 3
980 ℃/300 h	450.34	104.10	0.61	0.390 7
980 ℃/600 h	557.23	148.35	0.57	0.572 5
980 ℃/1 000 h	614.31	171.18	0.60	0.629 5

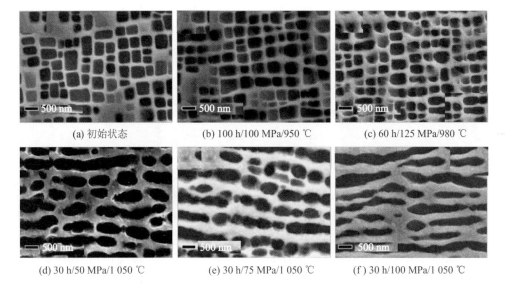

(a) 初始状态　　(b) 100 h/100 MPa/950 ℃　　(c) 60 h/125 MPa/980 ℃

(d) 30 h/50 MPa/1 050 ℃　　(e) 30 h/75 MPa/1 050 ℃　　(f) 30 h/100 MPa/1 050 ℃

图 2.11　不同筏化状态 DZ125 合金 γ′相形貌

表 2.3　不同筏化状态下 DZ125 合金微观组织参数

时间/h	应力/MPa	温度/℃	l/nm	ω/nm	λ/nm	f	ξ
初始状态			384	63	447	0.651 7	0
100	100	950	400	116	516	0.627 1	0.357 6
60	125	980	366	126	522	0.619 7	0.405 2
30	50	1 050	419	204	623	0.533 4	0.501 3
30	75	1 050	395	249	644	0.503 9	0.626 2
30	100	1 050	320	271	591	0.508 6	0.889 0

总体来说,γ 基体通道随着筏化温度、时间和载荷的增加而增加,而 γ' 相宽度却呈现出不规则变化,这与筏化载荷密切相关。在高温以及外加载荷作用下,镍基合金微观组织退化过程中粗化和筏化同时发生。筏化使得 γ' 相宽度减小,而粗化则会使 γ' 相宽度增大。在相对较高的应力水平下,筏化主要控制 γ' 相宽度的变化,导致 γ' 相宽度减小;相反,在低应力水平下,γ' 相颗粒缺乏足够的驱动力来促进筏化,因此 γ' 相的宽度最终由于粗化而增加。此外,随着筏化温度的升高,γ' 相体积分数 f 也显著降低。

为了将微观组织粗化/筏化对合金低循环疲劳性能的影响进行定量化表征,需要构造一个量纲为 1 的参数用以表征合金的微观组织状态。常用的参数有 γ' 相长宽比、尺寸和体积分数等。目前应用较为广泛的是 Fedelich 等[48]提出的量纲为 1 的表征方法,其主要思想是将筏化和粗化对 γ 基体通道相宽度变化的贡献进行区分。在给定温度下,假设 γ' 相只发生粗化行为,此时 γ 通道相宽度可以表示为

$$\omega_c = \lambda(1 - f^{1/3}) \tag{2.3}$$

式中,λ 为当前状态下 γ' 相宽度和通道相宽度之和。反之,若只有筏化行为发生,则 γ 通道相宽度可以表示为

$$\omega_r = \lambda(1 - f) \tag{2.4}$$

因此,量纲为 1 的筏化状态参数可以表示为

$$\xi_r = \frac{\omega - \omega_c}{\omega_r - \omega_c} \tag{2.5}$$

式(2.5)的分子代表了合金 γ' 相尺寸的变化,而分母则代表了合金 γ' 相形貌的变化。ξ_r 取值范围为 0~1,其中 0 表示未发生筏化,1 表示筏化已经完成。但是涡轮叶片在实际服役过程中,同时包含了 γ' 相的粗化和筏化,而且温度较高的位置,筏化在服役早期就已经完成,筏化完成之后各向同性粗化仍旧进行,导致两相结构尺寸增大,力学性能持续恶化。若单纯只考虑合金 γ' 相形貌的变化,即筏化作用,则势必对涡轮叶片在服役过程中的微观组织退化评估不够全面。因此,需要提出一个能够同时考虑筏化和粗化共同作用的量化表征因子,参考热力学损伤变量定义方法,本节根据涡轮叶片服役过程中筏化方向上的 γ 相宽度的相对变化量对筏化和粗化的综合作用进行量化表征:

$$\xi = \frac{\omega - \omega_0}{\omega} \tag{2.6}$$

式中,ω_0 为初始状态下合金的 γ 通道相宽度,上式为 0 时表示无退化作用且渐进值为 1。

2.3.3　粗化/筏化对疲劳寿命的影响规律

微观组织不同粗化/筏化程度对 DZ125 合金低循环疲劳寿命的影响见图 2.12,合金的疲劳寿命随着粗化/筏化程度的增加不断下降。当粗化程度由 0 变为 0.629 5

时,合金疲劳寿命的下降超过了 90%;当筏化程度为 0.889 0 时,其疲劳寿命中值由初始状态的 8 932 降低为 990,衰减超过 85%,可见微观组织粗化/筏化对合金的疲劳性能有严重的劣化作用。当粗化/筏化程度小于 0.4 时,合金疲劳寿命下降较为平缓,而当粗化/筏化程度超过 0.4 时,合金的疲劳寿命会快速下降。为了量化表征微观组织粗化和筏化对 DZ125 合金疲劳寿命的影响程度,根据不同组织状态下合金寿命相对变化量提出如下寿命变化因子:

$$R = \frac{N_{vir} - N_{deg}}{N_{vir}} \tag{2.7}$$

式中,R 为粗化/筏化状态下的寿命影响影子,N 型和 P 型筏化则相应地表示为 R_N 和 R_P。N_{vir} 为合金在初始状态下疲劳寿命,N_{deg} 为合金在粗化/筏化状态下的疲劳寿命。当微观组织粗化/筏化对合金的疲劳寿命起劣化作用时,R 的值为介于 0 到 1 之间的正数;反之,若为强化作用,则 R 的取值小于 0。根据图 2.12 中合金微观组织状态和疲劳寿命的关系,可以唯象地建立合金寿命影响因子和微观组织状态参数的定量映射关系如下:

$$R = A\ln(1 + \xi \cdot B) \tag{2.8}$$

式中,A 和 B 为拟合参数。图 2.13 给出了 DZ125 合金寿命变化因子与组织粗化/筏化状态的量化关系,可以发现当粗化/筏化参数超过 0.4 时,合金的寿命变化影子开始逐渐趋于饱和,意味着合金疲劳寿命储备已经基本耗尽。

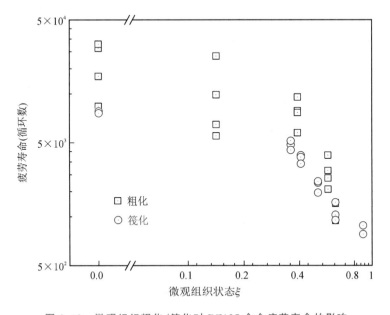

图 2.12　微观组织粗化/筏化对 DZ125 合金疲劳寿命的影响

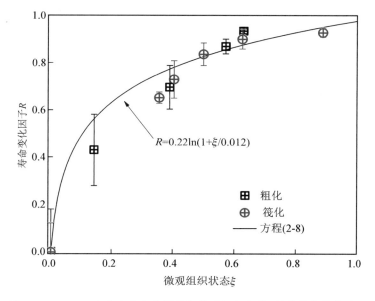

图 2.13　DZ125 合金寿命变化因子与微观组织粗化/筏化状态量化关系

2.3.4　微观组织粗化/筏化镍基高温合金的宏微观变形行为

1. 概　述

单晶/定向凝固镍基高温合金的宏微观变形行为由于 γ' 相粒子在中低温和高温下强化机理的不同而变化,但是都与 γ'/γ 两相结构的形貌、尺寸和体积分数有密切的关系。一般在中低温下,γ 基体强度较高,因而位错主要以切割 γ' 相粒子的形式运动,进而引起宏观的非弹性变形。位错切入 γ' 相主要存在两种机制[51,52]:一种是 $a/2<110>\{111\}$ 方向的位错对剪切 γ' 相形成反向畴界(Anti - Phase Boundary,APB),这种机制下位错来源于 γ' 基体通道或者 γ'/γ 两相界面,沿八面体副滑移系以位错带的形式穿过 γ' 相粒子;另一种是 γ' 相被固有的层错堆垛(Intrinsic Stacking Fault,ISF)切割,并且会在 γ'/γ 两相界面上形成 K - W 锁。上述两种机制是否占主导作用受温度和载荷状态的影响。实际上,位错切入 γ' 相临界分切应力的大小是和 γ' 相的尺寸和体积分数相关的,并且存在一个体积分数相关的临界尺寸[53]。当 γ' 的半径小于临界尺寸时,位错以弱耦合的方式切过 γ' 相;当 γ' 相的半径大于临界尺寸时,位错以强耦合的方式切入 γ' 相,并且随着 γ' 相尺寸的增大而逐渐降低。对于 γ' 相尺寸将近 500 nm,体积分数高达 60% 以上的单晶/定向凝固镍基高温合金,位错以弱耦合的方式与 γ' 相发生作用,其临界分切应力可表示为[54]

$$\tau_{APB} = 1.2 \left(\frac{2Gb}{l}\right) \left(\frac{APBE \cdot f\pi l}{Gb^2} - f\right)^{0.5} \tag{2.9}$$

式中，G 为剪切模量，b 为伯格斯矢量的模，APBE 为反向畴界能。而在高温下，γ' 相强度较高因而位错难以直接切入，合金的主要变形机制为位错在 γ 基体通道内和 γ'/γ 两相界面上弓出、绕越并沿着 γ' 相攀移。此时，位错启动的临界分切应力可由著名的 Orowan 公式给出[10]：

$$\tau_{\text{Orowan}} = \alpha \frac{Gb}{\omega} \qquad (2.10)$$

其中参数 α 用以修正微观组织参数 ω 的统计测量值与其在滑移系上实际值之间的差异。

　　粗化/筏化势必会改变合金 γ'/γ 两相微观组织的几何特征参数，进而影响合金的宏微观变形行为。大量微观组织退化单晶/定向凝固镍基高温合金的拉伸实验结果表明，粗化/筏化主要引起合金初始屈服和后继的软硬化行为，而对弹性变形几乎没有影响[10]。无论是中低温还是高温下，微观组织粗化和筏化都会引起合金初始屈服强度的降低。高温下微观组织粗化/筏化降低合金的屈服强度可以解释为 ω 增大降低了位错启动的临界 Orowan 应力 τ_{Orowan}；而中低温下合金屈服行为的下降从式(2.9)可以发现受到了 γ' 相尺寸和体积分数两个因素的综合影响。微观组织粗化/筏化导致合金抵抗塑性变形的能力变弱，促进局部的裂纹萌生和扩展，这是微观组织退化降低合金疲劳寿命的一个重要机制。一些循环加载的实验结果表明，微观组织退化合金循环稳定后的变形行为趋近于初始状态[10]。目前对于在循环载荷下微观组织粗化/筏化单晶/定向凝固镍基高温合金变形行为方面开展的工作公开报道极少，尚不能形成一致结论，仍需进一步开展研究工作。

　　下面将针对微观组织粗化和筏化 DZ125 合金在不同循环载荷下的变形行为进行讨论和分析，进一步加深微观组织退化致涡轮叶片材料疲劳寿命退化的内在理解。

2. 粗化对 DZ125 合金循环变形行为的影响

　　不同粗化状态下 DZ125 合金在应力控制下的循环变形行为如图 2.14(a)所示。粗化状态为 0.572 5 和 0.629 5 的合金仅显示出最大应变的快速增加。图 2.14(b)给出了不同粗化状态下棘轮应变率随疲劳寿命的变化。可以发现随着粗化的加剧，棘轮应变率显著增加，表明微观组织粗化促进了合金的循环软化行为。

　　图 2.15 所示为不同粗化状态下合金疲劳加载后的 γ' 相变形形貌。在初始状态下，可以发现沿着<111>方向切割成 γ' 相颗粒的致密滑移带。980 ℃/300 h，粗化程度为 0.390 7 的条件与初始状态相比，滑移条带的分布相对稀疏，如图 2.15(b)所示。然而，当粗化程度升高为 0.629 5 时，合金内部的 γ' 相在疲劳载荷作用下产生严重的变形并且只存在少量滑移带，如图 2.15(c)所示。滑移条带数量的减少和 γ' 相颗粒在疲劳过程中的严重变形说明粗化降低了合金抵抗塑性变形的能力，因而在应力控制的疲劳试验过程中表现出随着粗化程度加剧的软化行为。

　　合金宏观的变形行为与其微观层面的位错运动密切相关。图 2.16 所示为初始

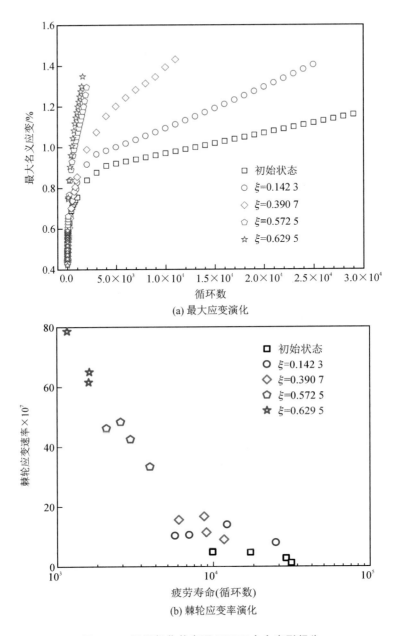

(a) 最大应变演化

(b) 棘轮应变率演化

图 2.14　不同粗化状态下 DZ125 合金变形行为

状态下合金疲劳加载的位错组态。可以发现位错主要集中在 γ'/γ 两相界面和 γ 通道相内,而 γ' 相则只有极少的超位错切入。位错在 γ'/γ 两相界面和 γ 通道内运动、堆积和相互作用是高温下高 γ' 相含量镍基高温合金的主要微观变形机制。这是因为在高温下 γ' 相强度较大,具有良好的抵抗位错剪切的能力,而 γ 通道相的强度低于 γ' 相,易于发生塑性流动。

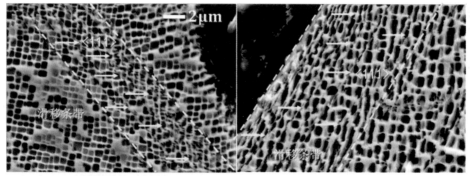

(a) 初始状态, N_f=31 334　　　　　　　(b) 980 ℃/300 h, N_f=9 074

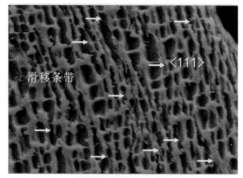

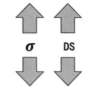

(c) 980 ℃/1 000 h, N_f=1 064

图 2.15　不同粗化状态下 DZ125 合金 γ′ 相变形形貌

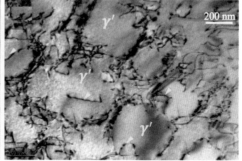

(a) 放大10⁴倍　　　　　　　　　　(b) 放大5×10⁴倍

图 2.16　初始状态下 DZ125 合金疲劳变形位错组态

　　图 2.17 所示为粗化程度 0.572 5 的 DZ125 合金疲劳变形后的位错组态。可以发现位错初始状态下合金的位错运动机制相比除了在 γ′/γ 两相界面和 γ 通道内运动外,还有大量的超位错切入 γ′ 相内,如图 2.17(b)所示。这说明粗化降低了合金 γ′ 相的抗剪切能力。位错切入 γ′ 相使得在相同的载荷条件下粗化的合金产生了更多的塑性变形,促进了循环软化行为,大量塑性应变的累积加剧了合金寿命的降低。

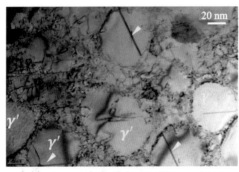

(a) 放大5×10⁴倍   (b) 放大10⁵倍

图 2.17   粗化程度 0.572 5 时 DZ125 合金疲劳变形位错组态

3. 筏化对 DZ125 合金循环变形行为的影响

图 2.18(a)所示为不同筏化状态 DZ125 合金第一个半循环和寿命中值时的应力-应变响应。合金初次加载到给定应变的最大应力随着筏化程度的增加而逐渐减小，由初始状态下的 905 MPa 降低至筏化程度为 0.889 0 时的 730 MPa。同时也可以发现合金的初始屈服强度和硬化指数都随筏化程度的增加而逐渐降低，而弹性模量随筏化程度的增加并没有显著的变化。这说明 γ′ 相筏化主要影响合金的塑性变形过程。此外，合金寿命中值对应的应力-应变迟滞环的面积也随着筏化程度的增加而增大，这意味着筏化严重的合金在循环变形过程中承受了更大的塑性变形。

图 2.18(b)所示为不同筏化状态下合金第一个半循环内弹性应变和塑性应变对比，可以发现随着筏化程度的增加，合金的弹性应变逐渐降低而塑性应变逐渐增大。Xia[55] 和 Leidermark 等[56] 指出热暴露引起的微观组织退化会严重降低合金的屈服强度。高 γ′ 相含量的单晶/定向凝固镍基合金在高温下的塑性流动主要由强度较低的 γ 通道相和 γ′/γ 两相界面处产生。而筏化大大拓宽了 γ 通道相的宽度，促进了位错的产生和运动，导致筏化的合金在相同的载荷条件下更容易发生塑性变形，从而降低了合金的疲劳寿命。

图 2.19 所示为不同筏化状态下合金的应力幅值和平均应力随循环周次演化情况。随着筏化程度的增加，合金疲劳加载应力变程逐渐降低。筏化状态为 0.357 6、0.405 3、0.501 3 和 0.626 2 的合金在循环初始阶段应力变程有轻微的降低，说明发生了循环软化行为。应力变程的降低说明筏化降低了合金的承载能力，在相同的载荷条件下发生了更大的塑性变形，导致合金的提前破坏失效。在筏化早期，平均应力的松弛规律与初始状态合金基本相同，只有幅值的降低。而当筏化状态超过 0.6 时，合金的平均应力松弛速率相比初始状态却有所降低。Ott[9] 在对筏化单晶镍基合金 CMSX - 4 和 CMSX - 6 的高温低循环疲劳研究中也发现了平均应力的缓慢松弛现象。这是因为一方面筏化松弛了合金原有的错配位错网产生的错配应力，另一方面

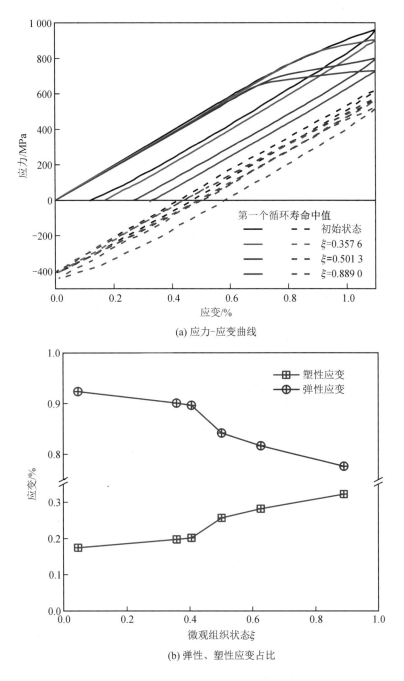

(a) 应力-应变曲线

(b) 弹性、塑性应变占比

图 2.18　不同筏化状态 DZ125 合金循环变形行为

筏化过程中产生的位错组态与后续疲劳过程中的位错运动发生了相互作用,导致平均应力缓慢松弛[9]。

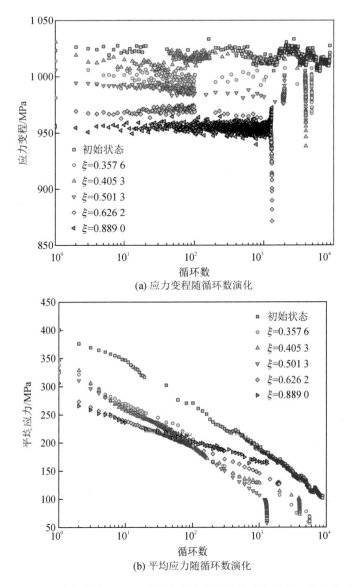

(a) 应力变程随循环数演化

(b) 平均应力随循环数演化

图 2.19　不同筏化状态 DZ125 合金应力变程和平均应力随循环数演化对比

　　图 2.20 所示为不同筏化状态 DZ125 合金疲劳加载后的 γ′ 相变形形貌。在初始状态和筏化初期,合金微观变形极不均匀,如图 2.20(a)和(b)所示。在严重变形区内,γ′ 相被密集的滑移带切割;而在该区域外,滑移带则较为分散,γ′ 相仍保持原有的形貌没有发生明显变化。筏化较为严重的 DZ125 合金内部滑移带的分布较为均匀,没有图 2.20(a)和(b)的 γ′ 相严重变形区。在筏化状态为 0.889 0 时还观察到了 γ′/γ 两相界面处的微孔洞。合金在初始状态和初始筏化状态下 γ′ 相保持均匀的立方体,具有很好的强化作用,因而抵抗塑性变形的能力也较好,在疲劳加载过程中需要

大量的滑移带局部反复切割 γ′相才能使得合金发生进一步的塑性变形,而筏化使得合金抵抗塑性变形的能力下降,在相同载荷下宏观塑性变形更大,在微观层面滑移带的分布更加均匀。

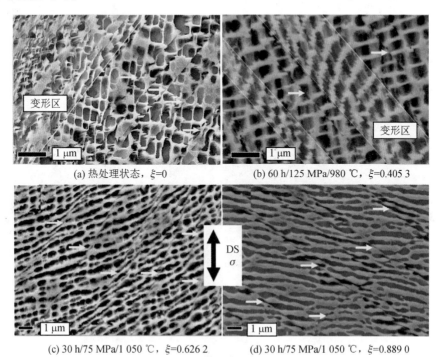

(a) 热处理状态,ξ=0　　　　(b) 60 h/125 MPa/980 ℃,ξ=0.405 3

(c) 30 h/75 MPa/1 050 ℃,ξ=0.626 2　　(d) 30 h/75 MPa/1 050 ℃,ξ=0.889 0

图 2.20　不同筏化状态 DZ125 合金疲劳加载后 γ′相变形形貌

图 2.21 所示为不同筏化状态 DZ125 合金疲劳加载后的位错组态。与初始状态合金的位错形貌相比,筏化合金的位错更为密集,见图 2.21(a)～(c)。但是却鲜有超位错切入 γ′相粒子,这说明筏化状态下合金疲劳变形的位错运动机制并没有发生显著变化,这与粗化对于合金位错运动机制存在明显差异。在筏化程度为 0.501 3 的合金位错组态中观察到了较为明显的滑移条带,如图 2.21(b)和(c)所示。此外,在筏化合金内部的碳化物周围也观察到了密集的位错,见图 2.21(d)。这是因为碳化物本身强度较大,易和周围合金组织发生不协调变形,引起应力集中和位错塞积。

2.3.5　粗化/筏化对疲劳破坏行为的影响

1. 粗化对疲劳破坏行为的影响

高温下单晶/定向凝固镍基高温合金的低循环疲劳裂纹往往萌生于试验件表面并朝内部扩展,疲劳失效早期微小尺度裂纹一般沿着 γ 基体通道或 γ′/γ 两相界面扩展,如图 2.22 所示。高温下单晶/定向凝固镍基高温合金塑性变形主要由位错在 γ

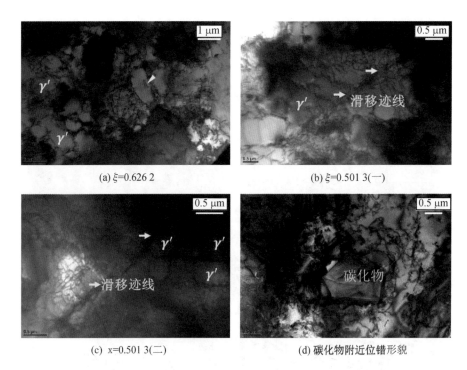

(a) ξ=0.626 2

(b) ξ=0.501 3(一)

(c) x=0.501 3(二)

(d) 碳化物附近位错形貌

图 2.21　不同筏化状态下 DZ125 合金疲劳加载后位错组态

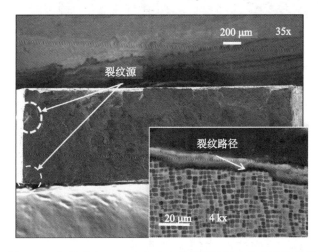

图 2.22　初始状态 DZ125 合金疲劳断口及微小尺度裂纹路径

基体中位错滑移、增殖和堆积而产生,促进裂纹在 γ 通道中扩展,进而导致宏观断裂表面通常垂直于加载轴,呈现为典型的 I 型断裂模式,如图 2.23(a)所示。微观组织粗化 DZ125 合金宏观断口表面在短暂的 I 型裂纹扩展后便呈现为典型的剪切断裂模式,如图 2.23(b)所示。在粗化程度为 0.390 7 的 DZ125 合金表面也观察到裂纹沿与外载荷成 50°夹角的方向扩展,并且在裂纹尖端存在许多相互交错的滑移条带。

这些现象表明粗化使 DZ125 合金的低循环疲劳失效模式发生了转变：当合金处于初始和轻微的粗化状态时，I 型断裂是主要的失效模式，而其处于严重的粗化状态时，沿滑移面的剪切破坏占主导地位，如图 2.24 所示。这种高温下出现的剪切断裂模式与粗化的微观组织密切相关：粗化导致其高温下 γ' 相的强化效果降低，因此在疲劳过程中更容易发生滑移变形，裂纹更倾向于沿滑移面扩展。

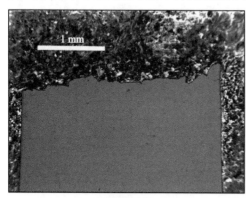

(a) 初始状态　　　　　　　　　　　　　　(b) $\xi=0.629\,5$

图 2.23　不同粗化状态 DZ125 合金疲劳失效宏观形貌

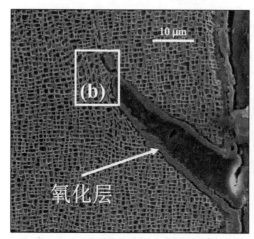
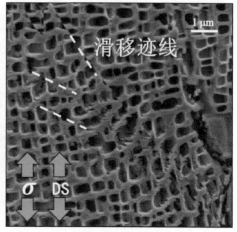

(a) 粗化程度为 0.390 7 时，DZ125 合金裂纹沿滑移条带扩展　　　(b) 图 (a) 的局部放大

图 2.24　不同粗化状态 DZ125 合金微裂纹路径

当合金处于初始状态或粗化程度较低时，疲劳裂纹主要是由表面缺陷引起的。当疲劳裂纹由于碳化物、机械缺陷、氧化层裂纹或滑移的压入和挤出而在表面或亚表面成核时，进一步的氧化会促使裂纹向材料内部扩展。但是，粗化严重的 DZ125 合金由表面缺陷引发的裂纹却很少，同时观察到了从晶界处萌生的裂纹，这些裂纹萌生的晶界位置与外载荷的夹角接近 50°，如图 2.25 所示。对比不同粗化状态下 DZ125 合金柱状晶之间的晶界形貌可以发现，在初始状态和轻微的粗化状态下晶界连接紧

密(如图 2.26(a)～(c)所示),且晶界附近的块状碳化物富含 Hf 和 Ti,见图 2.26(f)。而当粗化状态为 0.572 5 和 0.629 5 时,合金柱状晶之间的晶界十分粗大并且有富 Cr 的条状碳化物析出,如图 2.26(d)、(e)、(g)和(h)所示。

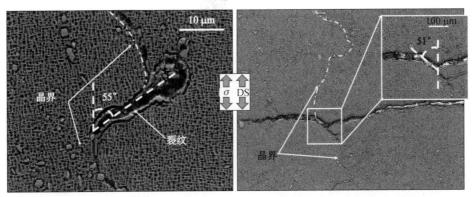

(a) 980 ℃/600 h, $\xi=0.572\ 5$, $N_f=257\ 1$ (b) 980 ℃/1 000 h, $\xi=0.629\ 5$, $N_f=1\ 604$

图 2.25   严重粗化状态下 DZ125 合金疲劳裂纹在大角度晶界处萌生

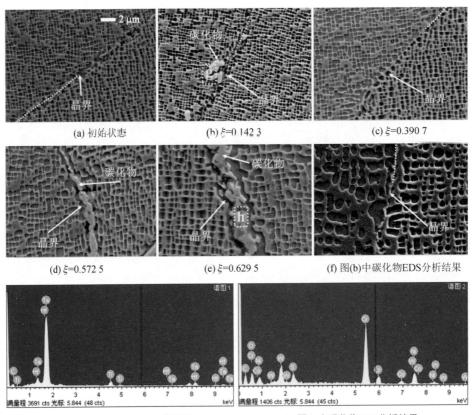

(a) 初始状态   (b) $\xi=0.142\ 3$ (c) $\xi=0.390\ 7$

(d) $\xi=0.572\ 5$ (e) $\xi=0.629\ 5$ (f) 图(b)中碳化物EDS分析结果

(g) 图(b)中碳化物EDS分析结果   (h) 图(e)中碳化物EDS分析结果

图 2.26   不同粗化状态下 DZ125 合金晶界形貌和碳化物元素分布

上述现象表明微观组织粗化会引起 DZ125 合金试验件疲劳裂纹萌生位置的转变,如图 2.27 所示。这与高温长时作用下 γ' 相的粗化和晶界的变化密切相关:当合金处于初始状态或粗化状态较低时,立方体形貌的 γ' 相粒子对合金的变形具有良好的强化作用,且晶界使柱状晶之间彼此紧密连接。在这种情况下,由机加工、制造、氧化层破裂以及滑移的挤压引起的表面缺陷是试验件在疲劳过程中最危险的部位,容易引发裂纹萌生。但是,严重的粗化降低了 γ' 相颗粒对变形行为的强化作用,导致材料整体性能下降,并且合金的晶界由于高温的长时作用也被严重粗化和削弱,成为与表面缺陷相比更为危险的区域。当位错滑入晶界时由于受到晶界的阻碍作用便开始堆积,此时晶界析出的条带状碳化物阻碍了位错的进一步运动,而且晶粒间的不相容变形也会产生严重的应力集中,从而促进裂纹的萌生[57]。

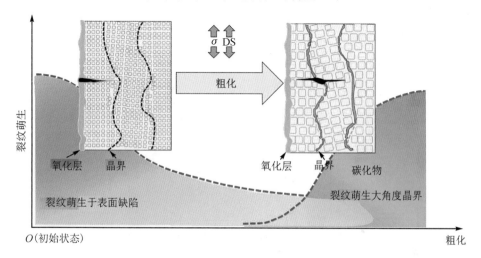

图 2.27　微观组织粗化对 DZ125 合金裂纹萌生行为的影响

2. 筏化对疲劳破坏行为的影响

经筏化处理后 DZ125 合金的疲劳裂纹依旧萌生于表面,但出现了由多源萌生向单源萌生的转变,如图 2.28 所示。同时,微观组织筏化也造成了疲劳瞬断区微观形貌的变化,如图 2.29 所示。初始状态合金断裂面上存在许多拉长形的韧窝且表面较为粗糙,如图 2.29(a)所示;当筏化程度为 0.626 2 时,合金断裂面为台阶状,且台阶上存在波纹状形貌,如图 2.29(b)所示;当筏化程度进一步增大为 0.889 0 时,失效试验件的断裂面较为平台,且存在类似于疲劳条带样的波浪状花纹,如图 2.29(c)所示。这种断裂表面微观形貌的改变与合金 γ' 相粒子的形貌密切相关。当合金处于原始或筏化的初始状态时,γ' 相均为规则的立方体形貌,促进了循环变形过程中韧窝的形成;而当筏化严重时,γ' 相为垂直于载荷方向的板状形貌,由于缺乏第二相粒子的作用,并且这些水平连接且垂直于外载荷的 γ 通道极易成为裂纹扩展的有利位置,造成了筏化严重的合金拉伸断裂区表面的平坦形貌。在裂纹萌生和扩展路径方面,初始状态和轻微筏化的 DZ125 合金裂纹萌生于表面,沿垂直于载荷方向穿过共晶和碳化物等组织向材料内部进行扩展,如图 2.30(a)所示;而当对于筏化较为严重时,裂纹在表面萌生后却沿着共晶等不均匀组织扩展,如图 2.30(b)所示。图 2.30(c)所示为 60 h/125 MPa/980 ℃,$\xi=0.405\ 2$ 状态下合金内部碳化物在变形过程开裂从而形成了微小裂纹,而在 30 h/100 MPa/1 050 ℃,$\xi=0.889\ 0$ 状态下合金内部的块状碳化物并没有开裂,裂纹在碳化物周围萌生且扩展方向平行于筏化方向,如图 2.30(d)所示。

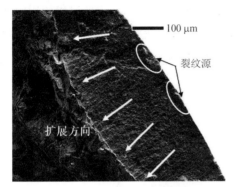

(a) 初始状态

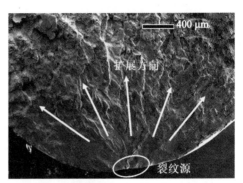

(b) 30 h/50 MPa/1 050 ℃, $\xi=0.501\ 3$

(c) 30 h/100 MPa/1 050 ℃, $\xi=0.889\ 0$

图 2.28　不同筏化状态 DZ125 合金断口形貌及裂纹萌生位置

上述现象表明微观组织筏化造成了 DZ125 合金裂纹微观扩展行为的变化。当合金处于初始状态和轻微筏化状态时,规则的立方体 γ' 相颗粒使高温合金具有良好的抗变形能力。因此,在裂纹扩展过程中释放的大量能量足以切割共晶组织和碳化物等不均匀的结构。严重的筏化会降低 γ' 相颗粒的硬化作用,导致与初始状态相比,共晶和碳化物成为合金内部较硬的部分,并且共晶和碳化物等这些非均匀组织与 γ'/γ 两相结构之间的界面转变为合金内部的薄弱位置。筏化合金裂纹尖端释放的能量相对较小,因此裂纹在共晶或碳化物与 γ'/γ 两相结构之间的界面周围萌生并扩展,而不是直接切入并穿过这些不均匀的组织中。

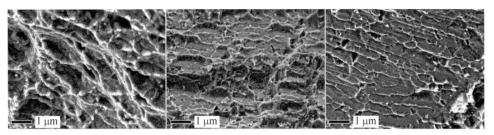

(a) 初始状态　　　(b) 30 h/50 MPa/1 050 ℃，ξ=0.626 2　(c) 30 h/100 MPa/1 050 ℃，ξ=0.889 0

图 2.29　不同筏化状态 DZ125 合金断裂表面微观形貌

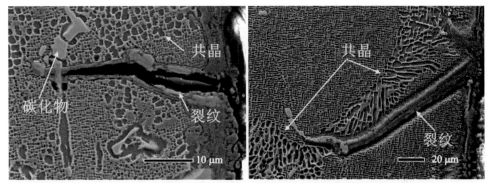

(a) 初始状态　　　　　　　　　　(b) 30 h/100 MPa/1 050 ℃，ξ=0.889 0

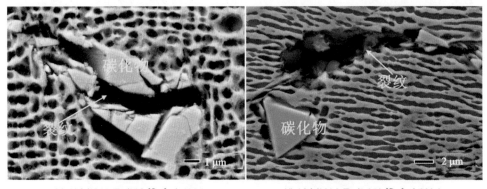

(c) 60 h/125 MPa/980 ℃，ξ=0.405 2　　(d) 30 h/100 MPa/1 050 ℃，ξ=0.889 0

图 2.30　不同筏化状态下 DZ125 合金微裂纹扩展路径

筏化合金疲劳寿命的降低与筏化引起的断裂机理的转变也有一定的关系。一方面，筏化严重的合金产生更为显著的塑性变形，导致碳化物和共晶组织界面附近产生应力集中，促进了裂纹的萌生和扩展；另一方面，筏化导致 γ 通道相宽度增加，促进了基体通道中位错的运动，为疲劳裂纹的扩展提供了有利途径[9]。

裂纹过早萌生和快速扩展是微观组织筏化镍基高温合金疲劳寿命降低的主要原因。

2.4 考虑微观组织退化状态的镍基高温合金疲劳寿命预测方法

2.4.1 考虑微观组织状态的疲劳寿命建模原则

在基于传统力学框架考虑微观组织状态对材料进行寿命建模时,有两种可行的思路:一种是将微观组织状态体现在与材料相关的模型参数上,如疲劳延性指数等,认为微观组织发生变化材料也随之变化;另一种是基于一定的载荷等效原则和方法引入材料的状态参数并构筑等效的疲劳损伤参数,但不改变原有模型的材料参数。显然,第一种建模方法需要开展大量不同微观组织状态下的疲劳实验以获得不同情况下的材料参数,实施成本高昂。因此,此处基于第二种建模方法开展微观组织粗化/筏化镍基高温合金的疲劳寿命建模。

本节提出一种微观组织退化镍基合金寿命评估的损伤参数-疲劳寿命(Fatigue Damage Parameter – Life,FDP – N)等效换算思路,如图 2.31 所示。其中绿点和红点分别表示在相同总应变幅下初始状态和微观组织退化镍基合金的载荷状态和寿命状态。将该载荷下两个点代表的状态映射到 FDP – N 空间中,在合金初始状态的FDP – N 关系曲线上,总能找到一个和微观组织退化状态拥有相同疲劳寿命的点,并且对应着一个较大的 FDP。将该 FDP 下的点再返回映射到原来的循环应力-应变空间中,也总能在初始状态的变形曲线上找的一个点具有相同 FDP 值,将这个点标记为 FDP 等效点。因此,可以将微观组织退化对疲劳寿命的劣化看作材料在初始状态下承受了更为严酷的载荷,而并不改变材料在给定载荷下的疲劳损伤规律。所以,应用该思想对微观组织粗化/筏化状态镍基合金进行疲劳寿命建模的关键就是:如何利用前文中提出的微观组织状态参数 ξ 与材料当前的载荷状态构建能够表征材料等

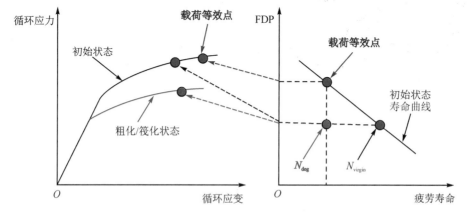

图 2.31 微观组织粗化/筏化与初始状态 FDP – N 等效换算示意图

效状态的 FDP,从而预测不同微观组织状态时合金的疲劳寿命。这里提出两种构建等效 FDP 的方法:① 计算获得微观组织筏化状态下试验件的应力/应变响应,然后通过不同微观组织状态下合金应力/应变的相对变化量对 Vrgin 状态下的 FDP 进行放大;② 基于 2.3.3 小节中提出的微观组织状态与合金寿命的经验关系式,对初始状态下的 FDP 进行等效变换。

以下将应用上述两种等效 FDP 构建方法,基于连续损伤力学(Continnum Damage Mechanics,CDM)和应变能密度(Strain Energy Density, SED)两种经典疲劳理论,针对 DZ125 镍基合金建立考虑微观组织退化状态的疲劳寿命预测方法。

2.4.2　基于应力幅值等效的 CDM 寿命模型

1. 模型概述

在经典 CDM 理论中,疲劳破坏过程是裂纹形核和扩展的复杂过程,进而定义损伤变量来描述循环载荷下作用下材料力学性能的退化[58]。Lemaitre 和 Chaboche 提出的疲劳损伤累积模型由于能够描述疲劳损伤的非线性行为和循环累积特征,被广泛用于描述各类疲劳问题的损伤演化和寿命预测[59,60]。在单轴循环加载条件下,Chaboche 疲劳损伤演化规律描述为[61]

$$\frac{\delta D}{\delta N} = \left[1 - (1-D)^{\beta+1}\right]^{\alpha} \left[\frac{\sigma_{a}}{M(\bar{\sigma})(1-D)}\right]^{\beta} \tag{2.11}$$

式中,D 为疲劳损伤,N 是疲劳循环数,σ_a 是应力幅值,β 是材料常数。指数 α 是描述损伤演化非线性的与平均应力和最大应力相关的函数:

$$\alpha = 1 - a \left\langle \frac{\sigma_{\max} - \sigma_{l}(\bar{\sigma})}{\sigma_{UTS} - \sigma_{\max}} \right\rangle \tag{2.12}$$

式中,a 是材料常数,$\sigma_{\max}$ 是循环最大应力,σ_{UTS} 是材料的拉伸强度,$\langle \cdot \rangle$ 是 MacCaulay 括号,而 $\sigma_{l}(\bar{\sigma})$ 是与平均应力相关的疲劳极限,可以写为

$$\sigma_{l}(\bar{\sigma}) = \sigma_{l0} + \bar{\sigma}(1 - b\sigma_{l0}) \tag{2.13}$$

其中 σ_{l0} 是应力比为 0 时合金的疲劳极限,$\bar{\sigma}$ 是平均应力。同时,参数 $M(\bar{\sigma})$ 也与平均应力相关:

$$M(\bar{\sigma}) = M_{0}(1 - b\bar{\sigma}) \tag{2.14}$$

式中,M_0 和 b 均为模型参数。为简化模型,取 $b=0$。

依据图 2.31 中思想,假设微观组织退化的合金较初始状态承受了更大的载荷。因此,对式(2.11)中的应力幅值 σ_a 修正如下:

$$\sigma_{a \cdot d} = \sigma_{a,v} \cdot [1 + \theta d(\xi, \sigma_{\max, v}, \varepsilon_{\max, v})] \tag{2.15}$$

式中,$\sigma_{a \cdot d}$ 和 $\sigma_{a,v}$ 分别代表微观组织退化状态和初始状态下的循环应力幅值。θ 是修正系数,函数 $d(\xi, \sigma_{\max, v}, \varepsilon_{\max, v})$ 是与合金的粗化/筏化状态以及载荷状态相关的一

个非负函数。在应力控制和应变控制下的形式分别为

$$d = \frac{\sigma_{\max,v} - \sigma_{\max,d}}{\sigma_{\max,v}} \quad (\text{应变控制}) \tag{2.16a}$$

$$d = \frac{\varepsilon_{\max,d} - \varepsilon_{\max,v}}{\varepsilon_{\max,d}} \quad (\text{应力控制}) \tag{2.16b}$$

式中,$\sigma_{\max,v}$、$\varepsilon_{\max,v}$ 和 $\sigma_{\max,v}$、$\varepsilon_{\max,d}$ 分别是初始状态和微观组织退化状态下的最大循环应力和应变。当试验采用应变控制时,相同应变幅下微观组织退化状态合金表现出较低的峰值应力,因此采用循环峰值应力的相对降低量作为寿命方程中有效应力幅的放大因子;相对地,相同应力幅下微观组织退化状态合金表现出更多的总应变,因此采用循环最大应变的相对增加量作为有效应力幅的放大因子。此处对 DZ125 合金不同状态下的循环应力应变采用修正的 Ramberg - Osgood(R - O)方程进行计算。首先,当材料状态一定时,循环 R - O 关系可以写为[62]

$$\Delta\varepsilon = \frac{\Delta\sigma}{E} + \left(\frac{\Delta\sigma}{K'}\right)^n \tag{2.17}$$

式中,E 为弹性模量,K' 和 n 为模型参数。通过简单变换,式(2.17)可以写成屈服相关的形式:

$$\Delta\varepsilon = \frac{\Delta\sigma}{E} + \frac{A}{E}\left(\frac{\Delta\sigma}{2\sigma_y}\right)^n \tag{2.18}$$

式中,σ_y 为材料的屈服应力,A 为模型参数。DZ125 合金微观组织退化降低了材料的塑性流动抗力,因此 σ_y 可以写成微观组织粗化/筏化状态 ξ 的函数:

$$\sigma_J = \sigma_{y,v}(1 - \vartheta\xi) \tag{2.19}$$

其中,$\sigma_{y,v}$ 是初始状态合金的屈服强度,ϑ 是表征粗化/筏化对合金屈服强度劣化的系数。

将式(2.15)代入式(2.11)即可得到考虑微观组织状态的 DZ125 合金单轴疲劳损伤演化方程:

$$\frac{\delta D}{\delta N} = [1 - (1-D)^{\beta+1}]^\alpha \left\{ \frac{\sigma_{a,v} \cdot [1 + \theta d(\xi, \sigma_{\max,v}, \varepsilon_{\max,v})]}{M(\bar{\sigma})(1-D)} \right\}^\beta \tag{2.20}$$

不同微观组织状态下合金的疲劳寿命可对上式从 $D=0$ 到 $D=1$ 积分得到

$$N_{f,d} = \frac{1}{(1-\alpha)(\beta+1)} \left\{ \frac{\sigma_{a,v} \cdot [1 + \theta d(\xi, \sigma_{\max,v}, \varepsilon_{\max,v})]}{M(\bar{\sigma})} \right\}^{-\beta} \tag{2.21}$$

2. 参数获取与预测结果讨论

上述基于 CDM 的疲劳寿命预测模型共有 6 个参数,其中 σ_{UTS} 可以通过初始状态合金的拉伸曲线或者查阅材料手册得到,σ_{10} 可以通过合金修正的 Goodman 曲线得到。剩余参数 M_0、a 和 β 可通过初始状态合金的不同载荷下的疲劳寿命数据进行拟合,θ 则需要不同筏化/粗化状态合金的疲劳寿命数据进行拟合。R - O 模型中的

参数 A 和 n 需要初始状态下的循环变形数据进行拟合,参数 ϑ 需要用退化状态下合金的循环变形数据进行拟合。图 2.32 给出了初始状态和不同粗化/筏化状态下 DZ125 合金的疲劳寿命数据。

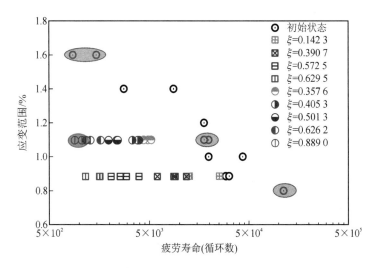

图 2.32　初始和不同粗化/筏化状态下 DZ125 合金的寿命数据

　　为区别用于参数拟合和预测验证所用数据,图 2.32 中标记了用于参数拟合的寿命数据。其中用灰色阴影标记的数据点用于拟合参数 M_0、a 和 β,用红色阴影覆盖的寿命数据用于拟合微观组织状态相关参数 θ,其余数据用于模型的预测验证。图 2.33(a)给出了微观组织状态对合金 0.1% 屈服强度影响参数 ϑ 的拟合结果,可以发现微观组织状态参数 ξ 与合金的屈服强度有较强的线性关系。通过参数 ϑ 和不同微观组织状态下的循环变形数据就可以得到修正的 R-O 关系中的参数 A 和 n,如图 2.33(b)所示。至此,所有模型参数均已知,表 2.4 给出了 R-O 关系和基于 CDM 的疲劳寿命模型参数取值。

表 2.4　基于 CDM 的疲劳寿命模型参数

R-O 参数			损伤演化参数				
A/MPa	n	ϑ	M_0	a	β	θ	$\sigma_{\text{UTS}}/\text{MPa}$
123.5	13	0.269	3 907	3.65×10^{-5}	1.01	92	1 020

　　图 2.34(a)为不含任何修正 CDM 寿命模型对不同微观组织状态 DZ125 合金疲劳寿命预测结果。可以发现,除了初始状态试验件落在 2 倍分散系数内,微观组织筏化/粗化的试验件预测寿命都远高于试验寿命,最大可高出 50 倍。图 2.34(b)所示为采用应力/应变相对变化修正后 CDM 寿命模型对不同微观组织状态 DZ125 合金疲劳寿命预测结果和试验结果的对比。可以发现除 5 个数据点外其余所有数据均在

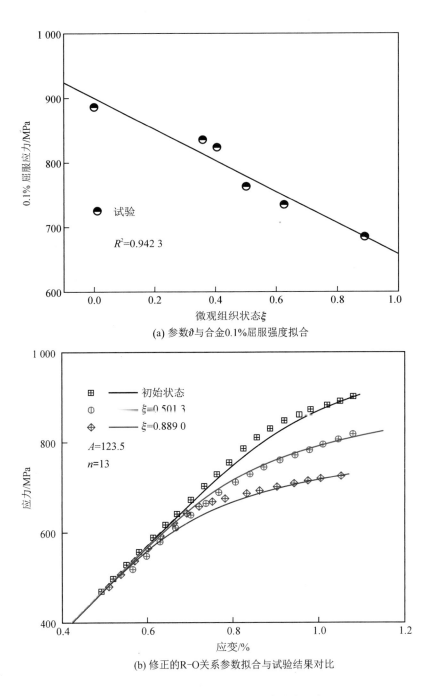

(a) 参数ϑ与合金0.1%屈服强度拟合

(b) 修正的R-O关系参数拟合与试验结果对比

图 2.33 不同筏化状态应力-应变曲线拟合

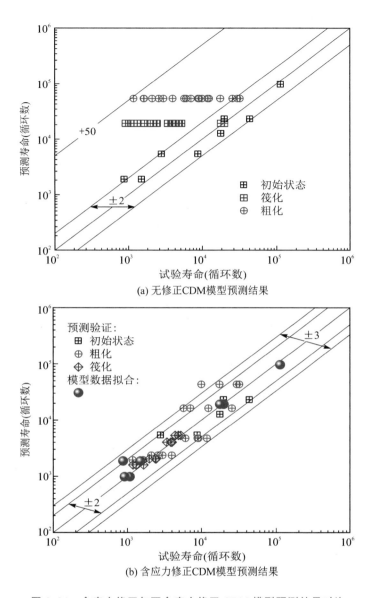

(a) 无修正CDM模型预测结果

(b) 含应力修正CDM模型预测结果

图 2.34　含应力修正与不含应力修正 CDM 模型预测结果对比

2 倍分散系数内。这说明基于图 2.31 中等效原则对 Chaboche 疲劳损伤模型进行改进能够有效捕捉微观组织粗化/筏化对 DZ125 合金疲劳寿命的影响。图 2.35 为不同微观组织状态 DZ125 合金的疲劳损伤演化。可以发现微观组织粗化/筏化并没有改变疲劳损伤的演化规律，但是 ξ 越大，合金的疲劳损伤速率越大，这说明微观组织粗化/筏化加速了 DZ125 合金疲劳损伤的累积，从而降低了疲劳寿命。

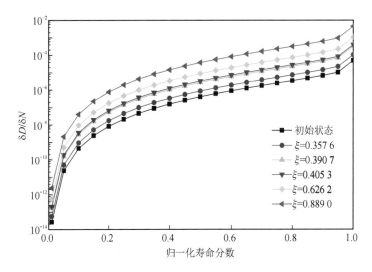

图 2.35　不同微观组织状态 DZ125 合金的疲劳损伤演化

2.4.3　基于 ξ‑R 经验关系修正的 SED 寿命模型

1. 模型概述

在材料经历一定循环周次且软硬化稳定后,应力‑应变曲线会形成一个闭合的迟滞环,如图 2.36 所示。根据这条曲线数据可以定量获取一些疲劳损伤参量用以计算疲劳损伤参数(FDP),如弹塑性应变变程、应变能等。Halford 讨论了材料在疲劳加载过程中的能量耗散问题,认为塑性应变能和正的弹性应变能对疲劳的破坏失效起重要作用,提出了以总应变能密度作为 FDP 进行疲劳寿命预测[63,64]。该理论经过 Rémy 等人的发展和改进,成功用于单晶镍基合金缺口和不同取向疲劳寿命的预测[65]。一般认为,低循环疲劳过程中塑性应变能与裂纹局部行为相关,而由正应力引起的弹性应变能与裂纹的张开相关。因此,低循环疲劳过程中 SED 可以写为

$$\Delta W_{\mathrm{t}} = \Delta W_{\mathrm{p}} + \Delta W_{\mathrm{e+}} \tag{2.22}$$

其中,ΔW_{t} 为总应变能密度,ΔW_{p} 为塑性应变能密度,$\Delta W_{\mathrm{e+}}$ 为弹性应变能密度。ΔW_{p} 根据 Halford 关系可以写为[63]

$$\Delta W_{\mathrm{p}} = \int \sigma : \mathrm{d}\varepsilon_{\mathrm{p}} = \frac{1 - n'}{1 + n'} \sigma : \varepsilon_{\mathrm{p}} \tag{2.23}$$

式中,n' 为循环硬化指数,与式(2.18)中 n 成倒数关系。σ 和 ε_{p} 分别为循环应力和塑性应变张量。由拉伸应力产生的弹性应变能密度可以写为

$$\Delta W_{\mathrm{e+}} = \frac{(1 - 2\nu)}{3E} \langle \mathrm{tr}(\sigma_{\mathrm{max}}) \rangle^2 \tag{2.24}$$

其中,σ_{max} 为循环最大应力,基于 Basquin 公式则可以建立循环 SED 和疲劳寿命的

关系：

$$\Delta W_{\mathrm{t}} = a\,(N_{\mathrm{f}})^{b} \tag{2.25}$$

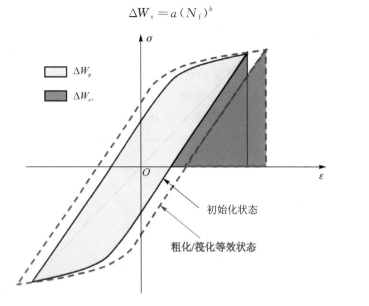

图 2.36　初始合金迟滞回线能量划分及粗化/筏化状态合金等效迟滞回线图示

根据 2.3.3 小节中获得的合金疲劳寿命衰减与微观组织状态参数 ξ 的关系：

$$R = \frac{N_{\mathrm{vir}} - N_{\mathrm{deg}}}{N_{\mathrm{vir}}} = C\ln(1 + \xi \cdot B) \tag{2.26}$$

式中，N_{vir} 和 N_{deg} 分别为初始和微观组织退化状态下合金的疲劳寿命，C 和 B 为模型参数。对上式通过简单变换可以得到

$$N_{\mathrm{vir}} = \frac{N_{\mathrm{deg}}}{1 - C\ln(1 + \xi \cdot B)} \tag{2.27}$$

考虑到不同载荷水平的影响对上式做如下修正：

$$N_{\mathrm{vir}} = \frac{N_{\mathrm{deg}}}{[1 - C\ln(1 + \xi \cdot B)]^{m}} \tag{2.28}$$

将式（2.28）代入式（2.25）就可以得到微观组织退化状态下合金的寿命方程：

$$\Delta W_{\mathrm{t}}^{\mathrm{vir}}[1 - C\ln(1 + \xi \cdot B)]^{mb} = a\,(N_{\mathrm{deg}})^{b} \tag{2.29}$$

由上式可以通过微观组织状态参数 ξ 和初始状态下合金的 SED 定义一个如图 2.36 所示的同等载荷条件下微观组织退化状态的等效 SED：

$$\Delta W_{\mathrm{t}}^{\mathrm{deg}} = \Delta W_{\mathrm{t}}^{\mathrm{vir}}[1 - C\ln(1 + \xi \cdot B)]^{mb} \tag{2.30}$$

2. 参数获取与预测结果讨论

基于 ξ-R 经验关系的 SED 寿命模型共有 5 个参数，其中 a 和 b 可通过初始状态合金不同载荷幅值寿命数据拟合得到，C 和 B 由 2.3.3 小节试验拟合结果得到，

而参数 m 通过不同微观组织状态的疲劳寿命数据拟合得到。此处采用拟合模型参数的数据与图 2.32 中标记一致,表 2.5 给出了基于 SED 的寿命模型参数取值。图 2.37(a)为传统 SED 寿命预测方法对不同微观组织状态 DZ125 合金的寿命预测结果。如果不考虑微观组织状态的影响,则模型预测结果将会比试验结果高出 25 倍。图 2.37(b)为不同筏化微观组织状态 DZ125 合金疲劳寿命试验与预测结果对比。可以发现,除一个点在 3 倍分散系数上,其余数据都在 3 倍分散系数以内。这说明基于 $\xi - R$ 经验关系修正的 SED 疲劳寿命预测方法能够有效地捕捉微观组织粗

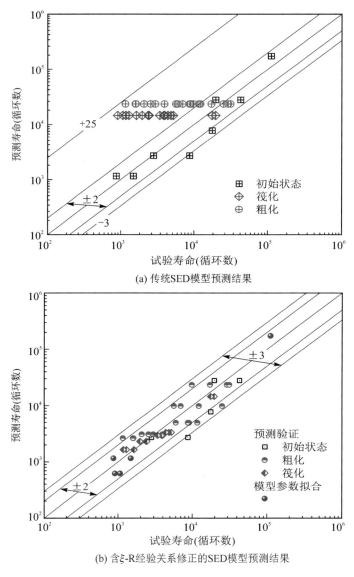

(a) 传统SED模型预测结果

(b) 含ξ-R经验关系修正的SED模型预测结果

图 2.37　传统 SED 模型与所提出新模型预测结果对比

化/筏化对合金低循环疲劳寿命的劣化作用。需要说明的是,基于 SED 的疲劳寿命模型中,所用应力/应变均为初始状态数据,只通过微观组织状态参量 ξ 对同等载荷状态下初始合金的 SED 进行放大,避免了求解不同微观组织状态合金本构方程的大量计算,实施较为方便,具有较大的工程应用前景。

表 2.5　基于 SED 的疲劳寿命模型参数

项　目	a	b	C	B	m
参　数	55.722	-0.231	0.221	0.012	1.05

图 2.38 为不同微观组织状态 DZ125 合金 CDM 和 SED 寿命模型预测曲线族对比。可以发现基于 CDM 的模型在小应变幅下预测结果偏大,当应变幅较大时预测结果相对较为保守;而基于 SED 的模型则恰好规律与基于 CDM 的模型相反,即在大应变幅下预测结果偏大,小应变幅下预测结果偏保守。同时,本节基于 CDM 和 SED 理论发展的两种寿命模型提供了两个方面的用途:基于 CDM 的模型虽然需要计算不同微观组织状态下合金的应力-应变响应,但是能够显式地得出不同微观组织状态合金的疲劳损伤演化,使得寿命模型能够分析合金在不同载荷下的疲劳损伤行为;而基于 SED 的模型不需要计算微观组织退化状态合金的应力-应变响应,基于初始状态合金的数据和微观组织状态参量 ξ 便可以快速确定合金的疲劳寿命,能够用于不同微观组织状态合金剩余寿命的快速评估。图 2.39 给出了 DZ125 合金疲劳寿命-应变幅-微观组织状态关系图谱,构建了微观组织退化-载荷状态-剩余疲劳寿命的三维定量映射关系。这将高温部件的疲劳性能评估从传统的载荷-寿命二维平面

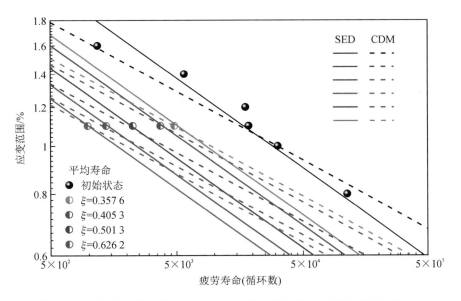

图 2.38　不同微观组织状态基于 CDM 和基于 SED 寿命模型预测曲线族对比

拓宽到了包含时间作用的微观组织退化维度,为定向凝固/单晶镍基高温合金涡轮叶片的精细化寿命管理提供了理论基础。

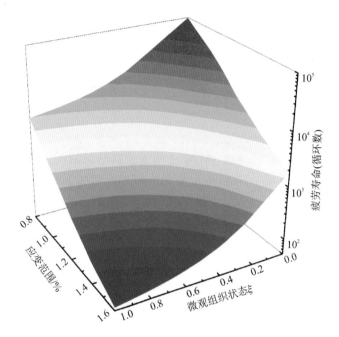

图 2.39　疲劳寿命-应变幅-微观组织状态定量映射图谱

2.5　真实服役涡轮叶片微观组织筏化特征与疲劳行为

2.5.1　服役涡轮叶片微观组织退化分析方法

这里以某型航空发动机第一级高压转子涡轮叶片为研究对象,通过微观组织分析表征手段对不同服役时长的涡轮叶片叶身不同位置的微观组织退化情况进行表征和分析。该涡轮叶片制造材料与 2.3 节试验所用材料相同。选取叶片服役时长分别为 1 倍、1.5 倍和 2 倍大修间隔,叶片服役最大状态典型温度分布如图 2.41 所示。每个叶片选定 5 个典型截面,即榫头、叶根、60％叶高处、77％叶高处和叶尖,如图 2.40(a)所示。通过扫描电子显微镜(SEM)和 EDS 分析叶片典型位置上的微观组织特征。每个观察截面选定 6 个观察位置,如图 2.40(b)所示。其中,1 代表叶片前缘;2、3 和 4 代表吸力面;5 代表尾缘;6 代表压力面。考虑到合金枝晶干和枝晶间微观组织的差别,从枝晶干内观察分析叶片的微观组织特征。

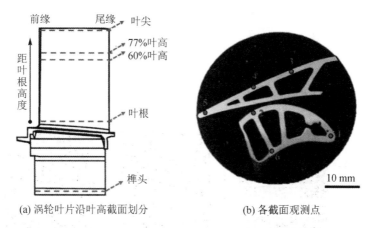

(a) 涡轮叶片沿叶高截面划分　　　　(b) 各截面观测点

图 2.40　涡轮叶片金相取样示意图

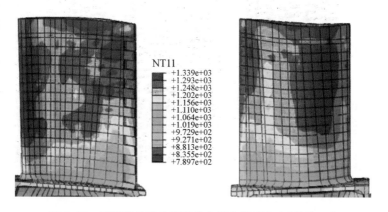

图 2.41　某型涡轮叶片服役最大状态温度分布(单位:K)

2.5.2　服役位置和时间相关的涡轮叶片筏化特征

1. 微观组织退化形貌分析

如前文所述,γ' 相的粗化与筏化是涡轮叶片主要的服役微观组织退化模式,因此对于 γ' 相的退化进行定量化表征和分析对涡轮叶片的大修和判废大有裨益。通过对不同大修间隔涡轮叶片不同位置的微观组织进行 SEM 观察,再通过图像软件处理得到 γ' 相宽度数据,从而对涡轮叶片的微观损伤状态开展量化评估。Persson 等[66]在研究 IN713 合金涡轮叶片的服役微观组织损伤时,提出了一种以 γ' 相长度和宽度的比值作为微观损伤程度的量化评估方法。此外,也有文献将微观组织服役退化后合金的蠕变空洞大小、表面裂纹数量等信息进行收集作为微观损伤的度量。

图 2.42 所示为不同服役时长涡轮叶片前缘不同叶高截面 γ' 相形貌对比。可以发现,历经不同服役时长后,叶片叶尖截面处的 γ' 相开始粗化,原有的立方体形貌也

开始钝化;77%叶高处的 γ′相粒子开始相互连接;60%叶高处的 γ′相已经彻底失去原有的规则的立方体形貌,呈现出明显的筏化形貌;而叶根截面处的 γ′相却仍旧保持原有的均匀规则的立方体形貌。以上情况说明,在服役过程中,60%叶高附近是涡轮叶片微观组织退化最为明显的位置,叶根位置虽然所承受离心力较大,但是服役温度较低,因而 γ′相形貌退化不明显。

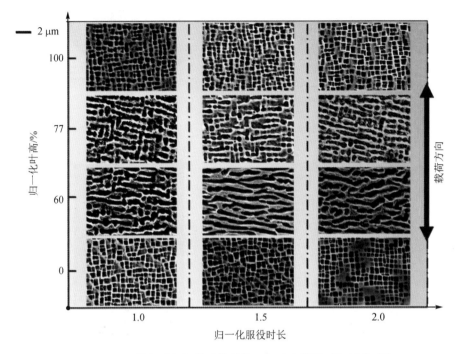

图 2.42　不同服役时长涡轮叶片前缘不同叶高截面 γ′相形貌对比

　　在对不同大修间隔涡轮叶片 60%叶高处、不同观测位置的微观组织进行观察,获得叶片服役之后的强化相分布(见图 2.43)。可以发现,除叶片前缘外,叶背 2 位置和尾缘 5 位置观察到了明显的 γ′相粗化和筏化,表明该型涡轮叶片在服役过程中前缘的 γ′相退化最为明显,这是由该位置恶劣的服役环境导致的。叶盆和叶背 3、4 位置的 γ′相都保持良好的立方体形貌,没有发生明显的退化。同一截面不同观测位置 γ′相退化的差异性说明了涡轮叶片在服役过程中横截面方向上载荷和温度有极大的不均匀性,前缘和尾缘的服役条件最为严苛和突出。而叶盆和叶背两个部位的温度和应力分布呈现出高温低应力和低温高应力的状态,但是 γ′相的形貌和尺寸却没有较大差异,这说明去除服役时间的影响,低温高应力和高温低应力对于 γ′相退化具有相同效果。根据以上分析可知,服役叶片沿高度方向 60%叶高截面处的微观组织退化最为显著;而同一叶高截面,叶片前缘 γ′相退化最为明显,此外叶背 2 位置和尾缘也存在较为明显的形貌变化。

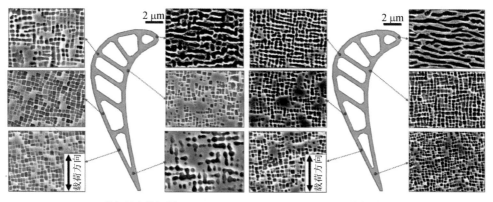

(a) 1.0倍初始大修间隔　　　　　　　　　　(b) 1.5倍初始大修间隔

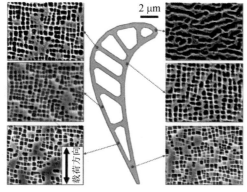

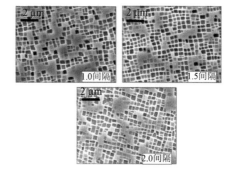

(c) 2.0倍初始大修间隔　　　　　　　　　　(d) 各个时长叶片榫头微观形貌

图 2.43　服役不同时长涡轮转子叶片 60% 叶高各位置 γ′ 相形貌

2. 微观组织退化参数定量化分析

通过对涡轮叶片不同位置 γ′ 相宽度进行提取,发现叶片在同一截面处前缘和尾缘的 γ′ 相宽度最大,表明这两个位置的微观组织退化程度最大,如图 2.44 所示(图中 1～6 分别对应图 2.40(b)中 1～6 点)。叶片前缘沿高度方向 60% 叶高处 γ′ 相宽度最大,这与上述定性分析结果是一致的。镍基高温合金 γ′ 相尺寸密切依赖于合金的服役温度、时间和载荷。在服役过程中 γ′ 相的退化主要表现为粗化和筏化,粗化过程中 γ′ 相的尺寸会随着温服和时间的增大而增大,而筏化则是 γ′ 相在外加载荷下沿特定方向相互连接。涡轮叶片在服役过程中 60% 叶高截面是微观组织退化较为显著的截面,因此选取 60% 叶高截面来对不同服役时长的涡轮叶片 γ′ 相尺寸变化情况进行分析。对比不同大修间隔下,涡轮叶片 60% 叶高截面各 γ′ 相宽度相对于叶根截面的变化情况,发现叶片前缘 γ′ 相宽度变化最为明显,而同一截面其他位置 γ′ 相宽度相对于叶根截面的变化则维持在一个恒定的水平内。由以上分析可知叶片前缘 60% 叶高处为叶片服役温度最高的位置,因此高温会导致 γ′ 相发生剧烈的变化,尺寸迅速增大。此外,1.5 倍初始大修间隔后 γ′相尺寸增量大于 2.0 倍初始大修间隔,如图 2.44(d)所示。这可能是因为在 1.5 倍初始大修间隔使用条件下,工作温度较高,导致温度对 γ′相筏化的贡献超过了使用时间的影响。

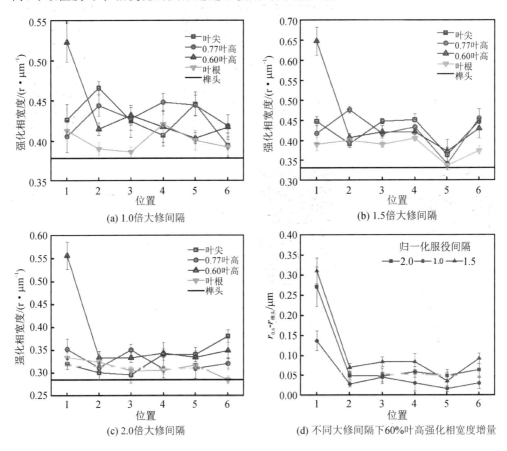

图 2.44 不同大修间隔后不同位置强化相宽度

单晶/定向凝固镍基高温合金 γ′相体积分数与合金所处的温度有很强的相关性,因此可以用 γ′相体积分数来对合金的服役温度进行评估。图 2.45 所示为服役不同时长后叶片各个位置 γ′相体积分数变化情况。可以发现无论服役多长时间,叶根截面的 γ′相体积分数总是维持在 65%左右,基本与标准热处理 DZ125 合金保持一致;叶尖截面各个位置的 γ′相体积分数则整体略低于叶根截面,说明在服役过程中叶尖位置整体温度高于叶根截面。同时也可以发现,所有服役叶片前缘 60%叶高处 γ′相体积分数下降最为明显,都维持在 45%左右,77%叶高截面前缘位置也降到了 55%以下。根据 DZ125 合金的相-温度平衡相图(见图 2.46)可以发现当 γ′相体积分数下降至 45%时,材料的温度已经超过了 1 050 ℃,这说明叶片前缘 60%叶高左右局部位置的服役温度已经超过了 1 050 ℃,而叶片尾缘 60%叶高位置处也已经超过

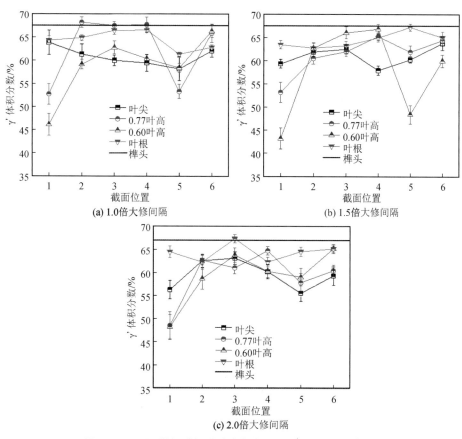

图 2.45　不同服役时长后叶片各个位置 γ′相体积分数变化

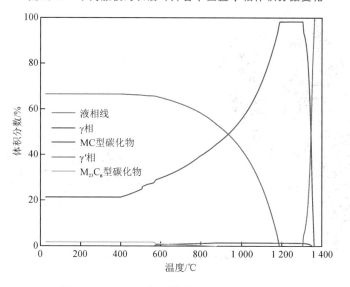

图 2.46　DZ125 合金微观组织–温度平衡相图

了 1 000 ℃。需要注意的是,γ′相体积分数与服役时间并没有显著关系,这是因为一般在给定温度下,γ′相体积分数会在较短时间内达到平衡,因而服役时间对微观组织的影响并不能通过体积分数直观体现。

2.5.3 涡轮叶片取样小试验件疲劳试验方法

1. 复杂构型涡轮叶片取样技术

针对复杂构形涡轮叶片的取样方法,目前国内外公开报道的取样方式主要有两种:一种是实心厚叶片的小尺寸标准棒状试验件[67];另一种是薄壁叶片的小尺寸非标准薄壁试验件[68,69]。小尺寸标准棒状试验件已经有较为健全的试验标准,因而可以开展较为全面的力学性能评价,目前在地面燃气轮机和无较大空腔的叶片试验中应用较为广泛。而小尺寸薄壁试验件因为试验件构形的特点,只能针对特定的力学性能展开评价,如用于蠕变试验和单轴拉伸试验的工字型薄壁试验件[70]。在取样时,也应当在叶片上的取样位置进行合理布局,使试验件能够尽可能保留有叶片的典型服役特征,以便在力学性能考核试验中针对叶片的服役工况和宏微观损伤特点开展评估工作。

高压涡轮叶片往往具有复杂的冷却通道,因此选择取样方式大都为小尺寸薄壁试验件。下面针对某型发动机含复杂内冷通道的薄壁涡轮叶片发展了一种小尺寸试验件取样方法。在涡轮叶片叶身共布置 4 个取样位置,见图 2.47(a),分别为第四级

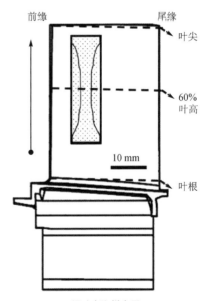

(a) 沿叶片横截面取样布局   (b) 沿叶高取样布局

图 2.47 某型航空发动机涡轮叶片取样方案

冷却肋板、叶盆、叶背和尾缘。选定上述四个取样位置主要是因为这几处叶片沿叶高方向弯掠程度低,所取试验件易于加工成型。取样试验件沿叶高方向分布见图 2.47(b)。可以发现叶片取样试验件的标距段主要集中在 60% 叶高处,这是因为涡轮叶片 60% 叶高处服役温度和离心载荷的作用较为复杂,也是涡轮叶片服役的危险截面。这样就能保证所取小试验件能够最大程度保留涡轮叶片的典型服役特点,使得通过叶片取样小试验件对涡轮叶片服役寿命的评估更加合理。在确定了取样方案后,利用线切割方法从叶片上切下如图 2.48 所示的小尺寸毛坯试验件,随后进行进一步试验件设计和加工。

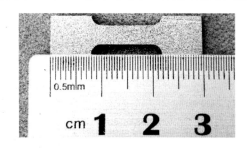

图 2.48　某型航空发动机取样小尺寸毛坯试验件

2. 小尺寸试验件疲劳试验方法

为实现小尺寸薄壁试验件的高温加载,需要设计试验件与标准试验机连接的过渡夹具。目前常用的小尺寸试验件过渡夹具样式有螺栓紧固型、销钉紧固型和挂片型三种。螺栓紧固型装夹方案对于此处的薄壁试验件并不适用。销钉型装夹方案可以通过提高打孔的对中性来避免加载过程中的附加力矩,但是对于小尺寸试验件,销钉圆孔会产生较大应力集中,在试验中极有可能出现销钉孔预先破坏的情况。挂片型加载方案常见于蠕变试验,对于应力控制的应力比大于零的疲劳试验和单轴拉伸试验也是可行的。针对图 2.48 中涡轮叶片小尺寸试验件设计高温试验装置和专用过渡夹具参见图 2.8。该夹具主要包括带有与试验件两端几何形状匹配凹槽的夹头、定位滑块和紧固环三部分组成。上下夹头和与之匹配的紧固环带有一定的锥度,可以通过合理设计上下夹头和紧固环的锥度来实现在疲劳试验过程中的紧固,防止夹具连接部位的疲劳滑脱。

3. 涡轮叶片取样小尺寸试验件设计

在确定了试验件加持和加载方式之后,需要对试验件具体形式进行设计。选用挂片式试验件加持方式,利用试验件和夹头之间的接触挤压对试验件施加载荷。因此必须对加持端的过渡圆弧进行合理设计和强度校核,防止在加载过程中加持段的挤压接触应力超过试验件标距段的考核应力产生微动疲劳,导致试验件在加持段提前失效。为获得合理的加持段圆弧半径,建立如图 2.49 所示有限元模型。试验件两侧刚体夹头设置固支约束,试验件远端施加 750 MPa 载荷,试验件与夹头之间设置库伦接触摩擦,摩擦系数设置为 0.25。试验件选材为某型定向凝固高温合金,合金在 850 ℃下力学性能参数见表 2.6。选取单元类型为 C3D8R,共计划分单元 5 918 个。改变试验件和夹头接触端半径 R_1,计算不同 R_1 下试验件的应力分布,选取合

理的 R_1 取值作为最终的设计值。

表 2.6　小试验件有限元计算模型材料参数

项　目	E_1/MPa	E_2/MPa	μ_{12}	μ_{23}	G_{12}/MPa	G_{23}/MPa
参　数	92 000	132 000	0.341	0.29	90 000	52 000

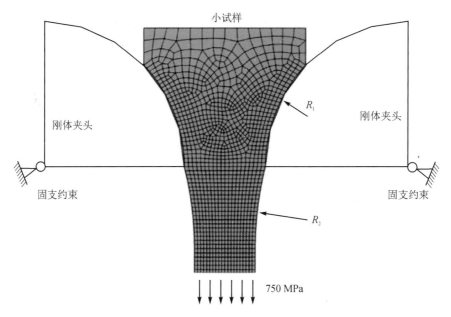

图 2.49　小试验件加持端有限元模型及边界条件设置

图 2.50 所示给出了不同加持端圆弧半径 R_1 时小试验件夹头与试验件接触 Mises 应力分布。可以发现随着 R_1 取值的增加,试验件最大 Mises 应力的位置由加持端与夹头的接触点开始向试验件考核段移动。图 2.51 所示为试验件与夹头接触最大 Mises 应力随加持段圆弧半径 R_1 变化关系。当加持端半径 R_1 小于 10 mm 时,随着 R_1 的增大,试验件与夹头的最大接触 Mises 应力快速下降;当 R_1 大于 10 mm 时,试验件与夹头的最大接触 Mises 应力则下降得较为缓慢且小于考核段的载荷 750 MPa。考虑到随着 R_1 的增大,试验件加持端的长度也会随之增加,而涡轮叶片的取样毛坯试验件却不超过 30 mm。为了保留足够的考核段长度,选取试验件加持端圆弧半径 R_1 为 10 mm。

国家标准《GB 15248—2008 金属材料轴向等幅低循环疲劳试验方法》[71]中推荐板材疲劳试验件的厚度为 2.5 mm,自由过渡段圆度半径在 1.5~2.5 倍板厚范围内。显然本章所用小尺寸试验件不满足国标的推荐要求,因此需要对小尺寸试验件的自由过渡段圆弧半径 R_2 进行设计和校核,避免在试验过程中过渡段应力集中,发生考核段之外的失效。建立与前文相同的有限元模型,计算不同的自由过渡段圆弧半径 R_2 下试验件的应力分布和最大点应力,选取合适的 R_2 作为最终的设计值。

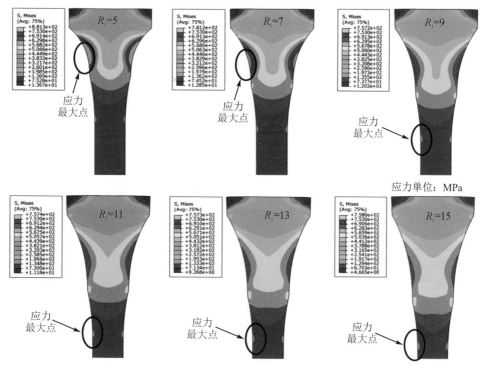

应力单位：MPa

图 2.50　不同加持端圆弧半径 R_1 下小试验件夹头与试验件接触 Mises 应力分布

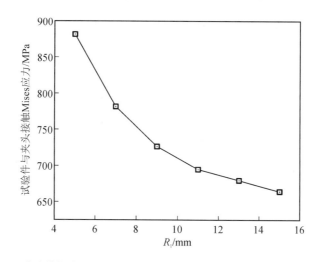

图 2.51　试验件与夹头接触最大 Mises 应力随加持段圆弧半径 R_1 变化关系

图 2.52 为不同 R_2 下试验件的应力分布，可以发现随着 R_2 的增大，试验件最大 Mises 应力的位置从加持端边缘开始向试验件中心移动。定义试验件最大 Mises 应力点的位置到试验件中心的垂直距离为 L，L 的值越小说明试验件自由圆弧过渡段的应力集中越小。图 2.53 给出了 L 随 R_2 的变化关系，可以发现当 R_2 超过 15 时，L

的降低变得较为缓慢。考虑到涡轮叶片取样毛坯试验件长度的限制，最终 R_2 的取值选为 16.6 mm。

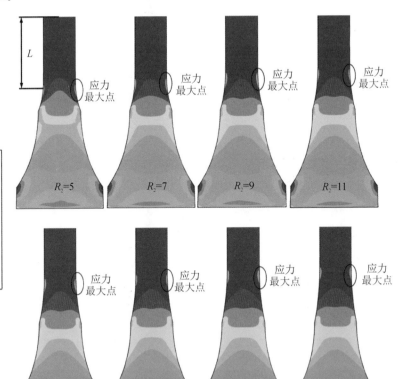

图 2.52　不同自由过渡段半径小试验件 Mises 应力分布

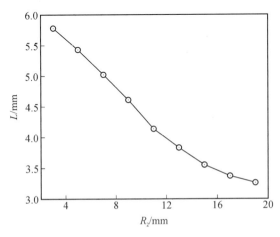

图 2.53　L 与 R_2 关系曲线

通过上述试验件几何参数和加持方案的选定,最终确定某型航空发动机涡轮叶片取样小试验件几何尺寸参数和实物图如图 2.54 所示。试验件总长不超过30 mm,采用两段圆弧过渡方式来降低加载过程中的应力集中,标距段宽度为 3 mm,厚度由于涡轮叶片壁厚限制不超过 1 mm。

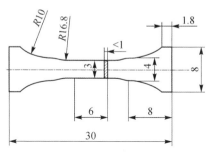
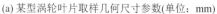
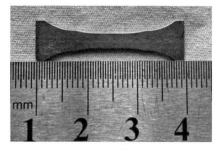

(a) 某型涡轮叶片取样几何尺寸参数(单位: mm)　　　　(b) 叶片取样小试验件实物图

图 2.54　涡轮叶片取样小试验件尺寸及实物

2.5.4　服役涡轮叶片微观组织相关力学性能分析

1. 服役涡轮叶片硬度退化分析

镍基高温合金的硬度能够反映合金内部 γ' 相颗粒的粗细程度,也可以识别含有难溶元素的过热降解。许多研究将硬度作为服役涡轮叶片微观损伤程度中的一项重要指标[72]。图 2.55 给出了 3 种不同服役时长后涡轮叶片硬度的变化情况。在 1.0 倍初始大修间隔时长后,与硬度最高值448HV 相比,在前缘 60% 叶高和叶尖的后缘附近硬度略微下降。在经历 1.5 倍初始大修间隔时长后,前缘 60% 叶高位置硬度下降约 17%,同一高度位置的后缘下降了 15%。如图 2.55(c)所示,服役时间进一步增加,前缘 60% 叶高位置硬度下降更加严重。与 1.5 倍初始大修间隔时长的叶片相比,服役 2 倍大修间隔时长的叶片在第 7 点(前缘附近的压力侧面)存在较明显的硬度下降,达到与前缘相同的水平,约为 22%。一般高温合金硬度变化主要是由于 γ' 相的分解和粗化,基体的恢复和再结晶以及 γ' 相的再析出。前两种现象会导致硬度降低,最后一种会提高硬度值。在服役后前缘 60% 叶高和尾缘附近 γ' 相形貌和尺寸发生急剧变化导致硬度下降。

2. 服役涡轮叶片拉伸性能退化分析

图 2.56 给出了不同服役时间后涡轮叶片拉伸性能的变化。随着服役时间的增加,拉伸强度在室温和 850 ℃时均显著下降,而 0.2% 屈服强度未出现明显下降趋势。即使经过 1 倍初始大修期间隔时间,叶片在 850 ℃下的 0.2% 屈服强度也远小于 1.5 倍和 2 倍大修间隔的 0.2% 屈服强度。另外,涡轮叶片取样试验件的拉伸强

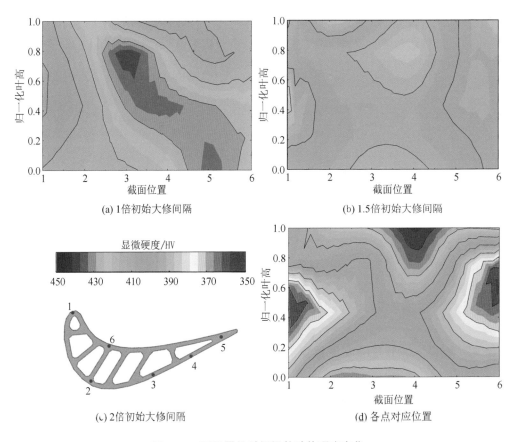

图 2.55　不同服役时间涡轮叶片硬度变化

度和 0.2％屈服强度之间的差值随着服役时间的增加而降低。这表明随着使用时间的增加,叶片在屈服后的进一步承载能力也下降,这与退化的 γ' 相颗粒和位错的相互作用密切相关。此外也可以发现热暴露服役对叶片室温 0.2％屈服强度的影响很小,而对 850 ℃下的 0.2％屈服强度的影响却比较显著。这可以用 γ' 相粒子的强化机制来解释:γ' 相强度在低温下低于 γ 基体而在高温下高于 γ 基体,因此在室温下主要由 γ 基体控制合金屈服强度,而在高温下,服役粗化会降低 γ' 相颗粒的强化效果,导致屈服强度下降。

3. 服役涡轮叶片低循环疲劳性能退化分析

为研究不同服役大修间隔后涡轮叶片的疲劳性能,分别对 3 个不同大修间隔的涡轮叶片进行取样,对共计 19 片叶片取样试验件在 850 ℃条件下开展低循环疲劳试验,载荷范围为 760～950 MPa,试验应力比为 0.1,加载频率为 0.5 Hz。试验结束后用丙酮溶液对失效试验件的断口进行超声清洗,将断口附近试验件线切割后制备金

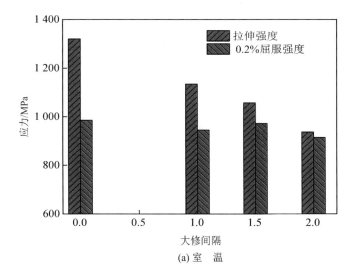

(a) 室　温

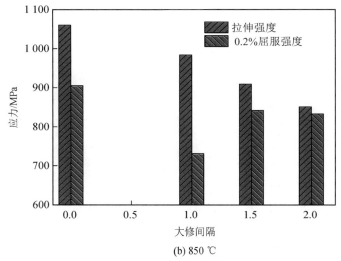

(b) 850 ℃

图 2.56　服役不同时长后涡轮叶片拉伸性能变化

相试验件,利用 SUPRA 55 型扫描电子显微镜进行观察,分析涡轮叶片取样小试验件的疲劳破坏机理。

表 2.7 列出了不同服役时长涡轮叶片试验件取样位置及低循环疲劳寿命,图 2.57 所示为取样涡轮叶片小试验件断裂试验件形貌。可以发现,除了 1.0 倍初始大修间隔涡轮叶片试验件在 760 MPa 条件下试验件从加持端断裂,其余试验件失效位置均在考核段内。

图 2.57 给出了不同服役时长涡轮叶片取样试验在不同载荷条件下的低循环寿命。应用 Basquin 寿命方程,3 种不同服役时长的涡轮叶片试验件的应力幅值和寿命关系可以表示如下:

表 2.7　不同服役时长涡轮叶片试验件取样位置及低循环疲劳寿命

OP	SP	σ_m/MPa	寿命	OP	SP	σ_m/MPa	寿命	OP	SP	σ_m/MPa	寿命
1.0	2	760	8 719	1.5	2	760	9 827	2.0	1	760	28 181
	4	760	6 569		2	760	15 126		2	760	15 534
	2	810	11 533		1	810	8 567		2	810	16 720
	1	810	22 393		1	810	9 348		2	810	14 925
	1	840	9 983		3	840	5 551		2	840	8 990
	2	840	6 928		2	840	2 423		1	860	5 316
	2	875	8 528		1	875	3 829		1	875	5 152
	2	910	6 447		3	910	2 236		1	910	3 441
	1	950	1 985		1	950	1 476		2	950	2 249
	1	950	2 376		4	950	939				

注：OP 为大修间隔；SP 为试验件取样位置；σ_m 为最大应力。

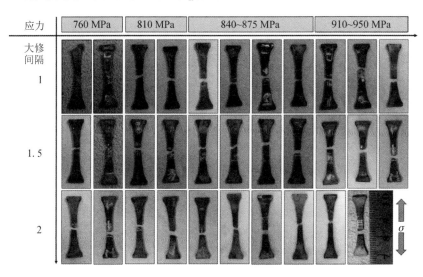

图 2.57　取样涡轮叶片小试验件断裂试验件

$$1.0 \text{ 倍} \qquad \sigma = 1\,706.3 N_f^{-0.079} \qquad (2.31)$$

$$1.5 \text{ 倍} \qquad \sigma = 1\,553.6 N_f^{-0.072} \qquad (2.32)$$

$$2.0 \text{ 倍} \qquad \sigma = 1\,851 N_f^{-0.088} \qquad (2.33)$$

对比 3 种大修间隔的涡轮叶片试验件 $S-N$ 曲线可以发现，服役 1.5 倍初始大修间隔时长的叶片试验件曲线在服役 1.0 倍初始大修间隔时长的叶片试验件下方，说明该状态下涡轮叶片试验件的疲劳性能整体低于 1 倍初始大修间隔时长的叶片，而 2.0 倍初始大修间隔时长的叶片试验件寿命曲线则处于另外两者之间。这种寿命

降低与叶片在服役过程中的微观组织的退化密切相关。Holländer[67]研究了某服役
2 696 h 后的燃机涡轮叶片叶身与叶根取样试验件在 850 ℃下低循环疲劳寿命的差
异,发现叶身试验件的高温疲劳寿命由于微观组织的退化也出现了一定程度的衰减。

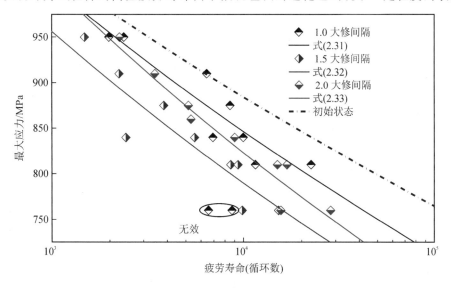

图 2.58　不同服役时长涡轮叶片试验件低循环疲劳寿命

图 2.59 给出了服役 1.0 倍和 2.0 倍初始大修间隔的涡轮叶片试验件在 760 MPa
下断口附近的滑移带形貌。可以发现服役 1.0 倍初始大修间隔的涡轮叶片试验件滑
移带分布得较为均匀,而 2.0 倍初始大修间隔的叶片试验件滑移带则集中于断面附
近,γ′相粒子被密集的滑移带反复切割,而远离断口附近的区域没有滑移带产生。这
说明随着 γ′相粗化和筏化的加剧使得叶片试验件的变形更加不均匀和局部化,促进
了裂纹的萌生和扩展。另外,预损伤小试验件低循环实验也说明粗化会导致合金的
疲劳抗性衰减,这是因为粗化降低了 γ′相粒子的强化作用,使得材料性能整体降低,
在循环变形过程中累积大量的塑性应变,导致试验件过早地萌生裂纹发生破坏。在

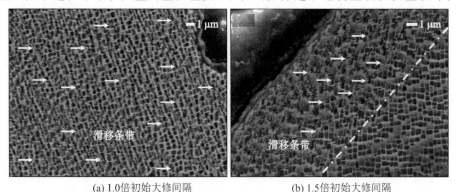

(a) 1.0倍初始大修间隔　　　　　　(b) 1.5倍初始大修间隔

图 2.59　不同服役时间涡轮叶片试验件在 760 MPa 下的滑移带形貌

对叶片试验件的微观分析中发现裂纹容易在碳化物和共晶组织处萌生并沿这些组织扩展,如图 2.60 所示。这是因为共晶组织中 γ' 相的大小和形貌极其不均匀,导致其力学性能与 γ' 相均匀排布的其他区域相差较大,在循环变形过程中容易造成应力集中,成为裂纹萌生和扩展的危险点;而块状碳化物由于硬度较大,与基体材料变形不协调也容易造成应力集中,有利于裂纹的起裂和扩展。

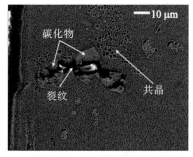
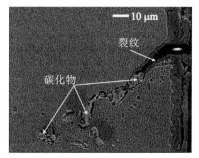

(a) 裂纹萌生与表面碳化物和共晶组织处   (b) 裂纹萌生于表面沿碳化物向内扩展

图 2.60 服役叶片取样试验件微裂纹萌生及扩展

4. 考虑微观组织退化的涡轮叶片小试验件剩余寿命预测

如前所述,涡轮叶片取样试验件寿命的降低与服役带来的微观组织退化密切相关,因此亟须建立基于微观组织状态的叶片试验件寿命预测方法进而准确评估服役叶片的剩余寿命,保证其运行的安全性。因为叶根截面的服役温度较低,γ'/γ 两相结构基本保持不变,故选用叶根截面的微观组织作为初始状态的参照。而本实验采用的涡轮叶片试验件标距段取自叶片 60% 叶高附近,故选用 60% 叶高截面 γ'/γ 两相微观组织代表服役叶片的微观组织状态。因此,参照式(2.6)定义服役叶片的微观组织退化状态为

$$\xi = \frac{\omega_{0.6} - \omega_s}{\omega_{0.6}} \tag{2.34}$$

其中,$\omega_{0.6}$ 代表不同服役时长下叶片 60% 叶高处的 γ 相宽度,ω_s 代表不同服役时长下叶片叶根截面的 γ 相宽度。γ 相宽度可根据 γ' 相体积分数和宽度由下式计算:

$$\omega = (1 - \sqrt[3]{f}\,)l \tag{2.35}$$

式中,f 和 l 分别为 γ' 相体积分数和宽度,涡轮叶片各个位置的相关参数已经由图 2.44 和图 2.45 给出。因此,式(2.34)可以写为

$$\xi = \frac{(1 - \sqrt[3]{f_{0.6}})\,l_{0.6} - (1 - \sqrt[3]{f_s})\,l_s}{(1 - \sqrt[3]{f_{0.6}})\,l_{0.6}} \tag{2.36}$$

将式(2.36)代入式(2.29)~式(2.30)便可以得到服役涡轮叶片取样小试验件的剩余疲劳寿命预测模型,预测精度在 3 倍分散系数以内,如图 2.61 所示。这说明采用

2.4 节所建立的考虑微观组织退化状态的镍基高温疲劳寿命预测方法同样可以用于服役涡轮叶片取样小试验件的剩余疲劳寿命评估。

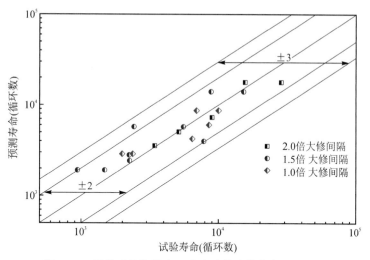

图 2.61　涡轮叶片取样小尺寸试验件疲劳寿命预测结果

| 2.6　本章小结 |

本章围绕单晶/定向凝固镍基高温合金涡轮叶片在强热-力耦合环境下带来微观组织退化行为,以及由此导致的疲劳寿命劣化问题开展论述。首先,简要介绍了服役涡轮叶片微观组织退化的典型类型、特征以及对叶片寿命的影响。然后,重点围绕叶片 γ'/γ 两相微观组织粗化/筏化对疲劳行为的弱化规律和机制开展了研究并进行讨论,提出了一种考虑微观组织状态的涡轮叶片材料疲劳寿命建模方法。最后,针对我国现役某型航空发动机高压一级涡轮叶片开展了服役时间和位置相关的微观组织退化分析与剩余疲劳寿命评估。

当前,国内外在涡轮叶片服役微观组织退化行为以及其对强度寿命影响方面的研究尚不充分,需要在微观组织退化状态的定量表征、微观组织致寿命劣化的规律和机理以及服役叶片寿命评估理论方面进一步开展大量的研究工作,以充分认识、深刻理解并突破由于服役微观组织退化带来的涡轮叶片强度和寿命评估中的关键科学问题。

| 参考文献 |

[1] KOULA A K, WALLACE W. Microstructural Changes During Long Time Service Exposure of Udimet 500 and Nimonic 115[J]. Metal Mater Trans A, 1983, 14(1): 183-189.

[2] 冯强，童锦艳，郑运荣，等. 燃气涡轮叶片的服役损伤与修复[J]. 中国材料进展，2012(12)：21-30.

[3] HUANG W Q, YANG X G, LI S L. Evaluation of Service-Induced Microstructural Damage for Directionally Solidified Turbine Blade of Aircraft Engine [J]. Rare Met，2019，38(02)：65-72.

[4] REED R C. The Superalloys：Fundamentals and Applications[M]. [S. l.]：Cambridge University Press，2006.

[5] BALDAN A. Review Progress in Ostwald Ripening Theories and Their Applications to Nickel-Based Superalloys Part I：Ostwald Ripeningtheories[J]. J Mater Sci，2002(37)：2171-2202.

[6] KAMARAJ M. Rafting in Single Crystal Nickel-Base Superalloys-Anoveriew [J]. Sadhana，2003，28：115-128.

[7] TIEN J K, COPLEY S M. The Effect of Uniaxial Stress on the Periodic Morphology of Coherent Gamma Prime Precipitates in Nickel-Base Superalloy Crystals[J]. Metal Trans，1971，2(1)：215-219.

[8] NABARRO F R N. Rafting in Superalloys[J]. Metallurgical & Materials Transactions A，1996，27(3)：513-530.

[9] OTT M, MUGHRABI H. Dependence of the High-Temperature Low-Cycle Fatigue Behaviour of the Monocrystalline Nickel-Based Superalloys CMSX-4 and CMSX-6 on the γ/γ'-Morphology[J]. Material Science and Engineering A，1999(272)：24-30.

[10] KRIKA M M. Thermomechanical Behavior of a Directionally Solidified Nickel-Base Superalloys in the Agedstate[D]. [S. l.]：Georgia Institute of Technology，2014.

[11] PORTELLA P, FEDELICH B, HELLMUTH K，et al. Creep Damage of Single-Crystal Nickel Base Superalloys：Mechanisms and Effect on Low Cycle Fatigue[J]. Materials at High Temperatures，2010(27)：1, 53-59.

[12] CERVELLON A，CORMIER J，MAUGET F，et al. VHCF Life Evolution After Microstructure Degradation of a Ni-Based Single Crystal Superalloy[J]. International Journal of Fatigue，2017(104)：251-262.

[13] KIRKA M，BRINDLEY K，NEU R，et al. Influence of Coarsened and Rafted Microstructures on the Thermomechanical Fatigue of a Ni-Based Superalloy [J]. International Journal of Fatigue，2015(81)：191-201.

[14] TINGA T，BREKELMANS W A M，Geers M G D. Time-Incremental Creep-Fatigue Damage Rule for Single Crystal Ni-Based Superalloys[J]. Material Science and Engineering A，2009(508)：200-208.

[15] 刘晨光,赵云松,张剑,等.应力时效对 DD11 单晶高温合金 TCP 相析出行为的影响[J].机械工程材料,2018,42(06):36-41.

[16] 马世玉.镍基单晶高温合金中 TCP 相和位错的显微学与模拟计算研究[D].济南:山东大学,2018.

[17] 杜云玲,牛建平,王新广,等.添加 Ru 对镍基单晶高温合金组织的影响[J].稀有金属材料与工程,2018,47(04):1248-1253.

[18] SUJATA M, MADAN M, RAGHAVENDRA K, et al. Identification of Failure Mechanisms in Nickel Base Superalloy Turbine Blades through Microstructural Study[J]. Engineering Failure Analysis, 2010, 17(6): 1436-1446.

[19] WANG T, ZHAO M, LI Z, et al. The Synergistic Effect of Re and W on the Evolution of TCP Phases in Nickel-Based Superalloys[J]. Journal of Alloys and Compounds, 2022, 900(15):163286.

[20] GONG X, PENG H, MA Y, et al. Microstructure Evolution of an EB-PVD NiAl Coating and Its Underlying Single Crystal Superalloy Substrate[J]. Journal of Alloys & Compounds, 2016(672): 36-44.

[21] 宋佳楠. 带涂层单晶叶片应力变和寿命分析方法[D].北京:北京航空航天大学, 2022.

[22] Durand-Charee M. The Microstructure of Superalloys[M]. [S. l.]: CRC Press, 2000.

[23] 基什金 S T,斯特洛干诺夫 G B. 铸造镍基高温合金中的碳化物强化[J]. 北京:航空材料学报, 1991(2):1-8.

[24] GORDON A. Crack Initiation Modeling of a Directionally-Solidified Nickel-Base Superalloy[D]. Atlanta: Georgia Institute of Technology, 2006.

[25] TREXLER M D. The Relationship of Microstructure to Fracture and Corrosion Behavior of a Directionally Solidified Superalloy[D]. Atlanta: Georgia Institute of Technology, 2007.

[26] 许辉. 定向凝固镍基高温合金 DZ445 的疲劳性能研究[D].沈阳:沈阳理工大学, 2012.

[27] SIMS C. The Superalloys[M]. [S. l.]: John Wiley and Sons, 1972.

[28] LVOV G, LEVIT V, KAUFMAN M. Mechanism of Primary MC Carbide Decomposition in Ni-base Superalloys[J]. Metallurgical and Materials Transactions A, 2004, 35(6):1669-1679.

[29] KOUL A, CASTILLO R. Assessment of Service Induced Microstructural Damage and its Rejuvenation in Turbine Blades[J]. Metallurgical Transactions A, 1988, 19(9):2049-2066.

[30] LIU L, JIN T, ZHAO N, et al. Formation of Carbides and Their Effects on

Stress Rupture of a Ni-base Single Crystal Superalloy[J]. Materials Science and Engineering A，2003，361(1)：191-197.

[31] 郭建亭.高温合金材料学(上册)[M].北京：科技出版社，2008.

[32] 谢君,于金江,孙晓峰,等.高钨 K416B 铸造镍基合金高温蠕变期间碳化物演化行为[J].金属学报,2015,51(04):458-464.

[33] LI Q，TIAN S，YU H，et al. Effects of Carbides and Its Evolution on Creep Properties of a Directionally Solidified Nickel-Based Superalloy[J]. Materials Science & Engineering A，2015，633：20-27.

[34] 韩烁. DD6 单晶高温合金再结晶行为研究[D].沈阳：沈阳工业大学,2017.

[35] 卜昆,邱飞,王志红,等.镍基单晶叶片制造技术及再结晶研究进展[J].航空制造技术,2016(21):34-40.

[36] 孙传棋,陶春虎,习年生,等.无铪定向凝固高温合金及其过载机械损伤[J].机械工程材料,2001,25(8):4-7.

[37] 陶春虎,颜鸣皋,张卫方,等.定向凝固和单晶叶片的损伤与预防[J].材料工程,2003(增刊)：15-20.

[38] 张卫方,高威,赵爱国,等.定向凝固合金叶片的疲劳断裂分析[J].机械工程材料，2003，27(9)：48-51.

[39] ZHANG W，LI Y，LIU G，et al. Recrystallization and Fatigue Failure of DS Alloy Blades[J]. Engineering Failure Analysis，2004，11(3)：429-437.

[40] 张兵,姜涛,陶春虎.定向凝固和单晶高温合金的再结晶研究[J].失效分析与预防，2011，6(01)：56-64.

[41] 浦一凡. DZ125 合金的组织演化及再结晶行为研究[D].沈阳：沈阳工业大学,2017.

[42] 施惠基.镍基合金表面再结晶对高温低循环疲劳性能影响的研究[C]//第16届全国疲劳与断裂学术会议会议程序手册,2012:74.

[43] 熊继春,李嘉荣,孙凤礼,等.单晶高温合金 DD6 再结晶组织及其对持久性能的影响[J].金属学报,2014(6).

[44] MA X，SHI H，GU J，et al. Influence of Surface Recrystallization on the Low Cycle Fatigue Behaviour of a Single Crystal Superalloy[J]. Fatigue & Fracture of Engineering Materials & Structures，2015，38(3)：340-351.

[45] MA X，SHI H J. In situ SEM Studies of the Low Cycle Fatigue Behavior of DZ4 Superalloy at Elevated Temperature：Effect of Partialrecry Stallization[J]. International Journal of Fatigue，2014，61(2)：255-263.

[46] 曲彦平,周金华,于兴福,等.再结晶厚度对定向凝固 DZ125 合金蠕变性能的影响[J].稀有金属材料与工程,2018,47(01):235-241.

[47] BOND S D，MARTIN J W. Effect of the Microstructures and Properties of

Solidification[J]. Materials Science，1984(11)：3861-3867.

[48] FEDELICH B，GEORGIA Künecke，EPISHIN A，et al. Constitutive Modelling of Creep Degradation due to Rafting in Single-Crystalline Ni-Base Superalloys[J]. Materials Science & Engineering：A，2009(510/511)：273-277.

[49] EPISHIN A，LINK T，NAZMY M，et al. Microstructural Degradation of CMSX-4：Kinetics and Effect on Mechanical Properties[M]. Proceedings of the International Symposium on Superalloy，2008.

[50] NEU R W. Microstructure-Sensitive Crystal Viscoplasticity for Ni-base Superalloys[R]. Georgia Institute of Technology，2016.

[51] FEDELICH B. A Microstructure Based Constitutive Model for the Mechanical Behavior at High Temperatures of Nickel-Base Single Crystal Superalloys[J]. Computational Materials Science，1999(16)：248-258.

[52] FEDELICH B. A Microstructural Model for the Monotonic and the Cyclic Mechanical Behavior of Single Crystals of Superalloys At High Temperatures [J]. International Journal of Plasticity，2002(18)：1-49.

[53] GALINDO-Nava E I，CONNOR L D，RAE C M F. On the Prediction of the Yield Stress of Unimodal and multimodal γ' Nickel-Base Superalloys[J]. Acta Materialia，2015(98)：377-390.

[54] KOZESCHNIK E，SVOBODA P，FISCHER F D. Modelling of Kinetics in Multi-component Multi-phase Systems with Spherical Precipitates[J]. Materials Science & Engineering A，2004，385(1)：157-165.

[55] XIA P C，YU J J，SUN X F，et al. Influence of Thermal Exposure on γ' Precipitation and Tensile Properties of DZ951 Alloy[J]. Material Characterization. 2007,58：645-651.

[56] LEIDERMARK D，MOVERARE J J，JOHANSSON S，et al. Tension/Compression Asymmetry of a Single-Crystal Superalloy in Virgin and Degraded Condition[J]. Acta Materialia，2010，58(15)：4986-4997.

[57] SUN H，TIAN S，TIAN N，et al. Microstructure Heterogeneity and Creep Damage of DZ125 Nickel-Based Superalloy[J]. Progress of National Science-Material，2014，24(3)：266-273.

[58] CHABOCHE J L，GALLERNEAU F. An Overview of the Damage Approach of Durability Modelling at Elevated Temperature[J]. Fatigue Fract Engineering Mater Struct，2001(24)：405-418.

[59] CHABOCHE J L，LESNE P M. A Nonlinear Continuous Fatigue Damage Model [J]. Fatigue & Fracture of Engineering Materials & Structures，1988(11)：1-17.

[60] LEMAITRE J，CHABOCHE J L. Mechanics of Solid Materials[M]. Cam-

bridge：Cambridge University Press，1990.

[61] CHABOCHE J L. Continuum damage mechanics：part II-damage growth，crack initiation，and crackgrowth[J]. Journal of Appled Mechanics，1988(55)：65-72.

[62] MA S，YUAN H. A Continuum Damage Model for Multi-Axial Low Cycle Fatigue of Porous Sintered Metals Based on the Critical Plane Concept[J]. Mechanics of Materials，2017(104)：13-25.

[63] HALFORD G R. The Energy Required for Fatigue[J]. Journal of Materials，1966(1)：3-17.

[64] BENTACHFINE S，PLUVINAGE G，GILGERT J，et al. Notch Effect in Low Cycle Fatigue[J]. International Journal of Fatigue，1999(21)：421-430.

[65] RÉMY L，GEUFFRARD M，ALAM A，et al. Effects of Microstructure in High Temperature Fatigue：Lifetime to Crack Initiation of a Single Crystal Superalloy in High Temperature Low Cycle Fatigue[J]. International Journal of Fatigue，2013(57)：37-49.

[66] PERSSON C，PERSSON P. Evaluation of Service-Induced Damage and Restoration of Cast Turbine Blades[J]. Journal of Materials Engineering and Performance，1993，2(4)：565-569.

[67] HOLLÄNDER D，KULAWINSKI D，WEIDNER A，et al. Small-Scale Specimen Testing for Fatigue Life Assessment of Service-Exposed Industrial Gas Turbine Blades[J]. International Journal of Fatigue，2016(92)：262-271.

[68] 范永升，黄渭清，杨晓光，等. 某型航空发动机涡轮叶片服役微观损伤研究[J]. 机械工程学报，2019，55 (13)：122-128.

[69] WEN Z，ZHANG D，LI S，et al. Anisotropic Creep Damage and Fracture Mechanism of Nickel-Base Single Crystal Superalloy Under Multiaxialstress [J]. Journal of Alloys & Compounds，2017(692)：301-312.

[70] ZHANG C J，HU W B，WEN Z X，et al. Creep Residual Life Prediction of a Nickel-Based Single Crystal Superalloy-Based on Microstructure Evolution [J]. Materials Science & Engineering A，2019(756)：108-118.

[71] GB/T 15248—2008. 金属材料轴向等幅低循环疲劳试验方法[S]. 北京：中国标准出版社，2008.

[72] MCLEAN M，TIPLER H R. Assessment of Damage Accumulation and Property Regeneration by Hot[C]//Superalloys 1984：Proceedings of the Fifth International Symposium on Superalloys. Society for Mining Metallurgy & Exploration，1984：73.

[73] TONG J，DING X，WANG M，et al. Assessment of Service Induced Degradation of Microstructure and Properties in Turbine Blades Made of GH4037 Alloy[J]. Journal of Alloys & Compounds，2016(657)：777-786.

第 3 章
蠕变-疲劳交互作用

| 3.1　引　言 |

目前,定向凝固高温合金最为典型的应用是用于制造发动机的高压气冷涡轮转子叶片。在航空发动机正常工作状态下,高压涡轮叶片具有复杂的温度场,在流道中最高温度和最低温度之间的温差可以超过 400 ℃。涡轮叶片上的载荷包括转动产生的离心力、气动载荷以及热应力等。众所周知,温度水平和应力水平都会影响到材料的蠕变行为,而镍基定向凝固高温合金各向异性蠕变行为随温度和应力水平的变化则尤其复杂[1,2]。

在航空发动机的许多重要零部件中,由于工作载荷和温度都很高,譬如涡轮叶片的允许最高温度可达 1 800～2 000 ℃,故此时涡轮叶片的破坏主要由蠕变主导。叶片和机匣之间的间隙必须保持一定的临界尺寸。高温低循环和蠕变的交互作用,促使叶片的工作寿命大大缩短。涡轮盘的外缘榫槽断裂,蠕变也起到一定的作用,此时的工作温度已达 600 ℃ 以上[3]。一般来说,金属材料的温度达到熔点的 30% 就会产生蠕变[4]。因此,在 F101 和 F104 发动机的设计中,明确提出了要用低循环疲劳和蠕变变形来设计涡轮盘。对于燃烧室和加力燃烧室的许多零件,由于局部位置的工作温度更高,蠕变设计已成为它的主要标志。

定向凝固高温合金具有显著的正交各向异性特点,不能采用各向同性合金假设的强度分析理论和寿命评估模型,同时定向凝固合金叶片经历着高温时变多场的复杂载荷工况,因此,保证定向凝固合金叶片在使用过程中的安全可靠性,尽可能提高对其寿命预测的准确性,是发动机设计和研制过程中必须面对和解决的重要问题。

本章针对定向凝固高温合金 DZ125 的蠕变与疲劳交互问题进行了研究。首先,以国产涡轮叶片材料 DZ125 镍基高温合金为研究对象,研究了蠕变与疲劳交互作用下寿命规律;其次,揭示了不同温度、保载时间等因素影响下的蠕变疲劳交互作用机理;最后,考虑了镍基各向异性合金的方向性问题,发展了蠕变疲劳寿命预测 CDA(循环损伤累积)模型。

| 3.2　试验方法 |

本试验参照《金属材料轴向等幅低循环疲劳试验方法》(GB/T 15248)和《金属材料轴向加载疲劳试验方法》(HB 5287—1996),分别在岛津(Shimadzu)试验机(型号 Shimadzu-EHF-EM100)和 MTS(型号 MTS810)试验机上进行。试验环境为试验室静态空气介质,试验通过高温引伸计控制试验件标距段的轴向应变施加载荷。

应变控制的蠕变疲劳试验温度为 850 ℃ 和 980 ℃,试验环境为试验室静态空气介质,采用轴向应变控制的加载方式,850 ℃ 选择应变变程为 1.6%,980 ℃ 选择应变变程为 1.2%,试验波形为梯形波,应力比 $R = -1$,加载应变速率 0.005 s^{-1}。试验波形如图 3.1(a)所示,在 MTS 试验机上的装卡如图 3.1(b)所示。拉伸保载时间分别为 0 s、60 s、120 s、300 s,用来对比不同保载时间对合金高温低循环疲劳行为的影响。

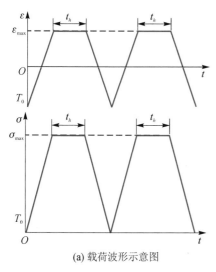

(a) 载荷波形示意图　　　　　　(b) 岛津试验机装卡后的试验件

图 3.1　蠕变疲劳试验

应力控制的蠕变疲劳试验温度为 850 ℃ 和 980 ℃。根据材料手册[5],DZ125 在 850 ℃ 时 560 MPa 的蠕变寿命和在 980 ℃ 时 260 MPa 的蠕变寿命都是 50 h,因此,设计试验方案为 850 ℃ 时名义应力变程为 560 MPa,980 ℃ 时名义应力变程为 260 MPa,应力比 $R = 0$,850 ℃ 时加载速率 560 MPa/s,980 ℃ 时加载速率 260 MPa/s。试验波形示意图如图 3.1(a)所示。拉伸保载时间分别为 0 s、1 s、60 s、120 s、240 s。考虑到应力保载的试验中应变水平可能很高,同时又要兼顾精确测量应变,因此选用大量程的高温引伸计(型号 Epsilon - 3448)。该引伸计的应变测量范围可达±50%。

| 3.3　DZ125 合金蠕变与疲劳交互作用下的寿命规律 |

3.3.1　应变保载对疲劳-蠕变寿命的影响

　　图 3.2 和图 3.3 分别为 850 ℃和 980 ℃温度下 DZ125 合金保载时间和疲劳寿命的关系。由图 3.2 可见,850 ℃时随保载时间的增加疲劳寿命下降,但当保载时间超过 120 s 后疲劳寿命趋于稳定。而由图 3.3 可知,980 ℃时保载 300 s 的疲劳寿命数据异常,从保载 0 s、60 s、120 s 的结果看,980 ℃时疲劳寿命随着保载时间的增加而下降。

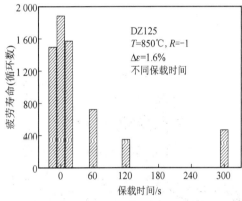

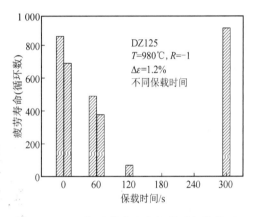

图 3.2　850 ℃疲劳寿命和保载时间的关系　　　图 3.3　980 ℃疲劳寿命和保载时间的关系

　　为了更清楚地分析蠕变-疲劳交互行为,可以通过分析疲劳寿命和总保载时间的关系来说明蠕变和疲劳的交互作用。图 3.4 所示为 850 ℃疲劳寿命和总保载时间的关系,其中保载 300 s 的数据循环数很少,但保载总时间很长,其损伤更偏向于蠕变损伤,因此,将保载 300 s 的数据点和没有保载的疲劳数据点连线,可以看到保载 60 s 和保载 120 s 的数据点在连线下方,这说明保载 60 s 和 120 s 时,疲劳和蠕变作用是相互促进的正交互行为。

　　从耗散能的观点看,每个循环迟滞回线的面积可以表征在每个循环中耗散的能量。含有保载的循环迟滞回线面积大于没有保载的循环迟滞回线面积(见图 3.5),因此,含有保载的试验每个循环耗散的能量更多,所以其寿命或断裂循环数将更低。

　　对 760 ℃和 980 ℃温度下单晶高温合金 DD6 合金的保载疲劳试验研究结果也表明,在高温疲劳试验中引入保载时间,将降低 DD6 合金的低循环疲劳寿命,而且试

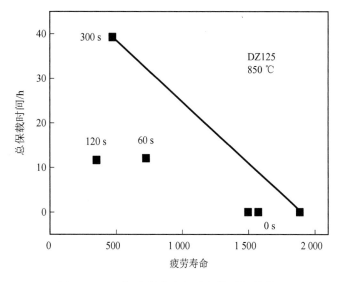

图 3.4　850 ℃疲劳寿命和总保载时间的关系

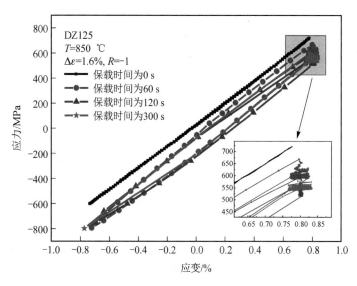

图 3.5　不同保载时间 850 ℃下的应力-应变曲线

验结果表明,三种保载形式:拉伸保载 60 s、压缩保载 60 s 以及拉压各保载 30 s(标记为 60/0、0/60、30/30)对 DD6 合金低循环疲劳寿命的降低程度没有显著差别,说明保载的作用主要体现在保载时间上,而保载形式对合金低循环疲劳寿命的影响不明显。Yu 等[6]研究了三种保载形式(60/0、0/60、30/30)作用下粉末冶金高温合金在 650 ℃下的低循环疲劳寿命,其结果表明三种保载形式对合金低循环疲劳寿命有降低作用且降低程度相近。Li 和 Smith[7]对 SRR99 单晶合金的研究也表明拉伸和压缩保载对合金低循环疲劳寿命有降低作用。

3.3.2 应力保载对疲劳-蠕变寿命的影响

图 3.6 和图 3.7 所示分别为 850 ℃ 和 980 ℃ 温度下保载时间和疲劳寿命的关系。由图可知 850 ℃ 时疲劳寿命随保载时间的增加而减少，且保载时间为 0 s 时疲劳寿命超过 $3×10^5$ 个循环而未断裂，这是因为 850 ℃ 时 DZ125 在应力幅值 560 MPa 时仍处在屈服极限以下。由应力-应变曲线(见图 3.8)也可看出，DZ125 在应力幅值 560 MPa 时的迟滞回线为一条直线，说明材料在弹性范围内进行循环加载，因此此时合金表现为高周疲劳行为，疲劳寿命在 10^5 个循环以上。但是，引入了拉伸保载之后，

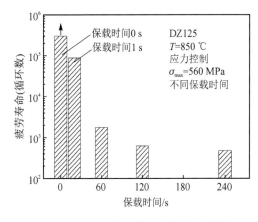

图 3.6 850 ℃ 疲劳寿命和保载时间的关系   图 3.7 980 ℃ 疲劳寿命和保载时间的关系

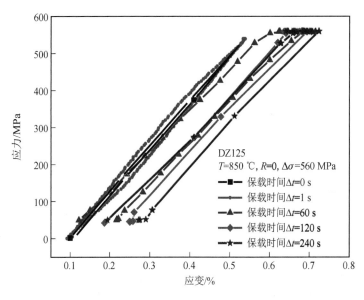

图 3.8 850 ℃ 不同保载时间的应力-应变曲线

疲劳寿命和没有保载试验的寿命不在一个量级上,保载时间为 1 s 的疲劳寿命为 88 200 个循环,保载时间增加到 60 s 时,疲劳寿命迅速降到 1 760 个循环,但是保载时间继续增加,即超过 120 s 后,疲劳寿命变化不太显著。

980 ℃ 时也有类似现象(见图 3.7),即无保载的试验疲劳寿命超过 $3×10^5$ 个循环而未断裂,但是引入保载时间后疲劳寿命迅速下降。且当保载时间超过 120 s 后,疲劳寿命趋于稳定。对比 980 ℃ 和 850 ℃ 的试验结果,发现在引入 1 s 的保载时间后,980 ℃ 时疲劳寿命下降得更快,其原因可能是 980 ℃ 的高温对蠕变作用的激活更显著。

3.4　蠕变与疲劳交互损伤机理

通过 SEM 观察来对比分析没有保载的疲劳断口和带有保载的疲劳断口形貌。图 3.9 所示为 850 ℃ 下没有保载的疲劳断口形貌,从图 3.9(b)可以看到比较典型的疲劳源、疲劳扩展区和瞬断区,且以穿晶方式断裂。图 3.10 所示为 850 ℃ 下保载 300 s 的断口形貌,可以看到疲劳源、疲劳条带和韧窝特征,分别如图 3.10(a)、(b)和(c)所示。其中,韧窝是蠕变特征的体现,试验件是以穿晶和沿晶混合方式断裂。

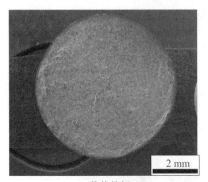

(a) 整体特征

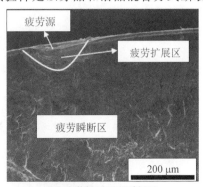

(b) 疲劳扩展区和瞬断区

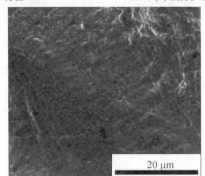

(c) 疲劳条带

图 3.9　850 ℃ 下无保载的疲劳断口形貌(应变变程 1.6%,$R=-1$)

从损伤的机制看,在 850 ℃下没有保载的断口特征主要呈现出疲劳损伤机制(如图 3.9 所示),在 850 ℃下保载 300 s 的断口特征看到疲劳损伤特征和蠕变损伤特征,说明产生了疲劳-蠕变交互作用。

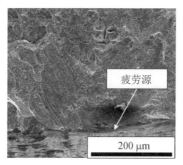
(a) 整体特征

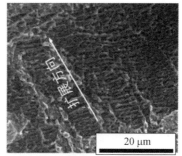
(b) 疲劳扩展区和瞬断区

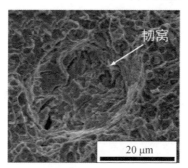
(c) 韧窝形貌

图 3.10　850 ℃下保载 300 s 的疲劳断口形貌(应变变程 1.6%,$R=-1$)

为了直观了解有无保载条件下疲劳裂纹萌生与扩展特征,对试验件表面进行了 SEM 观察。图 3.11 所示为 850 ℃下没有保载的试验件表面形貌,图 3.12 所示为 850 ℃下保载 300 s 的试验件表面形貌。可以看到,有保载和无保载的试验件表面形貌有明显不同。从图 3.11 中可以看到一些表面小裂纹,这些小裂纹可能是在枝晶间或加工痕迹处萌生。从图 3.12 中也看到许多表面小裂纹,裂纹的形貌和没有保载的表面裂纹有很大不同,这可能是由于在每个循环的保载过程中应力协调的影响,并且在含有保载的试验件表面裂纹,很可能也是萌生于枝晶间或加工痕迹处。

在图 3.12 中看到表面的裂纹形貌比较特别,因此对右侧图中的 1、2 区域进行了能谱分析,对 1、2 区域的能谱分析结果分别如表 3.1 和表 3.2 所列。分析表 3.1 和表 3.2 和结果发现主要是 Al 含量相差比较大。对此,分析讨论可能的原因:当试件受高温作用时表面形成 Al_2O_3,但在经过若干循环后在表面枝晶间萌生裂纹,氧化层脱落,区域 1 裂纹处还没形成较多的新 Al_2O_3,因此 Al 含量比区域 2 处含量低。

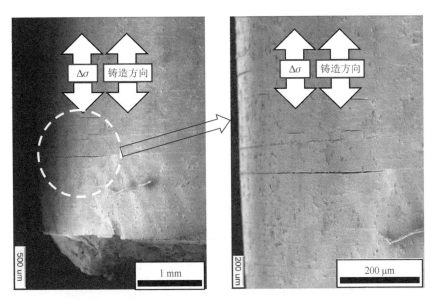

图 3.11 850 ℃下无保载的试验件表面形貌(应变变程 1.6%)

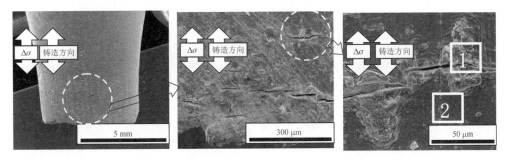

图 3.12 850 ℃下保载 300 s 的试验件表面形貌(应变变程 1.6%)

表 3.1 区域 1 处的合金成分

元 素	质量分数/%	原子数分数/%
O	10.78	30.78
Al	02.83	04.79
Hf	03.88	00.99
Ta	04.77	01.21
Si	03.64	05.92
W	04.42	01.10
Ca	00.32	00.37
Ti	01.97	01.88
Cr	05.69	05.00
Co	17.16	13.31
Ni	44.54	34.66

表 3.2 区域 2 处的合金成分

元 素	质量分数/%	原子数分数/%
O	10.67	27.74
Al	14.37	22.16
Hf	01.50	00.35
Ta	00.00	00.00
Si	01.07	01.58
W	08.14	01.84
Ca	00.24	00.25
Ti	01.12	00.97
Cr	10.88	08.71
Co	08.37	05.91
Ni	42.02	29.78

具体分析不同温度下带有保载的试验件微观断口特征,取 850 ℃ 和 980 ℃ 下带有保载的试验件进行观察。图 3.13 和图 3.14 所示分别为 850 ℃ 和 980 ℃ 温度下保载 1 s、60 s、120 s 和 240 s 的断口图。850 ℃ 和 980 ℃ 的断口图主要有两点不同:一是同样保载时间下 980 ℃ 的断口孔洞密度更高且孔洞更大,这表明 980 ℃ 时蠕变的作用更明显;二是 980 ℃ 的断口普遍比 850 ℃ 的断口氧化严重,这表明在 980 ℃ 的高温下,氧化损伤的作用不可忽视。850 ℃ 下保载 1 s 的断口类似于典型的疲劳断口,有疲劳源、疲劳扩展区和瞬断区(见图 3.13(a))。980 ℃ 下保载 1 s 的断口都可以看到孔洞特征(见图 3.14(a)),这是蠕变特征的表现,说明 850 ℃ 下保载 1 s 时疲劳损伤机制为主导,而 980 ℃ 下保载 1 s 时疲劳损伤、蠕变损伤均发挥了作用。

为进一步分析,对 850 ℃ 和 980 ℃ 两个温度下试验件的表面微观特征进行了 SEM 观察,图 3.15 和图 3.16 所示分别为 850 ℃ 和 980 ℃ 温度下无保载和保载 1 s、60 s、120 s 及 240 s 的表面特征。图 3.15(a)所示为 850 ℃ 没有保载的试验件表面,疲劳寿命超过 3×10^5 个循环没有断裂,试验件表面比较光滑没有明显小裂纹。由图 3.15(b)看到 850 ℃ 保载 1 s 的试验件断口比较平,表面几乎没有小裂纹。图 3.16(a)为 980 ℃ 没有保载的试验件表面,疲劳寿命超过 3×10^5 个循环没有断裂,试验件表面没有明显小裂纹,但与 850 ℃ 没有保载试验件相比,表面氧化严重得多。图 3.16(b)为 980 ℃ 保载 1 s 的试验件表面,与 850 ℃ 保载 1 s 的试验件不同,980 ℃ 保载 1 s 的断口呈锯齿形,而且表面有小裂纹,这表明 980 ℃ 是在保载 1 s 的条件下,蠕变机制已经起了很大作用。

再具体分析同一温度、不同保载时间的断口微观特征,主要有以下几点:

① 850 ℃ 下保载 1 s 和保载 60 s、120 s 和 240 s 的断口形貌明显不同,850 ℃ 下保载 1 s 的断口比较类似典型的疲劳断口,有疲劳源、疲劳扩展区和瞬断区,保载 60 s、120 s 和 240 s 的断口有孔洞特征,这些是蠕变损伤的体现。

② 850 ℃ 下保载 1 s 和保载 60 s、120 s 和 240 s 的断口轮廓和表面明显不同,由图 3.15(b)看到 850 ℃ 保载 1 s 的试验件断口比较平,表面几乎没有小裂纹。由图 3.15(c)、(d)和(e)看出,850 ℃ 保载 60 s、120 s 和 240 s 的试验件断口轮廓呈锯齿形,并且表面出现小裂纹,保载时间越长,表面小裂纹越明显。

③ 980 ℃ 下保载 1 s、60 s、120 s、240 s 的试验件断口均有很多蠕变孔洞特征。

④ 980 ℃ 下保载 1 s、60 s、120 s、240 s 的试验件断口轮廓均呈锯齿形,但保载 60 s、120 s 和 240 s 的表面小裂纹明显比保载 1 s 的表面小裂纹密集。

用断面收缩率来进行比较,断面收缩率指断面最大缩小面积与原断面积的百分比。表 3.3 所列为两个温度不同保载时间的断面收缩率。由于无保载的试验疲劳寿命超过 3×10^5 而没有断裂,故没有得到断面收缩率数据;850 ℃ 和 980 ℃ 保载 60 s、120 s 和 240 s 的断面收缩率都在 40% 左右;但保载 1 s 的试验 850 ℃ 和 980 ℃ 的断面收缩率相差很大,原因可能是保载 1 s 的试验在 980 ℃ 下蠕变机制起的作用更大一些,这也从微观上解释了为什么 980 ℃ 保载 1 s 的疲劳寿命比 850 ℃ 的寿命短

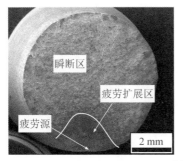

(a) 保载1 s

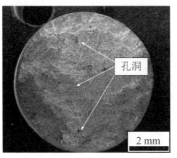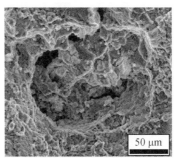

(b) 保载60 s

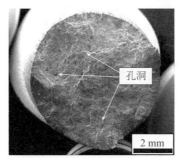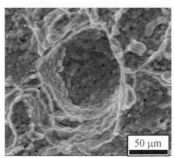

(c) 保载120 s

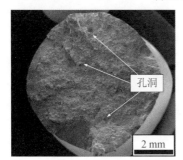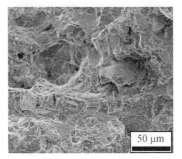

(d) 保载240 s

图 3.13　850 ℃、最大应力 560 MPa 时不同保载时间试验件的断口形貌图
（右图均为对应左图的局部放大）

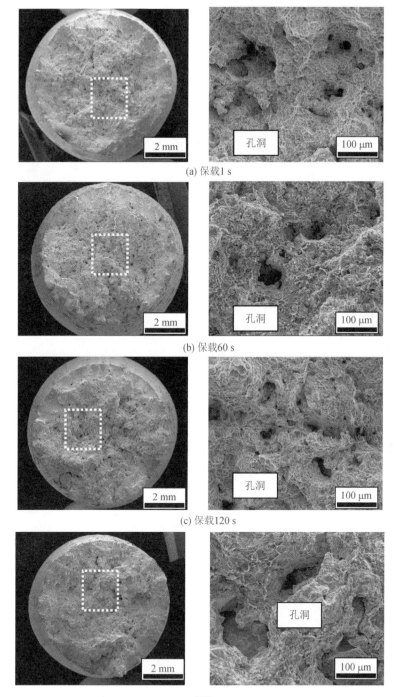

(a) 保载1 s

(b) 保载60 s

(c) 保载120 s

(d) 保载240 s

图 3.14 980 ℃、最大应力 260 MPa 时不同保载时间试验件的断口形貌图
(右图均为对应左图的局部放大)

(a) 没有保载　　　　　　　　　　(b) 保载1 s

(c) 保载60 s　　　　　　　　　　(d) 保载120 s

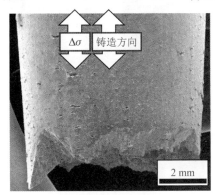

(e) 保载240 s

图 3.15　850 ℃、最大应力 560 MPa 时不同保载时间试验件的断口轮廓图

很多。

综上所述,可以得出以下结论:

① 保载对损伤机制的表现主要体现在蠕变损伤特征上。从以上的微观断口观察分析来看,没有保载的微观形貌和含有保载的微观形貌有很明显的区别。在没有

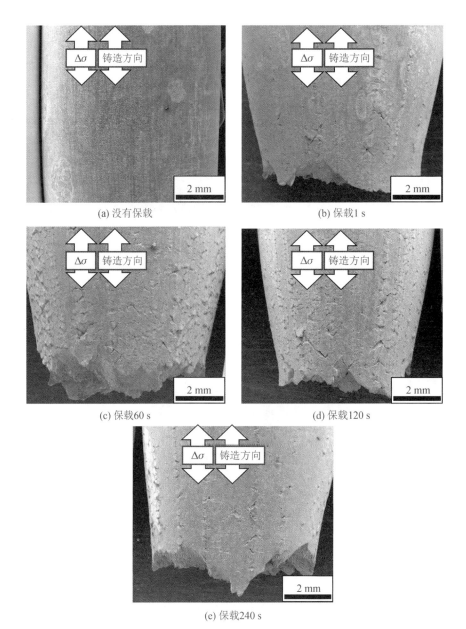

(a) 没有保载

(b) 保载1 s

(c) 保载60 s

(d) 保载120 s

(e) 保载240 s

图 3.16 980 ℃、最大应力 260 MPa 时不同保载时间试验件的断口轮廓图

保载的低循环疲劳试验中,疲劳损伤起主要作用,因此断口呈现出典型的疲劳断口特征;在含有保载的低循环疲劳试验中,疲劳损伤、蠕变损伤都起主要作用,因此在断口上可以同时看到蠕变的韧窝特征以及疲劳条带特征。

　　② 从表面裂纹萌生的区域和形貌看,通过对有无保载的试验件微观表面观察和能谱分析来看,有无保载的表面小裂纹形貌有明显不同,且在有保载的情况下,试验

件表面小裂纹更多更密集。

表 3.3 850 ℃ 和 980 ℃ 不同保载时间的断面收缩率

保载时间/s	850 ℃ 的断面收缩率/%	980 ℃ 的断面收缩率/%
0	—	—
1	5	45
60	40	48
120	41	45
240	39	41

③ 同样的保载时间,不同的试验温度微观破坏机理也有不同,尤其对于短时间的保载试验,850 ℃ 和 980 ℃ 下的断口和表面微观形貌有明显不同。在 980 ℃ 条件下的保载比 850 ℃ 下的保载试验件表面有更多的小裂纹,且断口上呈现出更明显的蠕变损伤特征。

④ 同一温度下,不同保载时间试验件表面的裂纹形貌和断口轮廓不同。保载时间越长,表面小裂纹越密集,但保载超过某一时间后的表面小裂纹密集程度无明显变化。

3.5 蠕变-疲劳寿命预测方法

镍基定向凝固合金和单晶合金优异的高温疲劳性能很大程度上得益于其横向晶界和全部晶界的消除,但与此同时带来的力学性质各向异性十分显著[8]。对于单晶合金和定向凝固合金涡轮叶片,铸造后叶片的晶粒与主应力轴线方向会有一定的偏角,而这种取向偏差很可能会造成叶片实际寿命与预测值不同,构成安全隐患。因此,为了满足对单晶和定向凝固合金高温疲劳寿命预测精度的需要,有必要结合单晶合金和定向凝固合金材料晶体的变形特点和破坏机理[9],建立相应的低循环疲劳寿命模型。

传统的 Mason-Coffin 方程及其修正方法无法很好地表征取样方向性和保载等复杂载荷条件的影响,而镍基各向异性合金的高温疲劳行为与晶粒方向又密切相关,且发动机涡轮叶片工作于十分复杂的载荷工况下。为此,文献[10]和[11]从不同角度研究了镍基单晶合金低循环疲劳寿命的取向相关性,但对于复杂的疲劳-蠕变载荷条件研究尚不充分,工程上常采用 Walker 应变寿命预测模型考虑复杂循环载荷条件[12],但对各向异性考虑不够全面。

鉴于此,为了更好地解决镍基单晶和定向凝固合金的各向异性与复杂的疲劳载荷问题,本节考虑了唯象模型的思路,即作者课题组已在多种镍基合金中预测效果很好的 CDA(循环损伤累积)模型。且在之前的基础上,进一步发展了 CDA 模型,着重考虑了镍基各向异性合金的方向性问题,将方向函数引入模型,并综合考虑了应力与应变水平、应变比以及保载等复杂载荷条件,该模型可以较好地适应合金的各向异性与复杂循环载荷。

3.5.1 CDA 理论的基本方程

CDA 方法最初是 NASA 的 HOST(Hot Section Technology)计划中关于发动机热端材料的蠕变–疲劳寿命预测项目中发展起来的。该项目的研究目标是改进燃气涡轮热端部件高温疲劳裂纹萌生寿命的预测技术[13]。该方法最初主要是针对发动机热端部件(如盘、火焰筒等)的各向同性合金提出的。从根本上说,CDA 方法同时遵循延性耗散能与连续损伤模型所用的那些概念。根据国外资料推测,CDA 方法可能是目前 Pratt&Whitney 公司针对高温部件裂纹萌生寿命预测采用的主要方法。

从该方法的公式发展过程来看,公式的形式有些许变化,这表明该方法的形式不是唯一的,本课题组对多种镍基高温合金疲劳数据的研究表明,与试验数据相关系数相对较好的函数形式为

$$N_f = A \Delta\varepsilon^{n_1} \Delta\sigma^{n_2} 10^{n_3 \sigma_{\max}} \tag{3.1}$$

其中,具有总应变变程 $\Delta\varepsilon$、应力变程 $\Delta\sigma$ 和最大应力 $\sigma_{\max}$ 这 3 个基本的力学参量,而且每个参量都具有独立的常数,分别是 n_1、n_2 和 n_3。CDA 模型是一种考虑循环加载过程中损伤累积的寿命模型,包含了最大应力、应力变程和应变变程对循环损伤的贡献。相对于建立在传统 Manson – Coffin 基础上的模型,CDA 模型最大的优点在于可以考虑复杂载荷波形的影响且方程形式简单适于工程应用。

3.5.2 DZ125 合金 CFI 寿命预测

应用 CDA 方法对镍基各向异性高温合金进行寿命预测,一个重要的难点在于如何考虑取向变化带来的寿命差异。对于单晶合金的低循环疲劳行为,多数文献认为弹性模量的方向性变化是引起低循环疲劳寿命差异的主要原因。基于此,文献[14]将晶向函数 $f(A_{hkl})$ 引入 CDA 模型方程中,晶向函数 $f(A_{hkl})$ 的定义为

$$f(A_{hkl}) = 1 - \left(2 + 2\mu_{[001]} - \frac{E_{[001]}}{G_{[001]}}\right) A_{hkl} \tag{3.2}$$

式中,$\mu_{[001]}$、$E_{[001]}$、$G_{[001]}$ 分别为单晶合金[001]方向的泊松比、弹性模量和剪切模量,对于晶体方向[h k l],其晶体参数 A_{hkl} 为

$$A_{hkl} = \frac{h^2 k^2 + k^2 l^2 + l^2 h^2}{(h^2 + k^2 + l^2)^2} \tag{3.3}$$

文献[14]用晶向函数修正总应变变程的方程形式如式(3.4)所示,对于单晶 DD6 和 DD3 合金的低循环疲劳寿命预测,此模型表现出很好的效果。

$$N_f = 10^{\left[A+n_1 \lg(\Delta\sigma)+n_2\sigma_m+n_3\Delta\varepsilon/f(\Lambda_{hkl})+n_4\sigma_{max}+n_5 t_t + n_6 t_c\right]} \tag{3.4}$$

需要指出的是,对于单晶合金来说,加载方向与晶轴之间的角度关系是可以测定的,但对于横观各向同性的定向凝固合金来说,由于定向凝固合金一般包含几个晶粒,而且晶粒之间没有固定规律可循,所以对定向凝固合金做精确的晶向测定几乎不太可能[15]。由于定向结晶材料的晶体方向很难测定,一般可以将 L 方向(纵向)当作

单晶体的[001]方向,但对于 T 方向(横向)和 45° 方向,用[100]和[011]来表示并不准确,尤其是对单晶合金[001]和[100]方向的晶体参数 A[001]＝A[100]＝0,但定向凝固合金 L 和 T 方向的性能相差很大,所以采用晶向函数 $f(A_{hkl})$ 无法很好地表示定向凝固合金的方向性。

为此,本章借鉴 Moore[16] 在研究定向凝固合金 CM247LC 多轴疲劳问题的思路并加以发展,定义定向凝固合金的 L 方向和加载方向的夹角为 ω (如图 3.17 所示),并由此定义关于 ω 的方向角函数 $f(\omega)$。

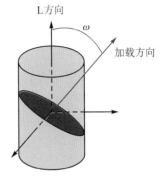

图 3.17　L 方向和加载方向的夹角 ω 定义

SWT(Smith - Watson - Topper)参数被定义为最大应力和应变幅值的乘积[17]:

$$SWT = \sigma_{max}\varepsilon_a \tag{3.5}$$

某一温度下的方向函数 $f(\omega)$ 值的由式(3.6)确定:

$$f(\omega) = \frac{SWT(0°)}{SWT(\omega)} = \frac{\sigma_{max-0°}\varepsilon_{a-0°}}{\sigma_{max-\omega}\varepsilon_{a-\omega}} \tag{3.6}$$

其中,$f(\omega)$ 函数值的确定需要由试验得到的 SWT(0°)、SWT(45°)和 SWT(90°),此三个数据即为 L 方向、45°方向以及 T 方向的 SWT 值。对于定向凝固 DZ125 合金的 LCF 寿命,有 $N_f(45°) < N_f(T) < N_f(L)$,即 $N_f(45°) < N_f(90°) < N_f(0°)$,因此 $f(\omega)$ 应有 $f(45°) < f(90°) < f(0°)$,对此采用六阶多项式拟合有较好的效果,将方向 $f(\omega)$ 写成 6 阶多项式形式,如下:

$$f(\omega) = f_6\omega^6 + f_5\omega^5 + f_4\omega^4 + f_3\omega^3 + f_2\omega^2 + 1 \tag{3.7}$$

其中,ω 为弧度值,多项式的拟合需要由 $f(0°)$、$f(45°)$、$f(90°)$ 三个值确定,然后对式(3.7)求一阶导数,要求 $f'(0°)=f'(45°)=f'(67.5°)=f'(90°)=0$,可求得 $f(\omega)$ 的函数形式。

对 DZ125 合金,在 850 ℃ 下,当加载沿 L 方向时,$f(\omega)=f(0°)=1$;当加载沿 45°方向时,$f(\omega)=f(45°)=\sigma_{max}/\sigma_{max,45}=413.95/930.7=0.4448$;当加载沿 T 方向时,$f(\omega)=f(90°)=\sigma_{max}/\sigma_{max,T}=413.95/865.1=0.4785$。

求一阶导数 $f'(0°)=f'(45°)=f'(67.5°)=f'(90°)=0$,可求得拟合参数 $f_6 \sim f_2$(见式(3.8)),曲线如图 3.18 所示,这样对于定向凝固合金任意偏角都可以通过方向函数求得对应值。文献[16]分析了 CM247LC 在 500 ℃ 下得到的 $f(\omega)$ 函数变

化(见图 3.19),其变化规律与 DZ125 合金相似。

$$f(\omega, 850\ ℃) = -1.695\omega^6 + 9.271\omega^5 - 19.454\ 1\omega^4 + 18.967\ 5\omega^3 - 7.644\ 8\omega^2 + 1$$

$$(3.8)$$

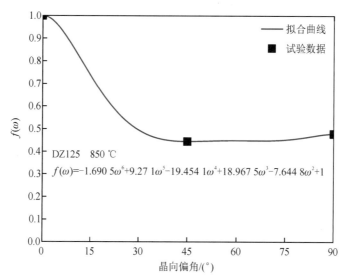

图 3.18　DZ125 合金在 850 ℃下晶向偏角和 $f(\omega)$ 的关系

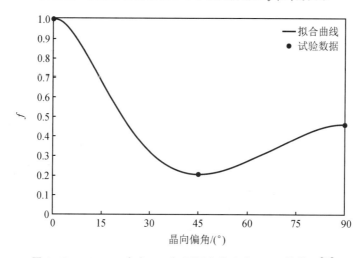

图 3.19　M247LC 合金 500 ℃下晶向偏角和 $f(\omega)$ 的关系[16]

　　基于 CDA 方法的基本方程,对于镍基定向凝固合金,本章将由 SWT 参数确定的方向函数 $f(\omega)$ 引入方程以考虑方向偏角的影响。同时研究发现,拉伸保载时间、压缩保载时间、平均应力的存在也不可避免地影响合金的疲劳低循环寿命,为此在基本方程的基础上同时加入平均应力、拉伸保载时间和压缩保载时间。此方程综合考虑了合金的各向异性、应力/应变水平、应变比、保载时间及保载形式,建立了统一的方程形式,改进后的方程形式见式(3.9),这里将其称为 ω 修正的 CDA 方程:

$$N_f = A \left[\frac{\Delta \varepsilon}{f(\omega)} \right]^{n_1} \Delta \sigma^{n_2} 10^{n_3 \sigma_{\max}} 10^{n_4 \sigma_m} 10^{n_5 t_t} 10^{n_6 t_c} \qquad (3.9)$$

利用试验中获得的 DZ125 合金在 850 ℃ 下的疲劳数据进行分析,数据的组成有三类:一是三个方向的常规载荷条件下疲劳数据,包括 L、T、45°三个方向无保载的对称循环($R=-1$)疲劳数据;二是非对称循环的复杂载荷条件下疲劳数据,包括 L 方向无保载非对称循环($R=0$)的疲劳数据;三是带有不同保载时间的复杂载荷条件下疲劳数据,包括对称循环保载(60/0、120/0、300/0)的数据和非对称循环保载(60/0、120/0、300/0)的数据,其中,$t/0$ 表示拉伸峰值保载时间。通过多元回归分析,得到参数 A、$n_1 \sim n_6$,得到 850 ℃ 下 DZ125 合金方程的具体形式:

$$N_f = 10^{-3.21586} \left[\frac{\Delta \varepsilon}{f(\omega)} \right]^{-5.06039} \Delta \sigma^{-0.79022} 10^{-1.30831e-4\sigma_{\max}} 10^{-1.198116e-4\sigma_m} 10^{-0.00207 t_t}$$

$$(3.10)$$

采用此方程形式对 DZ125 合金在 850 ℃ 的低循环疲劳寿命结果进行预测,结果如图 3.20 所示。从结果可以看出,对 DZ125 合金在 850 ℃ 下,模型能够对合金在 L、T、45°三个方向,应变比 $R=-1$ 和 $R=0$,不同拉伸保载时间的 LCF 寿命进行预测,模型能够给出统一的寿命预测结果,且结果基本落在 3 倍分散系数内。

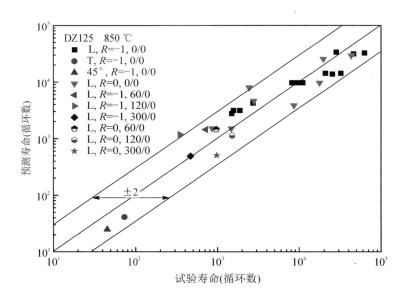

图 3.20　DZ125 合金在 850 ℃ 下 LCF 寿命预测结果

对 DZ125 合金,在 980 ℃ 时,当加载沿 L 方向时,$f(\omega) = f(0°) = 1$;当加载沿 45°方向时,$f(\omega) = f(45°) = \sigma_{\max}/\sigma_{\max,45} = 444.0/567.2 = 0.7828$;当加载沿 T 方向时,$f(\omega) = f(90°) = \sigma_{\max}/\sigma_{\max,T} = 444.0/508.1 = 0.8738$。

求一阶导数,令 $f'(0°) = f'(45°) = f'(67.5°) = f'(90°) = 0$,可求得拟合参数

航空发动机涡轮叶片疲劳寿命分析理论

$f_6 \sim f_2$：

$$f(\omega, 980\ ℃) = -3.220\ 6\omega^6 + 15.488\ 61\omega^5 - 27.456\ 9\omega^4 +$$
$$21.601\ 8\omega^3 - 6.659\ 2\omega^2 + 1 \tag{3.11}$$

DZ125 合金在 850 ℃下晶向偏角和 $f(\omega)$ 的关系曲线如图 3.21 所示，这样对于定向凝固合金 DZ125 在 980 ℃下任意偏角都可以通过方向函数求得对应值。

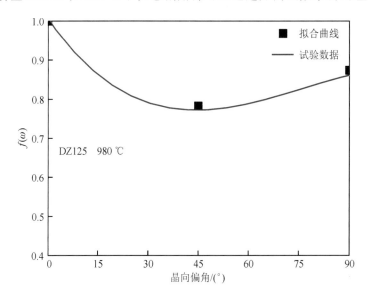

图 3.21　DZ125 合金在 850 ℃下晶向偏角和 $f(\omega)$ 的关系

利用试验中获得的 DZ125 合金在 980 ℃下的疲劳数据，数据的组成也分成三类：① 三个方向的常规载荷条件下疲劳数据，包括 L、T、45°方向无保载的对称循环（$R=-1$）疲劳数据；② 非对称循环的复杂载荷条件下疲劳数据，包括 L 方向无保载非对称循环（$R=0$）的疲劳数据；③ 带有不同保载时间和不同保载类型的复杂载荷条件下疲劳数据，包括对称循环保载（60/0、120/0、0/60、30/30）的数据和非对称循环保载（60/0、120/0、300/0）的数据，其中 $t/0$ 表示拉伸峰值保载时间，$0/t$ 表示压缩峰值保载时间，t/t 表示拉伸-压缩峰值均保持时间。通过多元回归分析，得到参数 A 和 $n_1 \sim n_6$，980 ℃下 DZ125 合金方程的具体形式为

$$N_f = 10^{0.692\ 86} \left[\frac{\Delta\varepsilon}{f(\omega)} \right]^{-3.269\ 93} \Delta\sigma^{-1.569\ 6} 10^{0.001\ 22\sigma_{max}} 10^{0.002\ 27\sigma_m} 10^{8.814\ 92e-5t_t} 10^{-0.010\ 4t_c}$$

$$\tag{3.12}$$

采用此方程形式对 DZ125 合金在 980 ℃的低循环疲劳寿命结果进行预测，结果如图 3.22 所示。由图可知，在 980 ℃温度下，模型的预测精度均在 3 倍分散系数内。由此说明该模型具备对不同晶粒方向（L、T 和 45°）、不同应变比（$R=-1$ 和 $R=0$）以及不同保载形式和保载时间等条件下的 LCF 寿命进行预测的能力。

90　Fatigue Lifetime Analysis Theory of Aero-Engine Turbine Blades

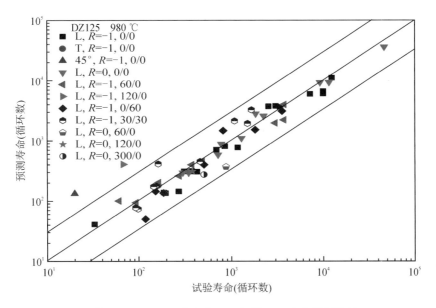

图 3.22　DZ125 合金在 980 ℃下 LCF 寿命预测结果

| 3.6　本章小结 |

本章以定向凝固高温合金 DZ125 为研究对象,对合金的高温低循环疲劳力学行为进行了试验研究。相比于传统的疲劳寿命数据试验条件,着重考虑了典型航空发动机热端部件的载荷特点,如循环载荷保持以及不同的保持时间、非对称循环、循环打断等试验条件。主要结论如下:

① DZ125 合金在 980 ℃下的低循环疲劳寿命低于在 850 ℃下的寿命,且在 850 ℃时合金在初期多表现出循环硬化,而在 980 ℃时表现出循环软化并持续软化直至破坏;DZ125 合金在 850 ℃和 980 ℃下带有拉伸保载的疲劳寿命比没有保载的疲劳寿命低,而且拉伸保载的时间越长,疲劳寿命越低,但随着保载时间的增加,疲劳寿命趋于稳定。

② DZ125 合金的试验温度由 850 ℃提高到 980 ℃时,与温度相关的氧化和蠕变损伤在微观形貌上有比较明显的体现。在 850 ℃下断裂多为穿晶方式,在 980 ℃下断裂多为穿晶、沿晶混合方式;DZ125 合金在 850 ℃和 980 ℃下带有保载的疲劳试验件断口上可见明显的蠕变损伤特征,并且拉伸保载对表面氧化及开裂起到了促进作用;同样保载时间条件下,DZ125 合金在 980 ℃下的保载试验中蠕变损伤更加明显;在同一温度下,保载时间越长,表面裂纹越密集,在保载超过某一时长后,表面小裂纹密集程度接近。

③ 对镍基各向异性合金的疲劳寿命建模,考虑了基于机理的模型和唯象的模型两种思路。基于机理的模型借鉴了临界平面法的思想,基本思路是从镍基各向异性合金 30 个可能开动的滑移系中搜索对应的临界面,以此建立寿命模型;唯象的模型采用了 CDA(循环损伤累积)模型,并进一步发展了 CDA 模型,着重考虑了镍基各向异性合金的方向性问题,将方向函数引入模型,并综合考虑了应力与应变水平、应变比以及保载等复杂载荷条件。

参考文献

［1］ PINEAU A，ANTOLOVICH S D. High Temperature Fatigue of Nickel-Base Superalloys-A Review with Special Emphasis on Deformation Modes and Oxidation［J］. Engineering Failure Analysis，2009，16(8)：2668-2697.

［2］ REED P A S，TUCKER P H，JOYCE M R. Effects of Mixed Mode Loading on Fatigue and Creep-Fatigue in SRR-99 Singlec Rystals［J］. Materials Science and Engineering A，2005，394(1/2)：256-265.

［3］ 熊昌炳,彭志勇.涡轮盘榫槽疲劳/蠕变交互作用的寿命研究［J］.计算力学学报，1988(02)：60-68. DOI：CNKI：SUN：JSJG. 0. 1988-02-007.

［4］ 穆霞英.蠕变力学［M］.西安：西安交通大学出版社,2022.

［5］ 北京航空材料研究院. 航空发动机设计用材料数据手册［M］. 北京：国防工业出版社，2009.

［6］ YU H，LI Y，HUANG X，et al. Low Cycle Fatigue Behavior and Life Evaluation of a P/M Nickel Base Superalloy Under Different Dwell Conditions［J］. Procedia Engineering，2010，2(1)：2103-2110.

［7］ LI S X，SMITH D J. High Temperature Fatigue-Creep Behaviour of Single Crystal SRR99 Nickel Base Superalloys：II Fatigue-Creep Life Behaviour［J］. International Journal of Fatigue，1996，18(6)：419.

［8］ 李嘉荣,史振学,袁海龙,等. 单晶高温合金 DD6 拉伸性能各向异性［J］. 材料工程，2008，28(12)：6-10.

［9］ KUMAR S，CURTIN W A. Crack Interaction with Microstructure［J］. Materials Today，2007，10(9)：34-44.

［10］ ARAKERE N K，SWANSON G. Effect of Crystal Orientation on Fatigue Failure of Single Crystal Nickel Base Turbine Blade Superalloys［J］. Journal of Engineering for Gas Turbines And Power，2002(124)：161-176.

［11］ GABB T P，GAYDA J，MINER R V. Orientation and Temperature Dependence of Some Mechanical Properties of the Single-Crystal Nickel-Base Superalloy René N4：Part II Low Cycle Fatigue Behavior[J]．Metallurgical and Materials Transactions A，1986(17)：497-505．

[12] 王卫国，古远兴，卿华，等．轮盘低循环疲劳寿命预测方法研究及试验验证[J]．航空动力学报，2006，21(5)：862-866．

[13] NELSON R S，LEVAN G W，HARVEY P R．Creep Fatigue Life Prediction for Engine Hot Section Materials（isotropic）[R]．NASA-CR-189221，Final Report，1993．

[14] 石多奇，杨晓光，于慧臣．一种镍基单晶和定向结晶合金的疲劳寿命模型[J]．航空动力学报，2010，25(8)：1871-1875．

[15] 石多奇，杨晓光，于慧臣，等．定向合金 DZ125 高温低循环疲劳/蠕变特征与寿命建模[C]//第十三届发动机结构强度振动学术会暨中国一航材料院 50 周年院庆系列学术会议．

[16] MOORE Z J．Life Modeling of Notched CM247LC DS Nickel-Base Superalloy[D]．Atlanta：Georgia Institute of Technology，2008．

[17] SMITH K N，P W，TOPPER T M．A Stress-Strain Function for the Fatigue of Metals[J]．Journal of Materials，1970(5)：767-778．

第 4 章

热机械疲劳

| 4.1 引 言 |

由于航空发动机涡轮叶片广泛选用定向凝固（Directionally Solidified，DS）合金和单晶（Single Crystal，SC）合金，使得涡轮前温度得以大幅提高，进而增加了航空发动机的推力、循环热效率，降低了排气污染。服役状态下的涡轮叶片需要经受由于离心力载荷引起的机械应变，并耦合了由于几何应力集中、振动、发动机启动与停车以及不规则机动飞行带来的瞬态热、机械应变。当部件经历的热机械疲劳载荷与温度存在交互作用时，即温度和机械应变同时发生改变时，称为热机械疲劳。

为了设计能抵抗 TMF 载荷的涡轮叶片，需要研究叶片材料在 TMF 载荷下的力学行为，揭示合金在不同温度区域、载荷速率、应力状态和晶体方向下可能产生的各种断裂机制，发展精度高、适应范围广的寿命模型。到目前为止，国外针对多种镍基高温合金（如 CM247LC DS[1,2]、PW1480[3]/PW1484[4,5]、GTD－111 DS[6,7]，IN718[8]、CMSX－4[9,10]等材料），已经开展了十分广泛 TMF 研究，并仍然还在持续进行中。这些材料均用于高压涡轮叶片，并代表着相应时代军民用航空发动机、高性能燃气轮机的涡轮叶片材料的最高水平。DZ125 高温合金作为我国航空发动机高压涡轮叶片最重要的高温材料之一，近 10 年来研究人员针对该合金的力学行为也开展了大量的研究工作，但主要集中在低循环疲劳[11,12]、缺口疲劳[13-17]、蠕变疲劳[18-22]、蠕变行为[23-25]研究。虽然早期部分研究有涉及 DZ125 TMF 试验和寿命建模方法，但是研究工作主要用于补充材料数据、寿命建模方法适应范围窄，且没有在机理分析与揭示和寿命理论等方面做进一步的研究。

本章针对 DZ125 合金的 TMF 问题进行了研究。首先评述了热机械疲劳试验方法；然后以国产涡轮叶片材料 DZ125 镍基高温合金为研究对象，研究了热机械疲劳的寿命规律、损伤机理，比较了不同热机械疲劳寿命模型的预测能力评估。

4.2　热机械疲劳试验方法

4.2.1　TMF 试验标准与设备

　　现行热机械疲劳试验标准有美国的 ASTM E2368 - 10、ISO 12111.1 标准以及我国的国军标 GJB 6213—2008 和国标 GB/T 33812—2017。同时,欧洲 TMF workshop 也制定了欧标(TMF - Standard CoP)。标准中规定试验件形式与尺寸以及试验过程中的温度和载荷精度。图 4.1 所示为 ASTM E2368 - 10 规定的圆管试验件,其他形式的试验件请读者详细参考标准。此外,表 4.1 所列为国内外标准对比。可以看到,标准中规定了试验件上最高温度的偏离量、温度梯度、最大机械应变偏离值以及相位角精度等指标。由于试验要求很高,目前能够满足上述标准的试验设备典型的主要有美国的 MTS 和 INSTRON 两家供应商。

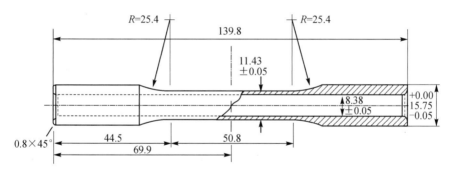

图 4.1　ASTM E2368 - 10 标准圆管光滑夹持端试验件(单位:mm)

表 4.1　国内外热机械疲劳试验标准对比

项　目	ASTM E2368 - 10	ISO 12111.1	TMF - Standard CoP	GJB 6213—2008
相位角	当机械应变滞后时,相位角大于零	没有规定	当机械应变滞后时,相位角大于零	——
TMF 试验第一个循环	$\varepsilon_m = 0\ (R<0)$ 或 $\varepsilon_m = \min|\varepsilon_m|\ (R>0)$	$\varepsilon_m = 0\ (R<0)$ 或 $\varepsilon_m = \min|\varepsilon_m|\ (R>0)$	$\varepsilon_m = 0\ (R<0)$ 或 $T = T_{\min}(R>0)$	——
最大弯矩（对正）	不超过最小机械应变的 ±5%	不超过最大或最小应变的 ±5%	不超过机械应变变程的 ±5%	——
最高温度偏离	不得超过 ±2 K	±5 ℃ 或 1% Δt（℃）的数值较大者	±5 ℃ 或 1% Δt（℃）的数值较大者	不超过设定值的 ±3%

续表 4.1

项　目	ASTM E2368 – 10	ISO 12111.1	TMF – Standard CoP	GJB 6213—2008
温度梯度	±3 K 或 1%轴向最高温度 T_{max}(K)的数值较大者	±10 ℃ 或 2%Δt(℃)的数值较大者(轴向);±5 ℃ 或 1%Δt(℃)的数值较大者(径向和周向)	±10 ℃ 或 2%Δt(℃)的数值较大者(轴向);±5 ℃ 或 1%Δt(℃)的数值较大者(径向和周向);	—
最大热应变迟滞	不能超过热应变变程的 5%	不能超过最大热应变的 2.5%	不能超过热应变变程的 5%	—
最大机械应变偏离值	应变控制下,机械应变变程偏离不能超过机械应变变程的 2%,应力控制下,应力变程偏离不能超过应力变程的±2%(ASTM E466 – 02)	不能超过机械应变变程的±2%	—	不偏离设定值的±2%
最大相位角偏离值	±5°	±5°	±5°(T_{max}),±5°	—
无机械力的拉伸应力	—	不超过最大拉伸应力或最小压应力的±2%	最大应力不超过应力变程的±5%,正应力变程不超过应力变程的±2%	—

　　一般的 TMF 设备包含了以下组成部分:轴向闭环伺服液压力学测试试验设备(如 MTS 44.5 kN),其称重传感器的精度是+/−0.44 kN;K 型热电偶(镍铬镍硅,−200~1 000 ℃);引伸计;采用双通道控制器控制温度和应变;由足够功率的感应器(铜管)加热,铜管内部采用水冷却。通过电焊的办法将热电偶焊在试验件上,感应加热由 PID 控制器来控制温度在±1 ℃精度内。图 4.2 给出了 TMF 试验平台示意图,图 4.3 展示的是热电偶的两种安装方式,分别为带条环绕和电焊。

4.2.2　TMF 试验过程中的热应变补偿

　　试验时,采用高温引伸计测量试验段上的应变,即总应变,由机械应变和热应变组成。试验控制变量为机械应变。试验时,机械应变是通过在总应变上补偿热应力来间接控制的。需要首先确定温度循环中的热应变的大小,根据总应变、热应变和机械应变的关系来间接确定和控制机械应变。总应变和机械应变、热应变的关系为

$$\varepsilon_{mechanical} = \varepsilon_{total} - \varepsilon_{thermal} \qquad (4.1)$$

式中,$\varepsilon_{mechanical}$ 为机械应变,ε_{total} 为总应变,通过引伸计测量获得,$\varepsilon_{thermal}$ 为热应变,是

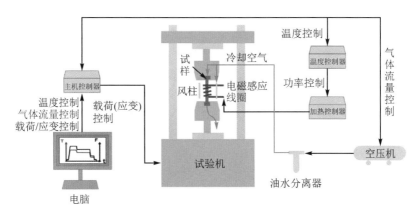

图 4.2　TMF 试验平台示意图

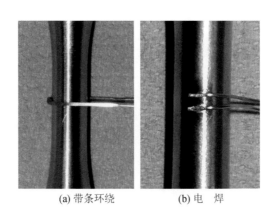

(a) 带条环绕　　　　(b) 电　焊

图 4.3　热电偶安装方式

温度的函数。热应变测量的准确性将关系到机械应变的控制精度,而这与试验件上的轴向温度梯度和径向温度梯度、点焊质量等因素相关。为了计算热应变,通常采用如下的线性函数:

$$\varepsilon_{\text{thermal}} = \alpha(T - T_0) \tag{4.2}$$

其中,α 为热膨胀系数,T_0 为参考温度。对于镍基高温合金来说,热膨胀系数是温度相关的,热应变并不总是满足这一线性关系式,仅在较窄的温度范围内近似满足方程(4.2),因而需要采用差值数据来计算:

$$\varepsilon_{\text{thermal}} = \sum_{i=1}^{n} \alpha_i(T) \tag{4.3}$$

式中,T 为热电偶测量的温度值。

　　试验时温度补偿是通过英斯特朗(Instron)试验系统实测获得的。安装好试验件后,先施加一个非常小的载荷,保载试验件在加热时自由膨胀。利用高温引伸计记录试验件上的前 4 个循环的总应变,此时测量的应变就是热应变。例如,温度循环为

航空发动机涡轮叶片疲劳寿命分析理论

500～1 000 ℃,测量的应变循环如图 4.4 所示,由于引伸计是在室温时安装的,因此,包含了从室温到 500 ℃ 变化时试验件的热膨胀变形,如图 4.5 中的初始热应变,即为 750 ℃ 下引伸计测量的应变值。通过 4 个循环的测量,获得了在 500～1 000 ℃ 下

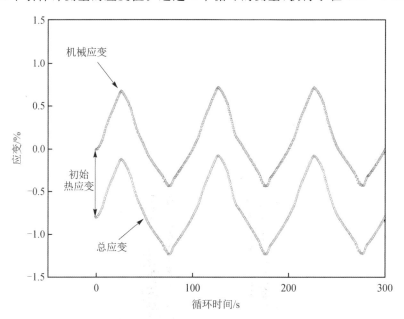

图 4.4　没有热应变补偿时,纯循环温度下试验件上实测的应变(总应变,初始热应变)

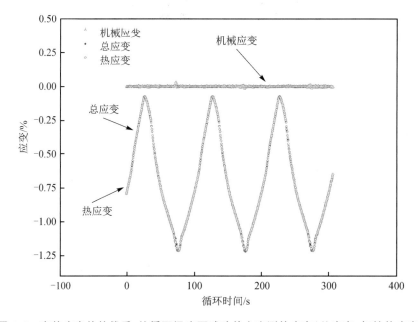

图 4.5　有热应变热补偿后,纯循环温度下试验件上实测的应变(总应变,初始热应变)

的热应变变程,作为后续的温度补偿。试验时,通过 7 个循环的试验来进一步验证前 4 个循环所测量的热应变作为补偿量的准确性。例如,图 4.6 所示为某次试验时,温度补偿后,无应力载荷下循环温度为 500～1 000 ℃时所测量的应力,平均应力变程约为20 MPa,最大应力变程为 60 MPa。

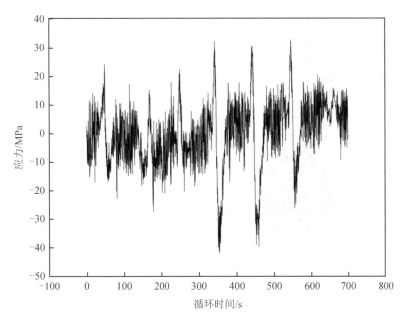

图 4.6　无载荷条件下,经过热应变补偿后的实测应力值

4.2.3　TMF 试验过程

所有试验均在如图 4.7 所示的英斯特朗热机械疲劳机上进行,利用电磁感应线圈进行加热,并利用压缩空气对试验件进行强迫对流换热,达到冷却温度控制。试验机由液压源提供动力,采用高温引伸计测量试件变形,并利用 K 型热电偶测量温度。试验主要步骤如下:① 通过点焊方法,在试验段的中间截面和距离中间截面约 10 mm 上下对称点共 3 处焊接热电偶,如图 4.8 所示;② 在疲劳机上安装试验件,确保热电偶焊接仍然牢固;③ 安装高温引伸计;④ 设置 TMF 温度范围、应变变程、温升速率以及相位角等控制参数;⑤ 启动试验:a. 在无载荷条件下按照设定的温度加热试验件,并测定热应变,重复进行 7 个循环的测量平均值用来补偿热应变;b. 按照补偿热应变进行横梁位移控制,并加载循环温度,记录应变和应力,重复 4 个循环,确保机械应变和应力接近 0;c. 按照总应变为机械应变加热应变来进行应变控制,记录总应变和温度随时间的变化情况,直到试验结束;⑥ 停止试验。

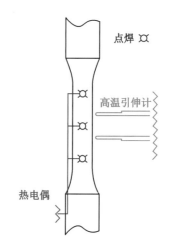

点焊 ¤

高温引伸计

热电偶

图 4.7　英斯特朗热机械疲劳试验机

图 4.8　试验件上的点焊位置及
高温引伸计安装示意图

| 4.3　镍基高温合金的热机械疲劳寿命规律 |

4.3.1　等温疲劳与 TMF 寿命对比

图 4.9～图 4.11 为 TMF 试验条件下机械应变变程-寿命曲线,部分数据取自材料手册[26]。为了比较 TMF 的低循环疲劳寿命的影响,图中还显示了980 ℃温度条件下的等温试验数据。从图 4.9 中可以看到,OP TMF 寿命总体趋势一致,但相对于材料手册寿命均偏高,原因是两者试验控制条件有一定差异,本章和手册[26]的控制方式分别为温升率和应变控制。如图 4.10 所示,IP 载荷条件下也有类似的规律。由于 500～1 000 ℃温度条件下,OP 和 IP 试验寿命结果与材料手册数据很接近,故可以认为两次试验具有一致性。

图 4.11 还显示了 400～900 ℃ OP TMF 寿命结果,可以看到,400～900 ℃ OP TMF 接近 980 ℃温度下 IF(Isothermal Fatigue),因此可以肯定地认为 400～900 ℃ OP TMF 比 900 ℃等温纯疲劳寿命更短。通过对寿命结果的分析,可以得到以下几个结论:

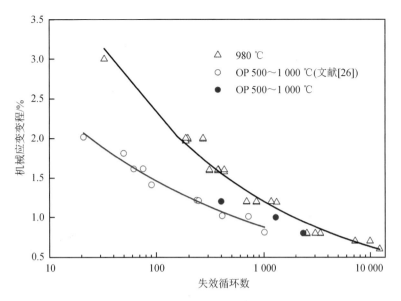

图 4.9 500～1 000 ℃ OP TMF 试验数据

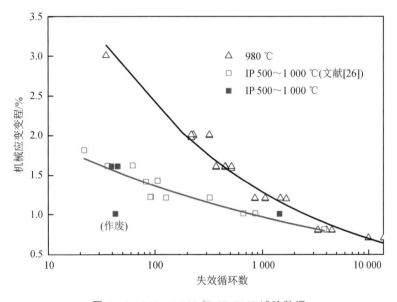

图 4.10 500～1 000 ℃ IP TMF 试验数据

① 不论是 400～900 ℃ OP TMF,还是 500～1 000 ℃ IP/OP TMF,相同机械应变条件下,TMF 均短于最高温度下 IF。因此,对于 DZ125 合金,IP 和 OP TMF 比 IF 损伤更为严重。

② OP TMF 的整体温度从 400～900 ℃ 增加 100 ℃ 到 500～1 000 ℃ 时,疲劳寿命缩短至 1/3～1/2。

③ IP TMF 和 OP TMF 寿命曲线存在交叉,交叉点大致分布在 1%～1.2% 应

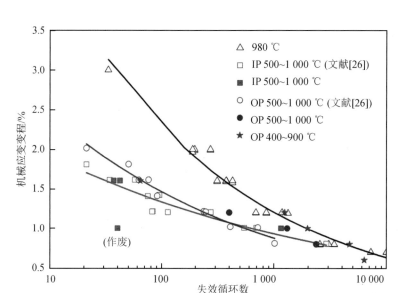

图 4.11　500～1 000 ℃和 400～900 ℃温度条件下所有的 TMF 试验数据

变变程。当机械应变变程大于 1% 时,寿命排序为 N(IP)<N(OP)<N(980 ℃ 等温),当机械应变变程小于 1.0% 时,寿命排序为 N(OP)<N(IP)<N(980 ℃ 等温)。Sehitoglu[27] 给出了基于微观损伤的研究给出了理论解释,在短寿命范围内,IP TMF 应力较大,蠕变损伤明显,而在长寿命范围内,由于氧化累积,OP TMF 引起的环境损伤起主导作用(见图 4.12)。

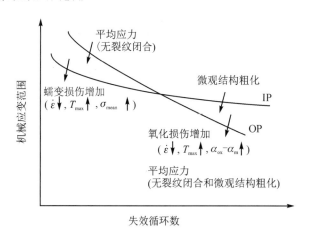

图 4.12　IP 和 OP TMF 寿命交叉机制[26]

　　④ TMF 载荷的试验循环时间对寿命有一定的影响,循环时间越长,寿命偏向于越短。这是材料手册(文献[26])数据和本章实验数据有差异的原因之一。

4.3.2　相位对 TMF 寿命的影响

　　针对多种镍基高温合金的 TMF 行为研究表明,在 IP 和 OP TMF 载荷条件下,高温合金材料的 TMF 寿命存在交叉,且大多数情况下都比 IF 寿命更短,这也是开展 TMF 研究的一个关键原因。图 4.13 所示为 Mar – M247 多晶合金的试验寿命曲线,可以看到,在机械应变变程大约为 0.5% 时,OP 和 IP 曲线存在交叉点,一般认为这是由于 TMF 载荷下,不同寿命范围内的主导破坏的损伤机理不同造成的,在其他合金中也有类似的现象(见图 4.14)。图 4.15 所示为 CM247LC DS 定向凝固合金

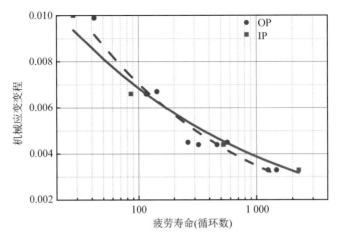

图 4.13　Mar – M247 的 IP 和 OP TMF 试验寿命对比,$R=-1$,$\dot{\varepsilon}=5\times10^{-5}\ s^{-1}$

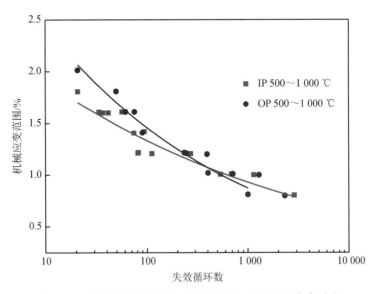

图 4.14　DZ125 定向凝固合金纵向 IP 和 OP TMF 寿命对比

TMF 寿命与 IF 寿命的比较。结果表明,在 500～950 ℃ TMF 载荷下,IP 和 OP TMF 寿命都比950 ℃等温寿命低,偏差达到 3～5 倍,但在长寿命阶段,IP 试验与等温试验趋于接近,而 OP TMF 与相同最高温度下的等温寿命曲线差异较大。

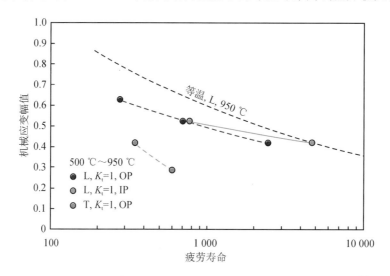

图 4.15   定向凝固高温合金 CM247LC 的 TMF 寿命与 IF 寿命对比[2]

4.3.3 循环温度对 TMF 寿命的影响

温度循环对 TMF 寿命的影响主要是蠕变和氧化损伤与疲劳交互作用引起的。在反相位 TMF 下,400～900 ℃、500～1 000 ℃、550～1 000 ℃温度下,寿命存在一定差异。图 4.16 所示为 DZ125 合金在不同温度范围下的 OP TMF 寿命试验结果。可以看到,温度循环从 400～900 ℃整体提升 100 ℃到 500～1 000 ℃后,OP TMF 寿命显著下降,尤其在长寿命阶段(大于 1 000 次循环)更加明显。然而,当最高温度为 1 000 ℃保持不变,但最低温度从 500 ℃提高到 550 ℃时,寿命将会有所提升,表明更大的温度循环范围产生了更多的损伤。

4.3.4 缺口应力集中对 TMF 寿命的影响

图 4.17 所示为不同缺口应力集中下 DZ125 合金 OP TMF 寿命试验结果。图中结果表明:① 相对于光棒试验,缺口疲劳试验寿命减半;② 随着应力集中因子的增加,相同名义应力条件下,缺口 TMF 寿命下降,这与国外学者 Patxi 和 Neu[28-30]针对 CM247LC 的研究结果规律相同。如图 4.18 所示,当 $K_t = 1.3$ 和 $K_t = 1.7$ 时,寿命结果位于光棒和缺口 $K_t = 2$ 的寿命结果之间。但 CM247LC 的缺口 TMF 寿命在应力集中因子高于 2 之后,寿命趋向于饱和。

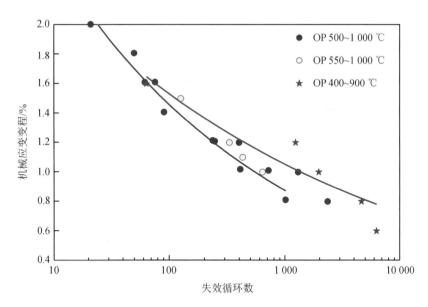

图 4.16 DZ125 合金在不同温度范围下的 OP TMF 寿命试验结果

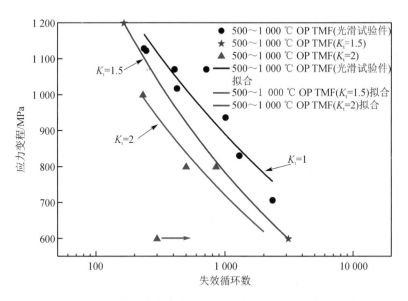

图 4.17 不同缺口应力集中下 DZ125 合金 OP TMF 寿命试验结果

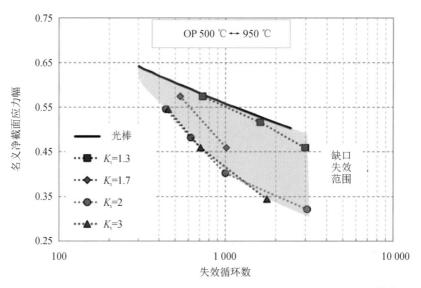

图 4.18　不同缺口应力集中下 CM247LC 合金 OP TMF 寿命试验结果[30]

| 4.4　镍基高温合金 TMF 损伤机理 |

4.4.1　光棒 TMF 损伤机理

　　图 4.19 所示为 DZ125 合金纵向试验件在 $500\sim1\,000$ ℃ OP TMF 载荷下的断口形貌,试验的应变变程为 0.8%,图中存在明显的疲劳裂纹扩展区域和瞬断区域。在试验件的表面上,有多源裂纹萌生现象,这说明主导裂纹萌生与表面状况有关,多源裂纹通常与材料的表面质量下降有着密切的关系。需要特别说明的是,在裂纹扩展区域内,疲劳条带并不特别明显,这是由于在裂纹扩展过程中,断口表面产生了严重的氧化现象。图 4.20 所示为 $400\sim900$ ℃ OP TMF 载荷下的断口形貌。应变变程等试验条件与图 4.19 中的载荷相同。不同于图 4.19,在 $400\sim900$ ℃ OP TMF 条件下,在裂纹扩展的条带十分清晰,这是由于在较低的温度范围下,断口表面氧化颗粒较少的缘故。由于 TMF 氧化严重,Kupkovits[2]针对 CM247LC DS 合金在 $500\sim$ 950 ℃ TMF 研究中,也没有观测到明显的疲劳辉纹。

　　图 4.21 和图 4.22 所示分别为 DZ125 纵向试验件在 $500\sim1\,000$ ℃和 $400\sim900$ ℃ OP TMF 载荷下,断裂试验件表面放大的 SEM 形貌。图中的箭头表示氧化颗粒上的微裂纹。观测结果表明,随着 T_{max} 升高,裂纹萌生源数量明显增加,这是高温条件下氧化诱导损伤的有力证据。在 Gordon[7]针对 GTD - 111 合金、刘金龙[11]针对 DZ125 合金等温 LCF 的研究中,也有类似的结果。

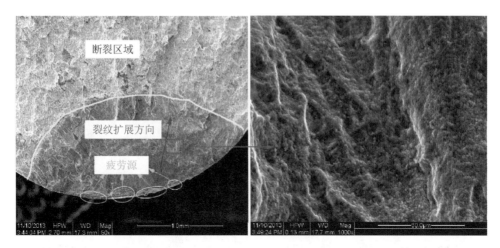

图 4.19　DZ125 纵向试验件在 500～1 000 ℃、应变变程为 0.8% OP TMF 载荷下的断口形貌

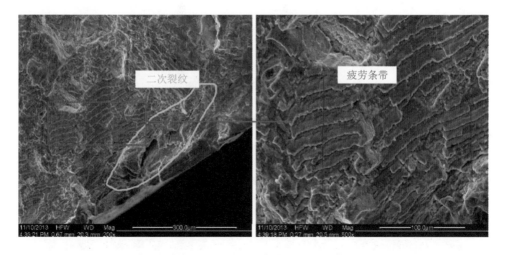

图 4.20　DZ125 纵向试验件在 400～900 ℃、应变变程为 0.8% OP TMF 载荷下的断口形貌

　　大多数裂纹萌生后都会扩展贯穿氧化物。在 OP TMF 循环作用下,温度从最高温度向最低温度变化时,表面氧化层中的 Al_2O_3 约在 700 ℃ 左右经历一次韧-脆转换。在低温半循环内条件下,脆性氧化层在拉伸应力作用下容易萌生裂纹,由于氧化物内表面的元素迁移,形成所谓的贫铝层或称 γ' 相贫化层,导致材料性能弱化,进而使得表面萌生的裂纹沿着垂直拉伸方向生长并向材料内部扩展。在 OP TMF 循环载荷条件下,将持续循环地进行"氧化累积-脆性拉伸断裂-新鲜表面暴露-再氧化累积"过程,连续累积的微观氧化-断裂过程直到最终瞬断发生。

　　对比图 4.21 和图 4.22,可以看到,在更低的 400～900 ℃ 温度范围时,试验件表面上的氧化聚集物尺寸反而更大。当循环温度更低时,氧化-疲劳交互损伤更小,从而导致氧化物不容易萌生裂纹并扩展,使得氧化物拥有更长的聚集时间。同时,从图中也可以发现,500～1 000 ℃高温循环作用下,试验件表面氧化物分散更为广泛。

图 4.21　DZ125 纵向试验件在 500～1 000 ℃、应变变程为 0.8%的
OP TMF 载荷下,表面氧化和裂纹萌生

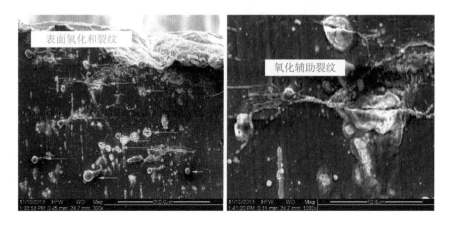

图 4.22　DZ125 在 400～900 ℃、应变变程为 0.6%的 OP TMF 载荷下,表面氧化和裂纹萌生

　　图 4.23 和图 4.24 所示分别为断裂试验件的纵向切片试验件的金相形貌。同样地,如图 4.23 所示,在 500～1 000 ℃温度条件下,裂纹萌生源的数量更多。沿着裂纹扩展的路径上,从试验件表面到裂纹尖端,形成楔形裂纹,证明了氧化累积的时间相关性。所有的裂纹都在氧化物严重聚集的位置产生,主要原因如下:① 氧化物聚集的位置,材料更加薄弱,更容易发生裂纹萌生与扩展;② 由于裂纹首先在某些氧化物上萌生,导致该位置的“新鲜”表面不断暴露,又促进了氧化过程,使得氧化物聚集优先选择裂纹萌生的位置。因此,热机械疲劳损伤过程是氧化和疲劳相互促进、相互影响的过程。

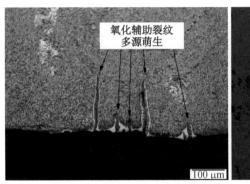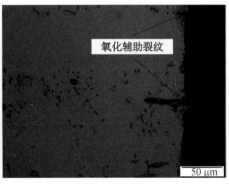

图 4.23　DZ125 纵向试验件在 500～1 000 ℃、应变变程为 0.8% OP
TMF 载荷下，纵向切片的金相形貌

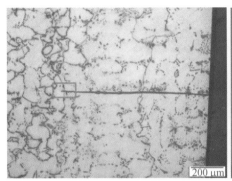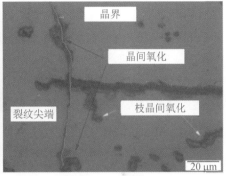

图 4.24　DZ125 纵向试验件在 400～900 ℃、应变变程 0.6% OP TMF
载荷下，纵向切片的金相形貌

4.4.2　缺口 TMF 损伤机理

利用线切割完成断口试验件制备后，利用酒精对断口进行清洗，去除加工过程中残留的污渍。图 4.25 所示为缺口 TMF 断口全貌。断口图的典型特征如下：① 所有的断口上的裂纹都为多源萌生模式；② 由于多源裂纹扩展距离几乎接近，使得断口全环都为裂纹扩展区，而瞬断区发生在试验件中心；③ 由于多源裂纹扩展长度相差不大，可以推断缺口 TMF 的寿命分散性将比光棒 TMF、IF 的都小。

图 4.26 所示为 DZ125 合金分别为缺口 TMF、光棒 TMF、缺口 IF 和光棒 IF 的断口宏观形貌的对比。图中断口对比表明，缺口 IF 和缺口 TMF 都倾向于多源裂纹萌生，而光棒 TMF 和光棒 IF 则以单源裂纹萌生为主；同时，缺口 TMF 的多源裂纹萌生比缺口 IF 更加严重。

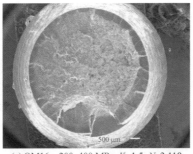

(a) OM16: −200~400 MPa, K_t=1.5, N=3 118

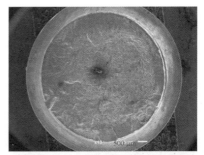

(b) OM11: −400~400 MPa, K_t=2, N=854

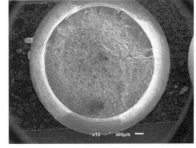

(c) OM2: −200~800 MPa, K_t=2, N=233

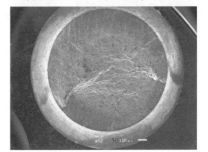

(d) OM23: −300~300 MPa, K_t=2, N=503

图 4.25　缺口 TMF 试验断口宏观形貌

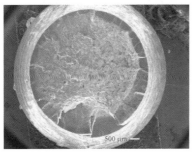

(a) 500~1 000 ℃，TMF

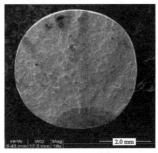

(b) 500~1 000 ℃，OP TMF

(c) 850 ℃，IF

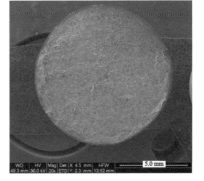

(d) 850 ℃，IF

图 4.26　DZ125 合金在几种不同形式的疲劳载荷下缺口和光棒试验件断口的比较

图 4.27 和图 4.28 分别为 OP TMF-16 和 OP TMF-11 缺口试验件的断口形貌。图中结果表明,不同的应力变程条件下,500~1 000 ℃ 缺口 OP TMF 断口形貌具有相同的特征:① 裂纹萌生源自表面,且为多源裂纹萌生模式;② 裂纹扩展区域

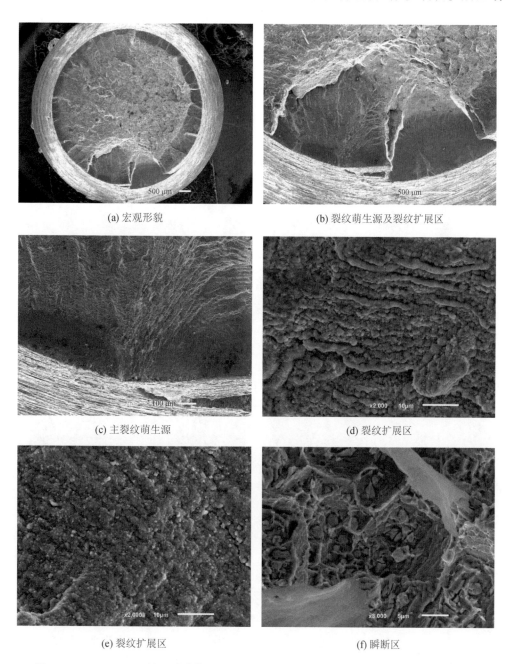

(a) 宏观形貌   (b) 裂纹萌生源及裂纹扩展区

(c) 主裂纹萌生源   (d) 裂纹扩展区

(e) 裂纹扩展区   (f) 瞬断区

图 4.27 OP TMF_16 缺口试验件($K_t = 1.5$,$\sigma_n = -200 \sim 400$ MPa,$N = 3118$)断口形貌

内疲劳辉纹不可见,被大量的氧化颗粒覆盖,如图 4.27(d)和(e)、图 4.28(d)所示;③ 在裂纹扩展区与瞬断区附近,发现疲劳条带,如图 4.28(e)所示;④ 瞬断区存在大量韧窝。

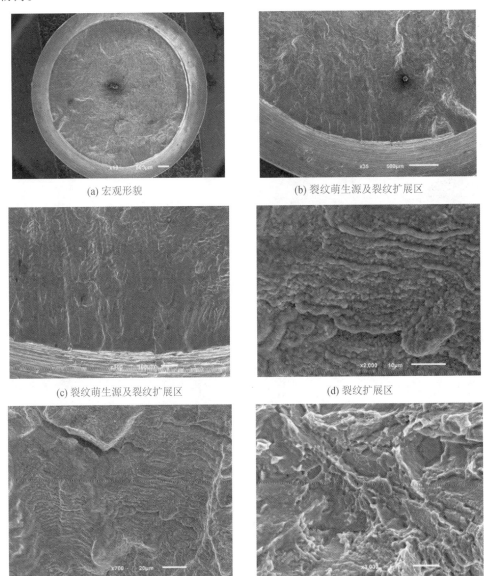

(a) 宏观形貌 　　　　　　　　　　　　(b) 裂纹萌生源及裂纹扩展区

(c) 裂纹萌生源及裂纹扩展区 　　　　　　(d) 裂纹扩展区

(e) 裂纹扩展与瞬断区交界处 　　　　　　(f) 瞬断区

图 4.28　OP TMF_11 缺口试验件($K_t=2$, $\sigma_n=-400\sim400$ MPa, $N=854$)断口形貌

断口形貌特征表明,表面裂纹的萌生是主导缺口 TMF 破坏的重要因素,而在裂纹扩展路径上,氧化严重。对于 OP TMF 来说,裂纹尖端在高温半循环内产生氧化,并在低温半循环内,由于拉应力发生脆性断裂,因而加速了裂纹的扩展。

为了分析缺口裂纹萌生机理,除了断口分析外,进行纵向切片分析也是一种很好的手段。图 4.29~图 4.31 所示为纵向切片上缺口 TMF 试验件裂纹萌生位置。图中结果表明:① 裂纹萌生位置基本不位于缺口尖端,而是远离缺口根部的某个距离上,如图 4.29 所示。这与前期[13]对 DZ125 平板缺口试验研究结果吻合,且与 Fernandez‑Zelaia 等[29]针对 CM247LC 圆棒缺口 TMF 研究结果一致;② 裂纹萌生后扩展并不沿着垂直于加载方向,而都是接近垂直于缺口表面的方向,即最大主应力方向;③ 裂纹萌生时伴随着十分严重的氧化尖峰,裂纹萌生机理虽然受到应力主导,但氧化过程也加速了裂纹的萌生,如图 4.31 所示;④ 缺口根部附近存在一些二次裂纹,这些二次裂纹的位置通常都与主裂纹萌生的位置接近。

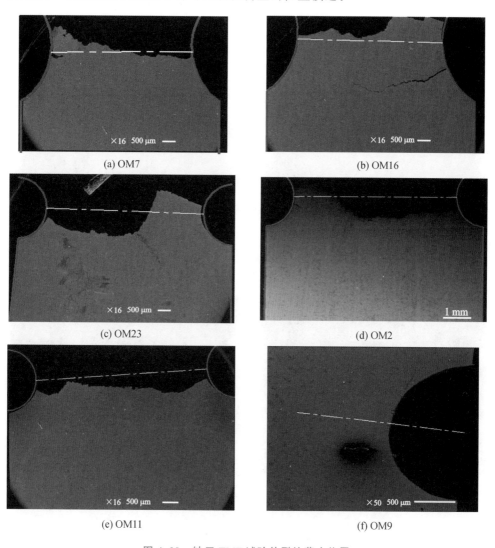

图 4.29　缺口 TMF 试验件裂纹萌生位置

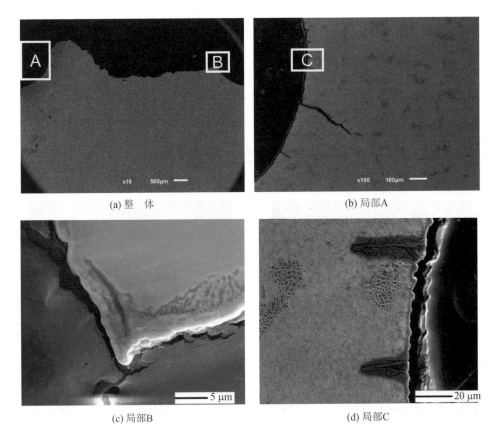

(a) 整 体

(b) 局部A

(c) 局部B

(d) 局部C

图 4.30　OM2 缺口 TMF 试验件纵向切片 SEM 图

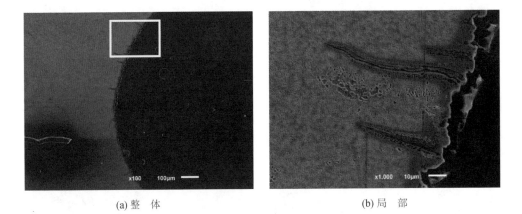

(a) 整 体

(b) 局 部

图 4.31　OM9 缺口 TMF 试验件纵向切片 SEM 图

| 4.5　热机械疲劳寿命预测方法 |

4.5.1　TMF 寿命预测方法概述

从 4.3 节的试验结果可以看到,不同的试验条件会带来寿命的分散性,因此需要建立相应的寿命模型,从而可以为结构设计时的寿命预测提供方法支持。历经半个多世纪的发展,针对不同的材料、载荷类型和方法提出了数以百计的高温疲劳寿命模型,但每个模型都存在一定的适应性和局限性。总的来说,寿命预测面临两个重要挑战:① 载荷复杂性;② 结构复杂性。为了处理载荷复杂性,从 20 世纪 50 年代的 Masson 和 Coffin 单独提出的 Masson – Coffin 公式开始,经过半个多世纪的研究和发展,学者们提出了大量的低循环疲劳寿命预测理论,如基于经验的 Masson – Coffin 和应变变程划分法等、基于能量法的 SWT 和 Ostergren 模型等、基于连续损伤机制的 CDM 法以及基于物理损伤机制的 Neu – Sehitoglu 和 MMO 模型等。为了使得上述模型更加适应于结构特征,寿命模型中需要考虑应力集中和多轴效应。为此,发展了处理应力集中和多轴效应的处理方法。对于应力集中效应,有 Nueber 法、临界距离理论、高体积积分法等;对于多轴应力状态,提出了临界平面法、等效应力法以及能量法等。

对于 DZ125 合金,目前包含的低循环疲劳数据有若干温度下的等温疲劳试验数据、疲劳-蠕变交互数据、TMF 试验数据。通常采用以下两种方法来预测:① 利用简单公式对 TMF 数据进行拟合,选用 Masson – Coffin 方程、Ostergren 拉伸迟滞能模型两个模型;② 采用损伤累积方法建立寿命模型,选用 Neu – Sehitoglu 模型,并进行适当的修正。简单方法的优势是预测过程十分简便,对于实际结构的寿命预测,要求对结构上局部的载荷类型和失效形式有很深刻的认识;复杂方法预测步骤难度很高,但便于集成到软件系统中。

4.5.2　Masson – Coffin 公式

Masson – Coffin 公式是最早提出的基于应变的唯象方法。理论上,只要主导疲劳破坏的损伤机理一致,均可以采用 Masson – Coffin 公式来描述疲劳寿命与应变的关系,即对数坐标系下的双线性或单线性关系。这里讨论的是 DZ125 在 500～1 000 ℃ 和 400～900 ℃ 条件下的 TMF 行为,只考虑光棒试验件,相位角为 IP 和 OP。从 4.3 节的结果可以看到,IP 和 OP 的寿命结果存在一些差异,在短寿命范围内 IP 寿命更短,在长寿命范围内 OP 寿命更短,因此 Masson – Coffin 公式将分两组情况来考虑:① IP 和 OP 同时考虑;② IP 和 OP 独立考虑。

1. IP 和 OP TMF 寿命同时考虑情形

Masson - Coffin 公式的最初形式为塑性应变变程与疲劳寿命成对数关系,即

$$\Delta\varepsilon_p/2 = \varepsilon'_f(2N)^c \tag{4.4}$$

由于在很多情况下材料并没有进入塑性范围,因此考虑弹性项后将其修正为

$$\Delta\varepsilon_t/2 = \Delta\varepsilon_e/2 + \Delta\varepsilon_p/2 = \frac{\sigma'_f}{E}(2N)^b + \varepsilon'_f(2N)^c \tag{4.5}$$

对于 DZ125 合金的 TMF 载荷条件,当应变变程小于 0.01 时,塑性应变变得很小,此时的寿命跨度小于 10 000 个循环,上述方程只考虑总应变和寿命的关系已足够精确:

$$\Delta\varepsilon_t/2 = a(2N)^b \tag{4.6}$$

对于方程(4.6),同时拟合 500~1 000 ℃温度范围条件下的 IP 和 OP TMF 疲劳试验数据,获得的参数 a 和 b 分别为 1.774 和 −0.176。图 4.32 给出了预测结果,可以看到预测疲劳寿命和试验寿命的相关系数为 0.904,除 4 个数据点在 2 倍分散系带外的附近,其余 23 个数据点均位于 2 倍分散系数以内。因此,采用 Masson - Coffin 公式对 IP 和 OP TMF 寿命同时进行描述时的精度满足一般工程要求。

2. IP 和 OP TMF 寿命分别考虑情形

一般认为,IP 和 OP TMF 疲劳寿命存在交叉点,在短寿命区域内 IP TMF 寿命更短,而在长寿命区域内由于时间相关的氧化作用很明显,使得 OP 寿命更短,因此,本节利用 Masson - Coffin 公式对同类型的试验情况分别进行拟合并预测寿命。考虑三种情况,分别为 500~1 000 ℃ IP TMF,500~1 000 ℃ OP TMF 和 400~900 ℃ OP TMF,拟合参数参见表 4.2。图 4.33 和图 4.34 分别为 500~1 000 ℃温度范围同/反相位 TMF 和 400~900 ℃温度范围反相位 TMF 的预测结果。由图中结果可以看到,500~1 000 ℃温度范围条件下,IP 和 OP 载荷预测寿命与试验值之间的相关系数分别为 0.984 和 0.878,而前面同时考虑 IP 和 OP 时的相关系数为 0.904,介于两者之间,预测结果大部分都落于两倍分散系数以内(除 1 个数据点外)。需要说明的是,对于 400~900 ℃ OP TMF 载荷条件,应变为 0.016 时的寿命过短,因此拟合参数时并没有加以考虑,但进行了预测。

表 4.2　3 种 TMF 载荷条件下的 Masson - Coffin 公式中的材料参数

载荷条件	a	b
500~1 000 ℃ IP TMF	1.583	−0.161
500~1 000 ℃ OP TMF	2.17	−0.203
400~900 ℃ OP TMF	11.047	−0.373

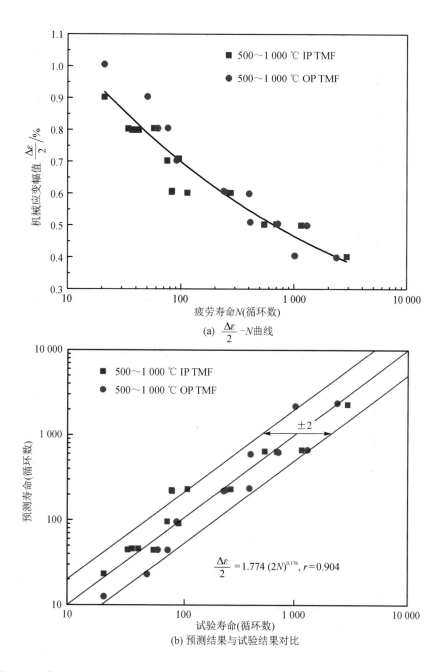

(a) $\dfrac{\Delta\varepsilon}{2} - N$曲线

$$\dfrac{\Delta\varepsilon}{2} = 1.774\,(2N)^{0.176},\; r = 0.904$$

(b) 预测结果与试验结果对比

图 4.32　基于 Masson – Coffin 公式对 500～1 000 ℃ IP TMF 和 OP TMF 寿命的预测结果

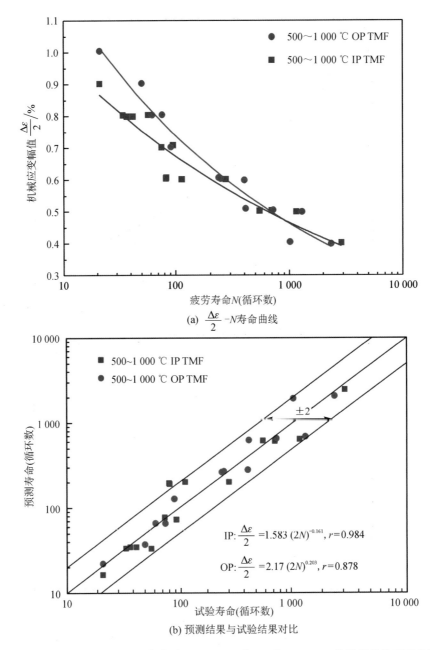

(a) $\frac{\Delta \varepsilon}{2}$ $-N$寿命曲线

IP: $\frac{\Delta \varepsilon}{2} = 1.583(2N)^{-0.161}$, $r=0.984$

OP: $\frac{\Delta \varepsilon}{2} = 2.17(2N)^{0.203}$, $r=0.878$

(b) 预测结果与试验结果对比

图 4.33　基于 Masson-Coffin 公式对 500～1 000 ℃ IP 和 OP TMF 分别考虑进行寿命预测

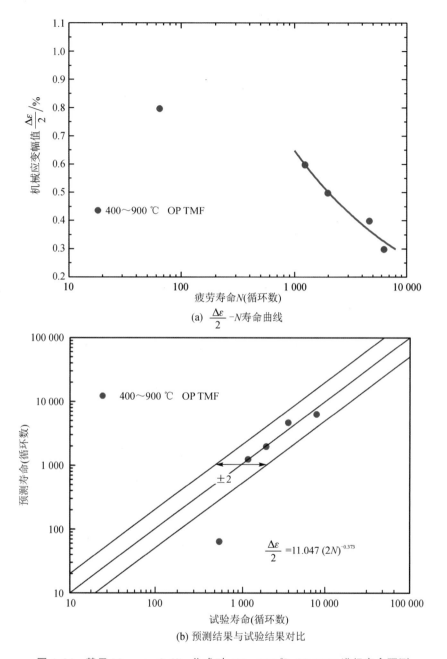

(a) $\dfrac{\Delta\varepsilon}{2}$ -N寿命曲线

(b) 预测结果与试验结果对比

图 4.34　基于 Masson - Coffin 公式对 400～900 ℃ OP TMF 进行寿命预测

4.5.3 Ostergren 拉伸迟滞能模型

1. Ostergren 模型

Ostergren 模型是 1976 年提出的,该模型认为低循环疲劳损伤是由拉伸迟滞能控制的,因此将 Masson – Coffin 公式的应变乘以最大拉伸应力关联寿命,即

$$\Delta\varepsilon_{in} \times \sigma_{max} = a \times N^b \tag{4.7}$$

对于镍基高温合金的 TMF,与 Masson – Coffin 公式一样,经常应变变程以弹性为主,塑性应变变程几乎为 0,因此将上式写成总应变变程的形式:

$$\Delta\varepsilon_t \times \sigma_{max} = a \times N^b \tag{4.8}$$

本节也将 IP 和 OP 考虑两组情况:① IP 和 OP 同时考虑;② IP 和 OP 分别考虑。

图 4.35 所示为 500～1 000 ℃ IP 和 OP TMF 同时考虑时的预测情况。由图中结果可以看到,预测精度比较差,相当一部分结果都位于 2 倍分散系数以外,预测寿命与试验寿命之间的相关系数只有 0.8。这是由于 IP 和 OP 条件下最大拉伸应力有较大的差异所造成的,对于 IP 而言,最大应力出现在高温半循环,数值相对较小,而 OP TMF 载荷下,最高应力与最小温度重合,应力较高。当 Ostergren 参数相同时,预测的疲劳寿命是相同的。但由于 OP TMF 对应的机械应变比 IP TMF 小,故在短、中寿命区域内,叠加上 OP 的试验寿命却更长这一因素,带来更大的预测误差。

图 4.36 和图 4.37 所示分别为 500～1 000 ℃ 温度下同相位 TMF 和反相位 TMF 分别独立考虑时的预测情况。图中结果可以看到,预测精度非常好。对于同相位 TMF 而言,所有的寿命都在 2 倍分散系数以内,相关系数为 0.964;对于反相位 TMF 而言,绝大多数寿命都在 2 倍分散系数以内,相关系数为 0.834。图 4.38 展示了同相位 TMF 和反相位 TMF 条件下,Ostergren 损伤参量与寿命的关系的对比,可以明显看到,Ostergren 损伤参量相同时,同相位 TMF 寿命更短,因此采用 Ostergren 方法预测 TMF 寿命时,需要针对不同损伤机制分别建立寿命模型。

2. 频率修正的 Ostergren 模型

为了更好地预测由于频率不同或者循环时间差异造成的寿命分散性,Ostergren 模型可以进一步修正以考虑试验频率的影响。对于本章中的 DZ125 合金,材料手册中的试验数据采用应变率控制,控制应变率为 1×10^{-6} s^{-1},当应变变程为 0.8% 时,对应的循环时间为 100 s,手册中所有的试验的循环时间均大于或等于 100 s;而本研究中的试验均采用温升率控制,即 10 ℃/s,对于 500 ℃温差的试验来说,循环时间为 100 s。寿命结果对比表明,材料手册中的数据较短,这是这种寿命差异是频率或循环时间不同带来的,因此可以尝试对模型中加入时间相关项来进行修正。Ostergren 频率修正模型表达式为

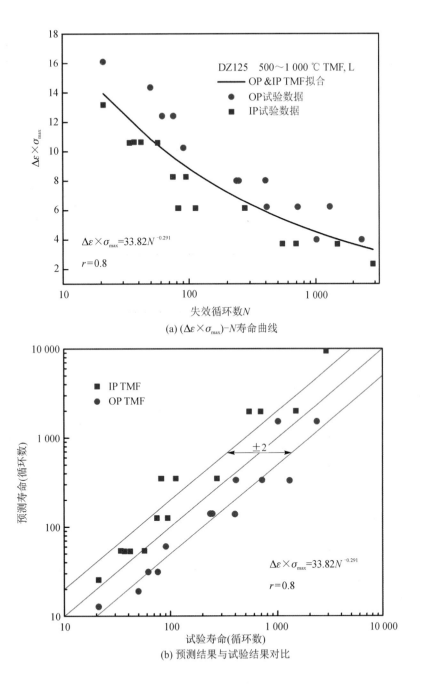

(a) $(\Delta\varepsilon\times\sigma_{max})$-$N$寿命曲线

(b) 预测结果与试验结果对比

图 4.35　基于 Ostergren 模型对 500～1 000 ℃ IP 和 OP TMF 同时进行寿命预测

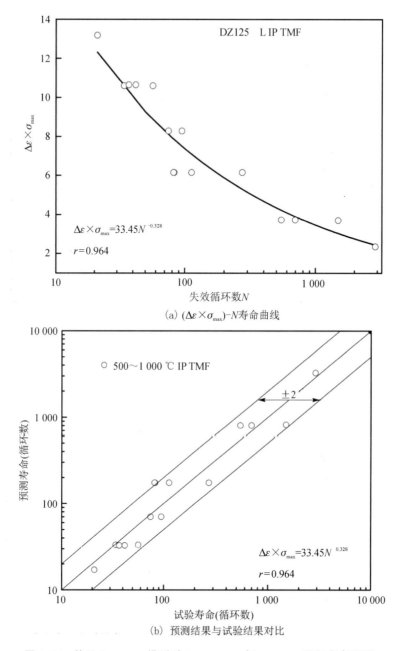

(a) $(\Delta\varepsilon\times\sigma_{max})$-$N$寿命曲线

(b) 预测结果与试验结果对比

图 4.36　基于 Ostergren 模型对 500～1 000 ℃ IP TMF 进行寿命预测

$$N_f = \frac{1}{C}(\Delta\varepsilon_t\sigma_{max})^{1/\beta}(\upsilon)^\alpha \qquad (4.9)$$

　　图 4.39、图 4.40 分别为频率修正的 Ostergren 模型对 IP 和 OP TMF 寿命预测结果。图中结果表明,对于 IP TMF 而言,所有预测均在 2 倍分散系数以内,相对于

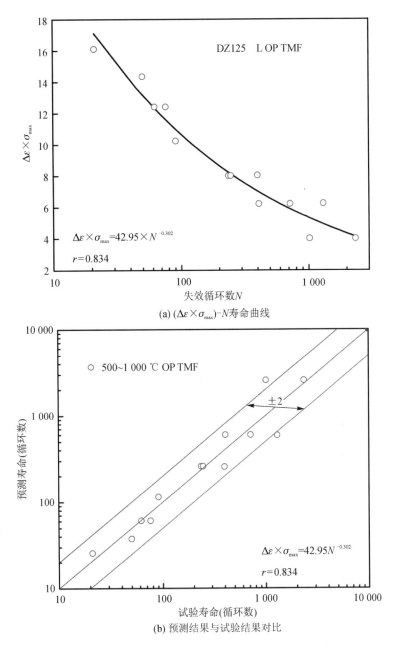

(a) $(\Delta\varepsilon\times\sigma_{max})$-$N$寿命曲线

(b) 预测结果与试验结果对比

图 4.37　基于 Ostergren 模型对 500～1 000 ℃ OP TMF 进行寿命预测

没有修正频率的结果,相关系数从 0.964 提高到了 0.97,略有提高;对于 OP TMF,所有预测均在 2 倍分散系数以内。请注意:没有频率修正时,有 2 个数据点位于 2 倍分散系数以外,相对于没有修正频率的结果,相关系数从 0.834 提高到了 0.886,明显提高。

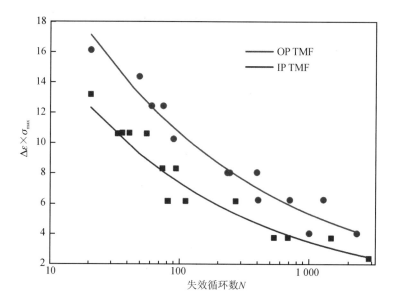

图 4.38 500～1 000 ℃ IP 和 OP TMF 载荷条件下,Ostergren 参数与寿命的关系

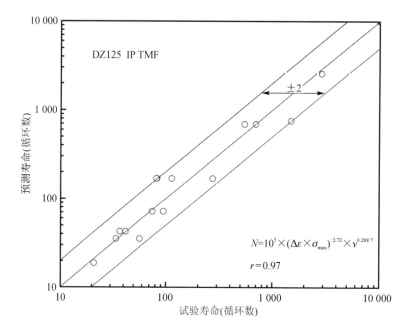

图 4.39 采用频率修正的 Ostergren 模型对 500～1 000 ℃ IP TMF 进行寿命预测

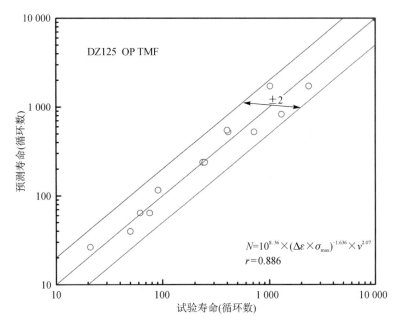

图 4.40　采用频率修正的 Ostergren 模型对 500～1 000 ℃ OP TMF 进行寿命预测

4.5.4　Neu-Sehitoglu 方法在 DZ125 合金 TMF 寿命预测中的应用

Neu-Sehitoglu 方法是 Neu 和 Sehitoglu[31]针对 1050 号钢 TMF 损伤机理的研究上提出的,用于描述在 TMF 载荷条件下的疲劳、蠕变和氧化损伤。其中,氧化损伤首次被提出。随后大量研究表明,该氧化损伤模型适合于镍基高温合金,对镍基合金的 TMF 损伤过程描述准确。本节重点将该方法应用于国产定向凝固合金 DZ125。

Neu-Sehitoglu 连续损伤机制寿命方程的一般形式为

$$D_{total} = D_{fatigue} + D_{creep} + D_{environment} \tag{4.10}$$

式中,D_{total}、$D_{fatigue}$、D_{creep} 和 $D_{environment}$ 分别代表总损伤、疲劳损伤、蠕变损伤和环境损伤(或氧化损伤)。

1. 疲劳损伤

TMF 疲劳损伤基于线性累积理论表示为疲劳寿命的倒数:

$$D_{fatigue} = 1/N_{fatigue} \tag{4.11}$$

疲劳损伤演化遵循 Masson-Coffin 方程或其他高温疲劳寿命模型,为了简便,此处只用应变寿命模型来表示:

$$\Delta\varepsilon_{mech} = c \, (N_{fatigue})^d \tag{4.12}$$

式中,疲劳寿命与温度相关,但对于 TMF 寿命的预测,疲劳损伤应该避免隐含蠕变和氧化等高温效应,因而需要采用足够低的温度条件下的低循环疲劳寿命结果。本节对于 500～1 000 ℃ 和 400～900 ℃ TMF 载荷条件,疲劳损伤将考虑采用 760 ℃ 等温数据,理由是:① 760 ℃ 等温数据试验频率足够高,几乎不会有蠕变或环境损伤,且 760 ℃ 下的疲劳寿命更优于 700 ℃ 下的 IF 寿命,参见图 4.41;② 公开文献没有 400 ℃ 或 500 ℃ 或更低温度条件下的等温数据。因此,对于 DZ125 合金的疲劳损伤,式(4.12)中 c 和 d 分别取 0.040 73 和 -0.130 7。

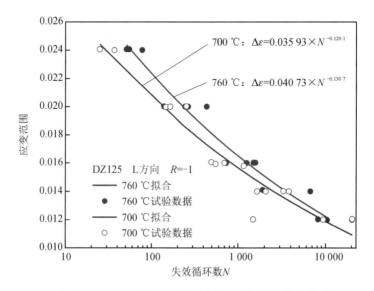

图 4.41 700 ℃ 和 760 ℃ 温度下 IF 的应变-寿命关系

2. 蠕变损伤

材料的蠕变损伤是时间、温度和应力相关的,因此主流的蠕变损伤模型通常都包含这三个重要参数,例如 Larson – Miller 参数,但也可以只是应力和时间的函数,从而材料是温度相关的,即一个温度对应着一组参数,例如 Kchanove 损伤模型。对于 TMF 载荷,Kchanove 模型需要进行参数插值,不利于表征温度变化条件下的蠕变损伤,因此,蠕变损伤宜表示为温度、应力和时间的函数,可以采用经典的 Larson – Miller 参数法,也可以将蠕变损伤表示为 Arrhenius 函数形式,Neu 和 Sehitoglu 正是基于 Arrhenius 函数形式基于本构理论提出蠕变损伤模型的。

Larsoon – Miller 参数形式的蠕变损伤可以表示为

$$D_{\text{creep}} = \frac{1}{t_{\text{rupture}}} \tag{4.13}$$

$$\frac{T(\lg t_{\text{rupture}} + C)}{1\ 000} = B \langle \sigma \rangle^{-k} \tag{4.14}$$

式中,t_{rupture} 为蠕变断裂时间。蠕变损伤只有在拉伸应力下才产生:当 $\sigma > 0$ 时,

$\langle\sigma\rangle=\sigma$；当 $\sigma<0$ 时，$\langle\sigma\rangle=0$。对于 DZ125 合金，文献[93]给出的 L-M 方程为

$$\lg t_{\text{rupture}}=b_0+b_1/T+b_2 x/T+b_3 x^2/T+b_4 x^3/T \tag{4.15}$$

其中，$x=\lg\sigma$，T 为华氏温度，式中所有材料参数列于表 4.3 中。

表 4.3　DZ125 Larson-Miller 参数

参　数	b_0	b_1	b_2	b_3	b_4
数　值	-22.262	$92\,202.77$	$-31\,964.11$	$12\,467.15$	$-2\,414.596$

对于 TMF 载荷条件下的蠕变损伤计算，采用循环内积分获得

$$D_{\text{creep}}=\int_0^{t_c}\frac{1}{t_{\text{rupture}}}\mathrm{d}t \tag{4.16}$$

式中，t_c 为 TMF 一个循环的时间。

3. 环境损伤

Neu-Sehitoglu 寿命模型中的环境损伤是基于裂纹尖端氧化层持续的氧化-开裂机理提出的，表达式为

$$D^{\text{env}}=\left[\frac{h_{\text{cr}}\delta_o}{B\Phi^{\text{env}}(K_{\text{peff}}^{\text{env}}+K_{\text{peff}}^{\gamma'})}\right]^{-1/\beta}\frac{2(\Delta\varepsilon_{\text{mech}})^{(b/\beta)+1}}{\dot{\varepsilon}^{1-\alpha/\beta}} \tag{4.17}$$

式中：

$$\Phi^{\text{env}}=\frac{1}{t_c}\int_o^{t_c}\phi^{\text{env}}\mathrm{d}t \tag{4.18}$$

$$\phi^{\text{env}}=\exp\left\{-\frac{1}{2}\left[\frac{(\dot{\varepsilon}_{\text{th}}/\dot{\varepsilon}_{\text{mech}}+1)}{\xi^{\text{ox}}}\right]^2\right\} \tag{4.19}$$

$$K_{\text{peff}}^{\text{env}}=\frac{1}{t_c}\int_0^{t_c}\left\{D_{\text{ox}}\exp\left[\frac{-Q_{\text{ox}}}{RT(t)}\right]\right\}\mathrm{d}t \tag{4.20}$$

$$K_{\text{peff}}^{\gamma'}=\frac{1}{t_c}\int_0^{t_c}\left\{D_{\gamma'}\exp\left[\frac{-Q_{\gamma'}}{RT(t)}\right]\mathrm{d}t\right\}\mathrm{d}t \tag{4.21}$$

式中，ϕ^{env} 为相位因子，其表达式的提出依据是：对于完全约束的 OP TMF，$\dot{\varepsilon}_{\text{th}}/\dot{\varepsilon}_{\text{mech}}=-1$，其环境损伤最大，相位因子 ϕ^{env} 为 1；对于自由膨胀，$\dot{\varepsilon}_{\text{th}}/\dot{\varepsilon}_{\text{mech}}\rightarrow\pm\infty$ 时，$\phi^{\text{env}}\rightarrow0$；对于完全 IP TMF，$\dot{\varepsilon}_{\text{th}}/\dot{\varepsilon}_{\text{mech}}=1$，环境损伤-疲劳交互作用很小，$\phi^{\text{env}}$ 也应该趋向于 0。因此，ϕ^{env} 反映的载荷历程相位关系是 $\dot{\varepsilon}_{\text{th}}/\dot{\varepsilon}_{\text{mech}}$ 的函数。为了描述不同相位下相对损伤，引入 ξ^{ox}。图 4.42 所示为不同 ξ^{ox} 下 $\dot{\varepsilon}_{\text{th}}/\dot{\varepsilon}_{\text{mech}}$ 和 ϕ^{env} 的关系。对于任意 TMF 循环，在一个循环内对 ϕ^{env} 进行积分运算即可获得该循环的等效相位因子 Φ^{env}，即式（4.19）。

由于 TMF 载荷下温度是变化的，因此式（4.20）和式（4.21）分别通过积分形式来表示等效的抛物线常数，表征的是合金的纯氧化动力学行为，分别代表氧化物厚度和亚表面的 γ' 相贫化区厚度的增长规律。

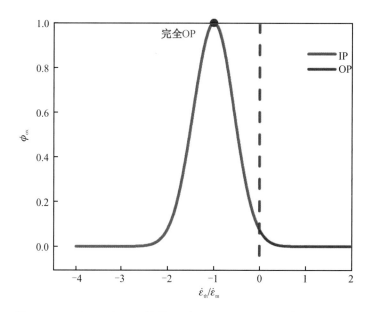

图 4.42 $\dot{\varepsilon}_{th}/\dot{\varepsilon}_{mech}$ 和 ϕ^{env} 的关系,当 $\dot{\varepsilon}_{th}/\dot{\varepsilon}_{mech}=-1$ 时产生峰值损伤

对于式(4.17),由于 h_{cr}、δ_o、B 和 β 均为材料常数,因此可以合并为 $B_{eff}=\left(\dfrac{h_{cr}\delta_o}{B}\right)^{-1/\beta}$,式(4.17)简化为

$$D^{env}=B_{eff}\left[\Phi^{env}\left(K^{env}_{peff}+K^{\gamma'}_{peff}\right)\right]^{1/\beta}\frac{2(\Delta\varepsilon_{mech})^{(b/\beta)+1}}{\dot{\varepsilon}^{1-\alpha/\beta}} \tag{4.23}$$

式中包含若干参数,针对 Mar-M247、GTD-111 和 PW1480/1484 的 TMF 寿命研究中,都将 β 值设定为 1.5,其他参数参考 Mar-M247,所有的参数都列于表 4.4 中。需要说明的是,对于 DZ125 合金,环境损伤中应变变程的指数项应该与环境损伤演化规律一致,可以利用 500~1 000 ℃条件下的 TMF 数据拟合得到 $b/\beta+1$。

表 4.4 DZ125 氧化损伤材料参数

参　数	数　值	单　位	参　数	数　值	单　位	参　数	数　值	单　位
a	0.75	—	D_{ox}	15 400	$\mu m^2 \times s$	$D_{\gamma'}$	8 570	$\mu m^2 \times s$
b	6.45	—	Q_{ox}	175.9	kg/mol	$Q_{\gamma'}$	163.3	kg/mol
β	1.5	—	B_{eff}	1.83×10^9	—	ζ	0.44	—

4. 基于 Neu-Sehitoglu 模型的 TMF 寿命预测

DZ125 TMF 试验数据的来源主要有三部分:① 材料手册[26];② 本章中所有的试验数据;③ 公开文献中 550~1 000 ℃温度范围下的试验数据[32]。图 4.43 所示为

DZ125 合金纵向方向光棒试验件所有的 TMF 寿命数据。从图中可以看到,由于 TMF 试验条件繁多,导致寿命的分散系数为达到－5～＋10 倍而直接采用 Masson - Coffin 公式预测将达到 10 倍分散系数的预测精度,不利于工程要求。

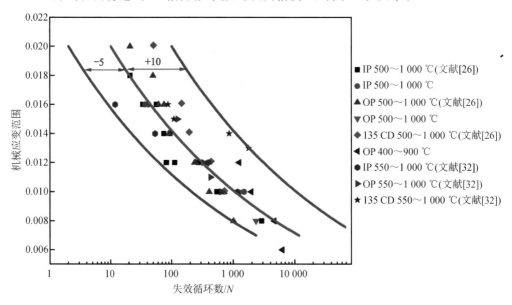

图 4.43　DZ125 合金光棒试验件所有的 TMF 数据

采用 Neu - Sehitoglu 模型,得到所有试验条件下的寿命,结果如图 4.44 所示。图中的结果表明:① 在 52 个数据点中,有 47 个数据落于 3 倍分散系数以内,其中 35 个数据点落于 2 倍分散系数以内;② 预测误差的主要来源是 500～1 000 ℃ IP TMF 的短寿命范围内,结果偏于保守;③ OP TMF 寿命预测精度很高,需要说明的是,材料参数的获得只用到了 500～1 000 ℃ OP TMF 数据,却很好地预测了 400～900 ℃ 和 550～1 000 ℃ 温度条件下的 OP TMF 数据,这正是 Neu - Sehitoglu 模型的优势;④ 在寿命大于 100 个循环的所有 IP TMF,寿命预测的精度也较高,值得注意的是,500～1 000 ℃ 和 550～1 000 ℃ IP TMF 寿命预测没有使用 TMF 数据来拟合材料参数,因此是完整意义上的寿命预测,完全不同于 Masson - Coffin 和 Ostergren 模型中的数据拟合。

4.5.5　寿命模型的预测能力评估

前面采用了三种模型对 DZ125 TMF 寿命进行了预测,三种模型分别基于应变参数、能量法和损伤,是高温疲劳理论中关于传统应变、能量法和损伤累积中最具代表性的方法,即 Masson - Coffin 方法、Ostergren 能量法及其频率修正模型和 Neu - Sehitoglu 损伤累积方法。从预测结果看,三类方法的预测精度都很高,大部分预测结构都位于 2 倍分散系数以内;从预测所需要的数据准备来看,Masson - Coffin 和

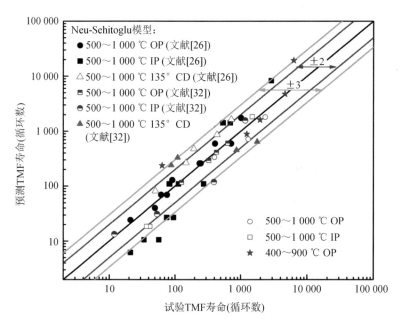

图 4.44　基于 Neu‐Sehitoglu 模型的 TMF 寿命预测结果

Ostergren 模型可以认为是 TMF 数据具有较好的描述能力，而 Neu‐Sehitoglu 模型则是对损伤机理的精确描述。从预测的难度来看，Masson‐Coffin 和 Ostergren 模型较为简单，而 Neu‐Sehitoglu 模型预测非常耗时且繁琐，参数很多。4 类模型的优缺点参见表 4.5。

表 4.5　4 类 TMF 寿命模型预测能力比较

模型	模型损伤项目			损伤累积	复杂程度	对 TMF 数据依赖程度	预测能力
	疲劳	蠕变	氧化				
Masson‐Coffin	是	—	—	—	低	严重	好
Ostergren	是	—	—	—	低	严重	好
Ostergren 频率修正	是	—	—	—	低	严重	好
Neu‐Sehitoglu	是	是	是	线性	高	少量	好

| 4.6　本章小结 |

　　本章针对 DZ125 合金的 TMF 进行了研究，包含光棒和缺口试验件的 TMF 试验、损伤机理和寿命预测，主要结论如下：

　　① TMF 是一种不同于传统 IF 的载荷谱，主要体现在载荷历程、变形行为、损伤

机理和寿命规律等方面,TMF 在 20 世纪 80 年代之后的研究热度迅速上升的一个重要原因是高性能气冷涡轮叶片的广泛应用。

② T_{max} 一定时,DZ125 合金的 TMF 寿命与等温疲劳寿命相比相差 3～4 倍,且与相位相关。在短寿命区域,同相位 TMF 寿命更短;但在长寿命区域,反相位 TMF 寿命更短。由于工程结构中的应变水平通常都小于 0.01,这是反相位 TMF 受到更多关注的重要原因。

③ TMF 试验表明,循环应力应变的硬化/软化行为与相位相关,同相位 TMF 迟滞环有软化现象,反相位则表现为硬化。对断口和纵切面的微观分析揭示了在反相位 TMF 条件下寿命缩短的原因,即存在氧化-疲劳交互作用。

④ 采用基于应变、能量和损伤的方法分别建立了 DZ125 合金的 TMF 寿命模型。三类方法都给出了较高精度的预测结果。然而,由于 Neu - Sehitoglu 模型适应范围广、外推能力强而具有更优良的预测效果。

| 参考文献 |

[1] MOORE Z J. Life Modeling of Notched CM247LC DS Nickel-Base Superalloy [D]. Atlanta:Georgia Institute of Technology,2008.

[2] KUPKOVITS R A. Thermomechanical Fatigue Behavior of the Directionally Solidified Nickel-Base Superalloy CM247LC[D]. Atlanta:Georgia Institute of Technology,2009.

[3] PELLOUX R,MARCHAND N. DTIC Document [Z] (1986). https://www.researchgate.net/publication/236526669_Thermal-mechanical_fatigue_behavior_of_nickel-base_superalloys_Final_Report.

[4] AMARO R L. Thermomechanical Fatigue Crack Formation in a Single Crystal Ni-Base Superalloy[D]. Atlanta:Georgia Institute of Technology,2010.

[5] ROURKE M D O. Effects of Specimen Geometry and Coating on the Thermomechanical Fatigue of PWA 1484 Superalloy[D]. Atlanta:Georgia Institute of Technology,2013.

[6] SHENOY M M. Constitutive Modeling and Life Prediction in Ni-Base Superalloys[D]. Atlanta:Georgia Institute of Technology,2006.

[7] GORDON A P. Crack Initiation Modeling of a Directionally-Solidified Nickel-Base Superalloy[D]. Atlanta:Georgia Institute of Technology,2005.

[8] BECKER M,HACKENBERG H-P. A Constitutive Model for Rate Dependent and Rate Independent Inelasticity Application to IN718[J]. International Journal of Plasticity,2011,27(4):596-619.

[9] JUNG A，SCHNELL A. Crack Growth in a Coated Gas Turbine Superalloy Under Thermo-Mechanical Fatigue[J]. International Journal of Fatigue，2008，30(2)：286-91.

[10] XU J，REUTER S，ROTHKEGEL W. Tensile and Bending Thermo-Mechanical Fatigue Testing on Cylindrical and Flat Specimens of CMSX-4 for Design of Turbine Blades[J]. International Journal of Fatigue，2008，30(2)：363-71.

[11] 刘金龙，石多奇，杨晓光，等. 应变比对定向凝固高温合金 DZ125 低循环疲劳行为影响的研究[J]. 材料工程，2010(12)：47-50,60.

[12] 张丽辉，胡春燕，刘德林，等. DZ125 高温合金断裂特征[J]. 失效分析与预防，2012(02)：72-6.

[13] 王井科. 镍基高温合金及钛合金缺口疲劳问题研究[D]. 北京：北京航空航天大学，2011.

[14] 周天朋，杨晓光，候贵仓，等. DZ125 带小孔构件低循环/保载疲劳试验与分析[J]. 航空动力学报，2007(09)：1526-31.

[15] 周天朋，杨晓光，石多奇，等. DZ125 光滑试验件与小孔构件低循环/保载疲劳寿命建模[J]. 航空动力学报，2008(02)：276-80.

[16] 胡晓安，王井科，杨晓光，等. 高温条件下 DZ125 缺口疲劳性能试验[J]. 航空动力学报，2013(07)：1613-7.

[17] 黄佳，杨晓光，石多奇，等. 基于临界距离-临界平面方法预测 DZ125 缺口低循环疲劳寿命[J]. 机械工程学报，2013(22)：109-15.

[18] 刘金龙. 镍基单晶/定向凝固涡轮叶片铸造模拟及其合金低循环疲劳行为研究[D]. 北京：北京航空航天大学，2011.

[19] 张国栋，于慧臣，苏彬. DZ125 定向合金疲劳-蠕变性能与寿命预测研究[C]//第九届全国热疲劳学术会议，湖南吉首，2007.

[20] 张国栋，于慧臣，苏彬. DZ125 定向凝固合金疲劳-蠕变性能与寿命预测研究[J]. 失效分析与预防，2008(01)：48-53.

[21] 刘金龙，杨晓光，石多奇，等. 不同保载时间作用下的定向凝固合金 DZ125 的高温低循环疲劳试验研究[J]. 航空材料学报，2010(05)：88-92.

[22] 石多奇，杨晓光，于慧臣. 一种镍基单晶和定向结晶合金的疲劳寿命模型[J]. 航空动力学报，2010(08)：1871-5.

[23] 孟宪林. DZ125 合金的组织结构与蠕变性能[D]. 沈阳：沈阳工业大学，2013.

[24] 田宁. 长寿命服役条件下 DZ125 合金的蠕变行为及影响因素[D]. 沈阳：沈阳工业大学，2014.

[25] 田宁，田素贵，于慧臣，等. DZ125 镍基合金的显微组织与蠕变行为[J]. 中国有色金属学报，2014(05)：1232-40.

[26] 于慧臣，吴学仁. 航空发动机设计用材料数据手册：第四册[M]. 北京：航空工

业出版社，2010.

[27] SEHITOGLU H. Thermo-Mechanical Fatigue Life Prediction Methods[C]// MITCHELL M，LANDGRAF R. Advances in Fatigue Lifetime Predictive Techniques，1992：47-76.

[28] P F-Z. Thermomechanical Fatigue Crack Formation in Nickel-Base Superalloys at Notches[D]. Atlanta：Georgia Institute of Technology，2012.

[29] FERNANDEZ-ZELAIA P，NEU R W. Effect of Notch Severity on Thermomechanical Fatigue Life of a Directionally-solidified Ni-base Superalloy[C]// Proceedings of the ICF13，F，2013.

[30] FERNANDEZ-ZELAIA P，NEU R. Influence of Notch Severity on Thermomechanical Fatigue Life of a Directionally Solidified Ni-Base Superalloy[J]. Fatigue & Fracture of Engineering Materials & Structures，2014，

[31] NEU R，SEHITOGLU H. Thermomechanical Fatigue，Oxidation，and Creep：Part II Life Prediction[J]. Metallurgical Transactions A，1989，20 (9)：1769-83.

[32] 张国栋,刘绍伦,何玉怀,等. 相位角对定向合金 DZ125 热/机械疲劳行为与寿命影响的试验研究[J]. 航空动力学报，2003，18(3):383-387.

第 5 章

缺口疲劳

5.1 引 言

现代航空工业不断向高温、高速方向发展,为了提高效率,航空发动机涡轮叶片、压气机叶片等零部件结构越来越复杂,几何上本身存在很多不连续处,比如涡轮叶片上的冷却小孔、叶片内部复杂的气流通道、叶身与榫头的弧形过渡等;同时,材料内部本身工艺缺陷,例如夹杂、铸造缺陷、加工划痕等也会造成几何不连续;此外,发动机使用过程中,外物的吸入会在发动机叶片上造成压痕、划痕、缺口等。这些几何不连续处可能产生应力梯度,造成应力集中,是裂纹萌生的可能起源处,对构件的寿命有显著的影响。实际使用经验表明,工作在交变载荷下的航空发动机零部件的破坏,也大多起源于几何不连续处。

对于各向异性材料应力集中处的应力应变分布,虽然可以通过粘弹/塑性有限元分析得到,但是有限元方法不仅费时而且花费较高,特别是需要模拟长时间加载历史的蠕变变形,因此需要在保证一定精度的前提下,采用更加简单有效的方法估计缺口根部的应力/应变场分布。目前基于 Neuber 法则的缺口构件局部应力/应变分析方法,作为一种简便高效的算法在工程界仍有广泛应用,已经推广到各向异性多轴范畴。但是,目前仍没有很好地解决各向异性材料、多轴、保载情况下的局部应力/应变分析问题。然而,随着定向凝固合金、单晶材料在航空发动机上的广泛应用,这方面的需求日益突出。

简单、有效的寿命预测模型,对预测结果的精度有极其重要的影响。对于应力集中问题,广泛采用的热点方法(Hot Spot)已被证明结果过于保守。临界距离理论(Theory of Critical Distance,TCD),因其将基于经验的寿命预测方法与基于实验的线弹性断裂力学方法有效地联系了起来,而且具有简单、高效的特点,近三十年来受到了大量关注,得到了长足发展。但是关于其能否在各向异性材料缺口构件寿命预测中得到应用,国际上尚无人尝试;同时,公开文献显示[1-4],即使是对于各向同性钛合金材料高循环疲劳极限强度的预测,基于临界距离理论的预测结果精度也不理想,因而有必要基于临界距离思想,研究发展一种适合工程应用的、简便高效的寿命预测模型。

　　本章以定向凝固合金 DZ125 为研究对象,以提高缺口构件寿命预测的精度和效率为目的,采用试验观测和理论分析相结合的手段,从缺口构件应力/应变分析、疲劳失效规律揭示、寿命模型构建三个方面进行了详细分析和研究。

｜5.2　高温缺口疲劳试验方法｜

5.2.1　试验件设计

　　为了研究缺口类型对定向凝固合金 DZ125 构件疲劳寿命的影响,设计了两种类型的单边缺口(Single Edge Notch,SEN)试验件,即 U 形和 V 形;通过调整缺口深度 d、缺口根部半径 ρ 以及 V 形缺口的开口角度 α_0,设计了 4 种缺口几何,即 Ubig、Usmall、V120、V60,同时保证 Ubig 与 V120 的理论应力集中系数 K_t 接近,Usmall 与 V60 的 K_t 接近,以便专门研究缺口类型对缺口构件寿命的影响。缺口试验件整体尺寸、加工工艺要求见图 5.1,其中平板宽度 w 为 6.0 mm,厚度 t 为 1.5 mm,缺口位于光滑平板试验件一条侧边的中间位置(图中的 C 处);4 种缺口几何形式及相应尺寸和加工公差要求见图 5.2。材料的晶粒生长方向(L 方向)与试验件的轴向平行。

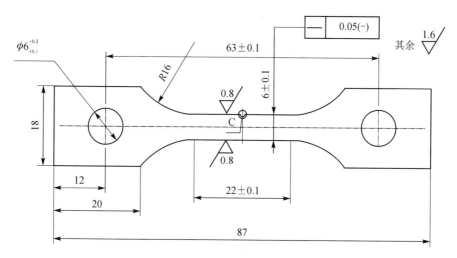

图 5.1　缺口平板试验件及相应尺寸(单位:mm)

考虑到用二维平面单元不能很好地模拟材料的各向异性,4 种缺口试验件的应力分布及理论应力集中系数 K_t,都由 3D 弹性有限元分析得到。采用有限元软件 ABAQUS 中的三维二十节点六面体应力单元 C3D20R,并指定材料为弹性各向异性。

下面所有应力分布曲线选取的都是沿试验件厚度方向的中间截面上的应力分布。

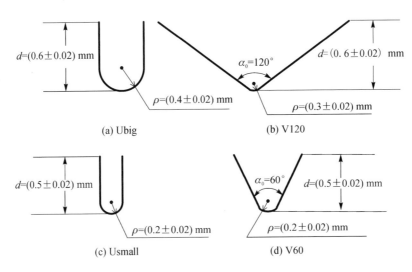

图 5.2　四种缺口几何形式及相应尺寸

为了方便叙述,定义缺口尖端点所在的径向平面与缺口边上任意位置所在的径向平面之间的夹角为 α,如图 5.3 所示。4 种缺口试验件沿缺口边归一化后的弹性轴向应力 S33、Hill 应力、最大主应力 SP3 分布,如图 5.4～图 5.7 所示。显然,对于任意缺口试验件,Hill 应力与最大主应力 SP3 沿缺口边的分布基本一致,因此下面讨论沿缺口边应力分布时只使用 Hill 应力,而且 Ubig 缺口试验件沿缺口边的应力分

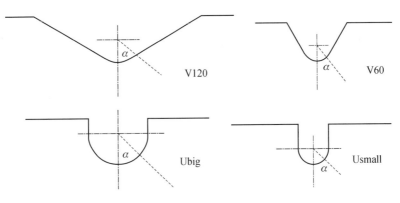

图 5.3　定义缺口尖端所在径向平面与缺口边任意位置所在径向平面之间的夹角

布与 Usmall 和 V60 试验件的应力分布大致相似。由 4 种缺口试验件归一化后的
Hill 应力分布比较(见图 5.8)可以看出,Ubig、Usmall 和 V60 试验件的最大 Hill 应
力位于缺口边、α 约为 36°的位置,而 V120 缺口试验件的最大 Hill 应力位于缺口边、
α 约为 25°的位置。

由沿缺口平分线归一化后的轴向弹性应力 S33 分布(见图 5.9)可见 V120 和
Ubig 缺口试验件的应力分布接近,而 V60 和 Usmall 的应力分布几乎一致。

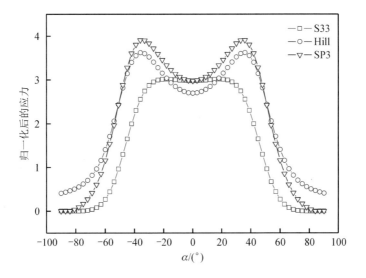

图 5.4　Ubig 缺口试验件沿缺口边归一化后的弹性应力分布

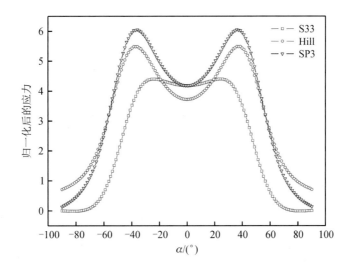

图 5.5　Usmall 缺口试验件沿缺口边归一化后的弹性应力分布

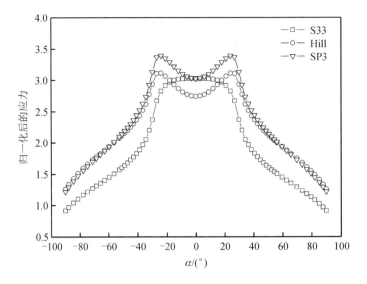

图 5.6　V120 缺口试验件沿缺口边归一化后的弹性应力分布

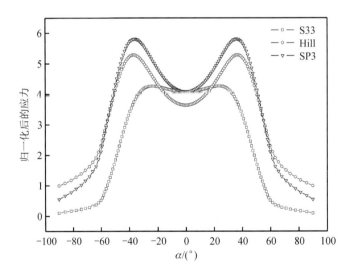

图 5.7　V60 缺口试验件沿缺口边归一化后的弹性应力分布

　　试验件采用线切割方式加工，为了保证表面光洁度，试验前对试验件表面用 400 Cw 砂纸打磨；缺口也用线切割方式加工，缺口深度方向垂直于晶粒生长的 L 方向，缺口用 2000 Cw 的砂纸轻微打磨，在保证几何外形的前提下，尽量消除加工因素的影响。

　　打磨前、后的试验件见图 5.10。

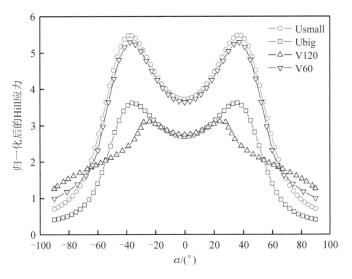

图 5.8 沿缺口边,四种缺口试验件的归一化 Hill 应力分布

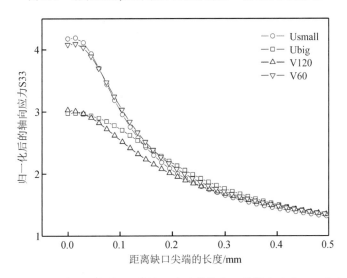

图 5.9 沿缺口平分线,四种缺口试验件的归一化轴向应力 S33 分布

(a) 打磨前   (b) 打磨后

图 5.10 DZ125 缺口试验件

5.2.2　试验方案

试验参照《金属材料轴向等幅低循环疲劳试验方法》(GB/T 15248—2008)和《金属材料轴向加载疲劳试验方法》(HB 5287—1996)，在岛津(Shimadzu)试验机(型号 Shimadzu-EHF-EM100)上进行。试验环境为实验室静态空气介质。试验采用电热炉加温，三个热电偶同时测量电热炉内上、中、下三个位置的温度，并借助使用 PID 控制器的三段式闭环控制系统，保证控制温度与实际温度的温差在±2 ℃内。

此外，为了实时观察裂纹的萌生、扩展情况，使用 Quenstar 公司的 QM100 长焦显微镜，透过加热炉上的小孔，得到缺口周围的光学影像；同时，用 CCD 图像传感器将光学影像转换为数字信号显示在电脑上，从而实现原位(实时)观测缺口边裂纹的萌生、扩展。

试验采用应力控制的三角波加载，加载方向沿试验件轴向，也即材料晶粒生长的 L 方向，控制名义载荷比 $R=0.1$。温度选取为 DZ125 材料的典型工作温度 850 ℃。加载频率，对于低循环疲劳为 0.5 Hz，高循环疲劳为 20 Hz，试验过程中，定义 10^5 次循环为分界线，初始以 0.5 Hz 的频率循环至 10^5 次，如果试验件未失效，则提高频率至 20 Hz，继续加载至试验件断裂。

5.3　DZ125 合金的高温缺口疲劳寿命特点

为了与通常的各向同性材料一致，定义理论应力集中系数 K_t 为缺口试验件最大轴向应力(S33)与试验件净截面名义应力 σ_{net} 之比。四种缺口试验件的理论应力集中系数 K_t 和测试根数见表 5.1。缺口试验件的试验件编号、相应实际测量几何尺寸、载荷条件以及疲劳寿命见表 5.2 和表 5.3。由于加工批次的影响，表 5.1 中列出的缺口深度 d 和缺口根部半径 ρ 的尺寸是根据表 5.2 和表 5.3 中的实测值取平均得到的，K_t 是根据相应 d 和 ρ 计算得来的。

表 5.1　四种 DZ125 缺口试验件的尺寸、理论应力集中系数和试验测试根数

试验件形式	缺口深度 d/mm	根部半径 ρ/mm	理论应力集中系数 K_t	试验根数
Ubig	0.60	0.40	3.01	10
Usmall	0.53	0.18	4.35	4
V120	0.60	0.30	3.02	8
V60	0.55	0.20	4.27	4

表 5.2　DZ125 合金单边 U 形缺口试验件实际几何尺寸、载荷条件和试验疲劳寿命

| 试验件编号 | 几何设计值/mm | | | 几何实测值/mm | | | | 载荷 | | | | 寿命 N_f（循环次数） | 备注 |
	w	d	ρ	w	d	ρ	t	拉力/kN	净截面应力/MPa	频率/Hz	载荷比 R		
Ubig – 1	6.0	0.6	0.4	5.96	0.58	0.42	1.42	3.82	500	0.5	0.1	25 887	
Ubig – 2				6.00	0.59	0.42	1.48	4.00	500	0.5	0.1	14 407	
Ubig – 3				5.92	0.62	0.41	1.42	3.39	450	20	0.1	195 136	
Ubig – 4				5.94	0.59	0.38	1.42	5.70	750	0.5	0.1	546	未完全断裂
Ubig – 5				5.90	0.62	0.40	1.36	2.87	400	20	0.1	5 242 606	
Ubig – 6				6.00	0.60	0.40	1.42	4.60	600	0.5	0.1	4 855	
Ubig – 7				5.94	0.60	0.40	1.44	5.34	700	0.5	0.1	1 076	观察到裂纹扩展
Ubig – 8				5.96	0.63	0.39	1.48	5.92	750	0.5	0.1	877	观察到裂纹扩展
Usmall – 9	6.0	0.6	0.2	5.92	0.52	0.18	1.42	3.83	500	0.5	0.1	11 063	
Usmall – 10				5.96	0.53	0.18	1.48	4.82	600	0.5	0.1	1 089	观察到裂纹扩展
Usmall – 11				5.96	0.54	0.18	1.46	3.18	400	20	0.1	196 798	
Usmall – 12				5.94	0.52	0.18	1.46	5.53	700	0.5	0.1	512	观察到裂纹扩展
Ubig – 13	6.0	0.6	0.4	5.98	0.58	0.38	1.38	3.17	425	20	0.1	2 673 265	
Ubig – 14				6.00	0.59	0.41	1.42	3.46	450	20	0.1	534 282	

表 5.3　DZ125 合金单边 V 形缺口试验件实际几何尺寸、载荷条件和试验疲劳寿命

试验件编号	几何设计值/mm				几何实测值/mm				载荷				寿命 N_f（循环数）	备注
	w	d	ρ	a	w	d	ρ	t	拉力 /kN	净截面应力 /MPa	频率 /Hz	载荷比 R		
V120-1	6.0	0.6	0.3	120°	5.98	0.58	0.50	1.48	4.00	500	0.5	0.1	51 737	
V120-2					6.00	0.56	0.50	1.46	3.97	500	0.5	0.1	47 991	
V120-3					5.92	0.63	0.50	1.49	3.15	400	20	0.1	7 876 570	
V120-4					5.92	0.63	0.30	1.46	4.63	600	0.5	0.1	2 129	
V120-5					5.90	0.62	0.30	1.42	4.87	650	0.5	0.1	2 319	
V120-6					5.92	0.64	0.30	1.44	4.56	600	0.5	0.1	4 582	未完全断裂
V120-7					5.90	0.60	0.30	1.40	3.34	450	20	0.1	314 601	
V120-8					5.96	0.63	0.30	1.40	5.60	750	0.5	0.1	415	观察到裂纹扩展
V60-9	6.0	0.6	0.2	60°	5.96	0.54	0.20	1.42	4.62	600	0.5	0.1	835	观察到裂纹扩展
V60-10					6.00	0.55	0.20	1.44	3.16	400	20	0.1	—	失败
V60-11					5.98	0.55	0.25	1.42	3.86	500	0.5	0.1	49 041	未完全断裂
V60-12					6.00	0.56	0.20	1.44	4.70	600	0.5	0.1	957	观察到裂纹扩展

所有试验件的净截面名义应力 σ_{net} 与断裂循环数 N_f 关系的 S－N 曲线,见图 5.11。由于 Ubig 和 V120 缺口试验件的寿命数据接近,图 5.11 中的虚线是对两种缺口类型的 S－N 曲线一起进行了拟合;与之类似,对 Usmall 和 V60 缺口试验件的拟合,表示为图 5.11 中的实线。显然,相同净截面名义应力条件下,Usmall 和 V60 缺口试验件的疲劳寿命明显低于 Ubig 和 V120 缺口试验件,这意味着理论应力集中系数 K_t 是控制 DZ125 缺口构件寿命的主要因素。而 Ubig 缺口试验件与 V120 的 K_t 接近(见表 5.1),虽然沿缺口边弹性应力分布不同(见图 5.4、图 5.6 和图 5.8),但沿缺口平分线轴向弹性应力分布接近(见图 5.9),也即应力梯度类似,所以 Ubig 和 V120 的 S－N 曲线接近。对于 Usmall 和 V60 缺口试验件,两者无论沿缺口边应力分布(见图 5.5、图 5.7 和图 5.8),还是沿缺口平分线轴向应力分布(见图 5.9),都几乎完全一致,也就不难理解其 S－N 曲线一致的原因了。

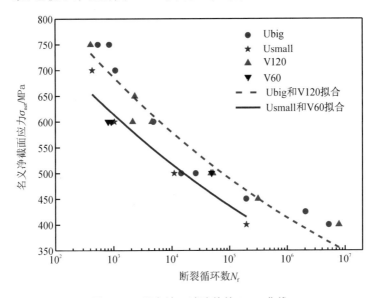

图 5.11   所有缺口试验件的 S－N 曲线

当然,比较 Ubig 和 Usmall 缺口试验件的 S－N 曲线,也可以得出相同的结论,即 K_t 为控制疲劳寿命的主要因素。考虑到前述 Ubig 和 V120 的 S－N 曲线接近,以及 Usmall 和 V60 的 S－N 曲线类似,可以得出更加全面的结论,即对于各向异性的 DZ125 材料缺口构件,理论应力集中系数 K_t 对疲劳寿命的影响远远大于缺口类型对疲劳寿命的影响。

试验中,观察到了 10 根缺口试验件表面裂纹的萌生和短裂纹的扩展情况。表 5.4 列出了所有观察到的 10 根试验件的裂纹萌生寿命($N_{0.1}$)、短裂纹扩展寿命($N_{0.8}-N_{0.1}$)、最终断裂寿命(N_f)及其相应的在整个寿命中所占的比例。用柱状图表示表 5.4 中的数据,如图 5.12 所示。

由表 5.4 和图 5.12 可见,断裂总寿命不同,裂纹萌生和扩展寿命在总寿命中所

表 5.4　缺口构件裂纹起始、短裂纹扩展以及最终断裂的寿命之间的关系

试验件编号	σ_{net}/MPa	$N_{0.1}$[①]	$N_{0.8}$[②]	N_f[③]	$(N_{0.8}-N_{0.1})/N_{0.8}$	$N_{0.1}/N_f$	$N_{0.8}/N_f$
Ubig－4	750	250	546	—	54.2%	—	—
Ubig－7	700	704	1 041	1 076	32.4%	65.4%	96.7%
Ubig－8	750	460	850	877	45.9%	52.4%	96.9%
Usmall－10	600	717	1 039	1 089	31.0%	65.8%	95.4%
Usmall－12	700	280	500	512	44.0%	54.7%	97.6%
V120－6	600	4 200	4 582	—	8.34%	—	—
V120－8	750	344	402	415	14.4%	82.9%	96.9%
V60－9	600	500	811	835	38.3%	59.9%	97.1%
V60－11	500	45 000	49 041	—	8.24%	—	—
V60－12	600	600	914	957	34.4%	62.7%	95.5%

说明：① 裂纹长度约为 0.1 mm 时对应的疲劳循环数；
　　　② 裂纹长度约为 0.8 mm 时对应的疲劳循环数；
　　　③ 试验件断裂时的疲劳循环数。

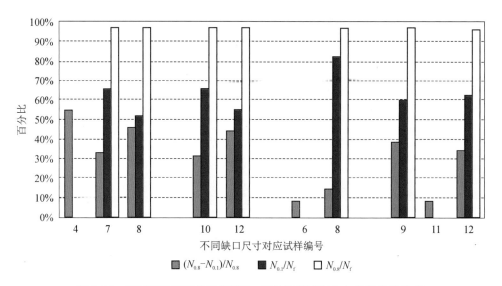

图 5.12　不同缺口试验件裂纹萌生、短裂纹扩展寿命占总寿命的比例

占的比例不一样；甚至可以推测，当疲劳循环总寿命超过 10^5 时，缺口构件的主要循环数集中在裂纹萌生阶段，即裂纹萌生将构成缺口构件的主要寿命。

但是，对于表 5.4 所列的疲劳失效循环数在 $10^2 \sim 10^3$ 范畴的 LCF，不同缺口形式的短裂纹扩展寿命在总寿命中所占比例不同，Ubig、Usmall 和 V60 缺口试验件约占 40%，而 V120 缺口试验件仅占约 10%。这可能与不同缺口试验件的应力分布不

同有关(见图 5.4～图 5.9),在相同名义应力下,沿缺口边的 Hill 应力最大,V120 缺口试验件最小,这就意味着其轴向应力相对于 Hill 应力最大(见表 5.5),从而导致 V120 缺口试验件裂纹萌生后,扩展速率会大于其他三种试验件。而对于 Ubig、Usmall 和 V60 缺口试验件,在相同名义应力作用下,沿缺口边,应力分布相似;虽然最大 Hill 应力,Usmall 和 V60 缺口试验件大于 Ubig 试验件,但是 Ubig 缺口试验件的轴向应力小于 Usmall 和 V60 试验件,这意味这三种试验件轴向应力与 Hill 应力之比接近(见表 5.5),因而短裂纹扩展寿命在总寿命中所占的比例也接近。因此,低循环疲劳加载(疲劳失效循环数在 $10^2 \sim 10^3$ 范畴)时,沿缺口边最大轴向应力与最大 Hill 应力之比,可能可以作为短裂纹扩展寿命占断裂寿命之比的一种度量。

表 5.5　沿缺口边,四种缺口试验件、归一化后的最大 Hill 应力、最大轴向应力及两者之比

试验件形式	最大 Hill 应力/MPa	最大轴向应力 S33/MPa	S33/Hill
Ubig	3.62	3.01	0.83
Usmall	5.48	4.35	0.79
V120	3.12	3.02	0.97
V60	5.29	4.27	0.81

5.4　DZ125 合金的高温缺口疲劳损伤机理

5.4.1　缺口构件裂纹萌生的特点

运用 QM100 长焦显微镜结合 CCD 图像传感器,试验首次实现了对高温环境下、定向凝固合金 DZ125 缺口构件表面,疲劳裂纹从萌生到短裂纹(裂纹长度从约 0.1 mm 到 0.8 mm 左右)扩展的整个过程实时、原位的详细记录。代表性裂纹的萌生到扩展过程,见图 5.13～图 5.15。

为了研究材料微结构组织,如晶粒或晶界,对各向异性材料缺口构件裂纹萌生及扩展的可能影响,试验中专门保留了三根试验件,没有将其完全加载至断裂(见表 5.2 和表 5.3)。为方便打磨抛光,需要先采用线切割的方法将试验件切开,然后用镶样粉进行镶样。镶样后的试验件先用砂纸粗磨、细磨,接着用抛光剂进行抛光,然后用腐蚀液腐蚀(腐蚀 DZ125 材料的腐蚀液配方为 HCl 600 mL＋HNO$_3$ 19 mL＋FeCl$_2$ 125 mL＋H$_2$O 256 mL)。腐蚀的具体操作如下:将观察试验件浸入腐蚀液中并持续大约 30 s,接下来依次用水和压缩空气进行冲洗;如果发现试验件过腐蚀,可以进行重新抛光,以去除过腐蚀的表层,接下来重复腐蚀步骤即可。镶样腐蚀后的缺口试验件如图 5.16 所示。

航空发动机涡轮叶片疲劳寿命分析理论

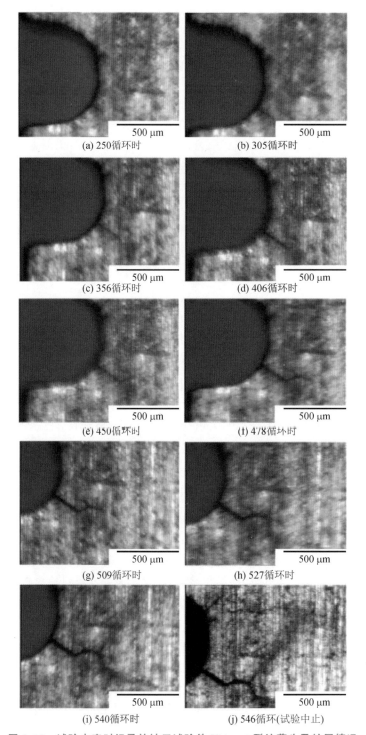

(a) 250循环时 　　　　　(b) 305循环时

(c) 356循环时 　　　　　(d) 406循环时

(e) 450循环时 　　　　　(f) 478循坏时

(g) 509循环时 　　　　　(h) 527循环时

(i) 540循环时 　　　(j) 546循环(试验中止)

图 5.13　试验中实时记录的缺口试验件 Ubig‑4 裂纹萌生及扩展情况

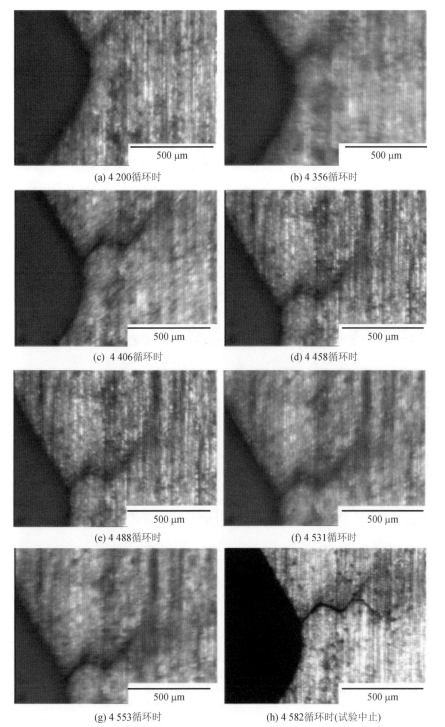

(a) 4 200循环时　　　　　　　　　(b) 4 356循环时

(c) 4 406循环时　　　　　　　　　(d) 4 458循环时

(e) 4 488循环时　　　　　　　　　(f) 4 531循环时

(g) 4 553循环时　　　　　　　　　(h) 4 582循环时(试验中止)

图 5.14　试验中实时记录的缺口试验件 V120－6 裂纹萌生及扩展情况

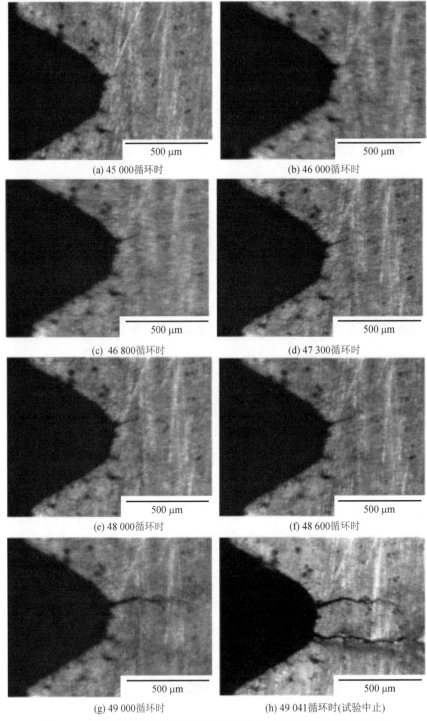

(a) 45 000循环时   (b) 46 000循环时

(c) 46 800循环时   (d) 47 300循环时

(e) 48 000循环时   (f) 48 600循环时

(g) 49 000循环时   (h) 49 041循环时(试验中止)

图 5.15　试验中实时记录的缺口试验件 V60－11 裂纹萌生及扩展情况

图 5.16　镶样后的 DZ125 试验件缺口部分

对腐蚀后的试验件,用 LEICA 光学显微镜(OM,型号 LEICA - MEF4A)观察其微观金相组织。定义试验中实时观测的面为试验件正面,典型缺口构件的微观金相图见图 5.17～图 5.19。

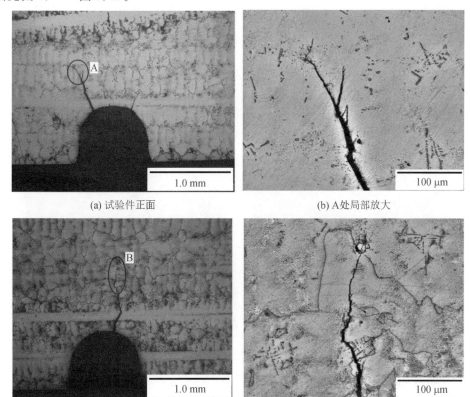

(a) 试验件正面　　　　　　　　　　(b) A处局部放大

(c) 试验件背面　　　　　　　　　　(d) B处局部放大

图 5.17　缺口试验件 Ubig - 4 的微观晶向组织

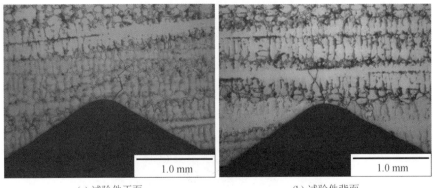

(a) 试验件正面   (b) 试验件背面

图 5.18　缺口试验件 V120 - 6 的微观晶向组织

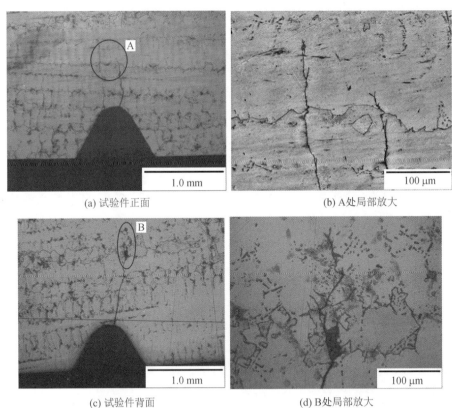

(a) 试验件正面   (b) A处局部放大

(c) 试验件背面   (d) B处局部放大

图 5.19　缺口试验件 V60 - 11 的微观晶向组织

　　整体上看,在缺口构件的表面,沿缺口边通常有多条微裂纹萌生,但只有一条或者两条主裂纹在试验件表面形成。从图 5.13 和图 5.17 可以明显看到,Ubig - 4 缺口试验件的主裂纹不是形成于缺口尖端,而是位于缺口边与缺口尖端所在径向平面约成 36°的位置处,即图 5.3 定义的 α 约等于 36°的位置。而且在试验件正面最后形成的两条主裂纹的位置,对称分布于缺口尖端两侧,与最大 Hill 应力或者最大主应力所在位置重合(见图 5.4)。从图 5.14 和图 5.18 同样可以看出,对于 V120 - 6 缺口试验件,形成的表面主裂纹位置约在 α 等于 25°的位置,即与最大 Hill 应力或者最大主应力所在位置重合(见图 5.6);同时可以注意到,表面只看到一条主裂纹形成,这可能与主裂纹不是由表面萌生有关。Bubphachot 等[5]对带半圆缺口的平板钢材料构件 550 ℃下裂纹萌生位置的研究表明,裂纹萌生于沿试验件厚度方向的、中间平面上的、缺口根部位置,通常观察到的表面裂纹是由内部裂纹逐渐向表面扩展而来的。Bubphachot 等人[5]的研究不仅可以作为试验件表面只有一条主裂纹形成的原因之一,也可以部分解释图 5.15 和图 5.19 所示的 V60 - 11 试验件主裂纹形成位置不对称且稍微偏离最大 Hill 应力所在位置,此外还可以作为试验件两个表面的主裂纹形成位置不完全重合的原因之一。

除了裂纹的萌生位置可能位于沿构件厚度方向的中间平面外,晶粒生长的 L 方向与加载方向可能不完全重合,也是只有一条主裂纹形成或者形成的主裂纹不对称分布于缺口尖端两侧的可能原因。形成类似 V60 - 11 构件那样的主裂纹,可能还与试验件的载荷以及材料微结构有关,初始裂纹可能在材料微结构较薄弱的地方萌生,而过大的载荷导致裂纹一旦萌生就迅速扩展变成主裂纹。

从金相图(见图 5.17～图 5.19)可以看出,微裂纹通常萌生于枝晶臂之间,即枝晶之间可能是材料的薄弱环节。而材料本身必然存在的不均匀性,造成了微裂纹可能在多个位置萌生,而最终主裂纹形成可能是最大应力(Hill 应力或最大主应力)与晶粒薄弱环节相互竞争的结果。因此,这也可以部分解释试验中观察到的:试验件两个表面主裂纹位置不完全重合;不是所有主裂纹都位于最大 Hill 应力处。

由于试验件的主裂纹形成位置与最大 Hill 应力位置大致重合,因此可以得出结论:对于 DZ125 缺口构件,主裂纹的形成位置通常不在缺口尖端,而是大致与最大 Hill 应力所在位置重合;同时,微裂纹在缺口边多个位置同时萌生,主裂纹的形成位置是最大应力与材料微结构竞争的结果。

5.4.2　缺口构件裂纹扩展的特点

图 5.13 所示的 Ubig - 4 试验件表面的宏观主裂纹,初始阶段沿 α 约为 36°所在位置的径向平面扩展(见图 5.13(a)),然后转向与载荷垂直的平面扩展(见图 5.13(d));裂纹在转向后的扩展中,可能发生二次转向(见图 5.13(h)),并且在裂纹前沿处可以看见大量微裂纹以及分叉裂纹形成(见图 5.13(j))。

从图 5.17 所示的 Ubig - 4 试验件次表面裂纹(为了金相观察,试验件表面被打磨掉了)微观特征上可以发现,裂纹主要沿横向枝晶间扩展(见图 5.17(a)和(c)),这可能是裂纹表现出一定的锯齿形扩展路径的原因;这同时也可能是试验件两个表面裂纹不同的原因,因为裂纹沿试验件厚度方向也可能是沿枝晶间扩展的,从而造成宏观上看到的沿试验件两个表面,裂纹扩展路径不同;此外如果表面主裂纹由最初萌生于试验件中间平面上的微裂纹发展而来,那么这也是造成两个表面主裂纹形成位置不一致的可能原因。当裂纹前端扩展到晶界位置时,由于晶界的阻碍作用,大量微裂纹在晶界处形成(见图 5.17(d));主裂纹的扩展方向将同时取决于载荷方向和微结构的薄弱环节,因而裂纹在穿越晶界或枝晶界时(见图 5.17(c)),扩展路径可能发生转向。此外还可以发现,宏观上的直裂纹(见图 5.17(a)),从微观上看也有分叉出现,即所谓的二次裂纹(见图 5.17(b)),这可能与文献[6]中提到的,二次裂纹的形成与多个滑移系上的微裂纹竞争的结果有关,图 5.17(d)也明显地示意了裂纹前端存在多个微裂纹的现象。

宏观而言,Ubig-4 试验件的主裂纹初始沿径向平面扩展,计算表明该平面是最大法向应力平面,这意味着裂纹扩展之初主要以 I 型模式扩展;裂纹接下来的扩展趋于与外载荷垂直的方向,可见随着裂纹长度的增加,外载荷在裂纹扩展过程中将占据支配性的作用。

图 5.14 所示的 V120-6 试验件表面主裂纹,初始时也是沿径向平面扩展(见图 5.14(a)),但整体上表现出锯齿形扩展路径(见图 5.14(h)),裂纹前端也有分叉出现(见图 5.14(h))。从微观上看,裂纹仍然沿枝晶间扩展(见图 5.18),图 5.14 所示的试验件正面主裂纹以锯齿形路径扩展,可能与裂纹在一个晶粒内、扩展路径受滑移系控制有关(见图 5.18(a))。与 Ubig-4 试验件类似,V120-6 试验件两个表面上裂纹扩展路径也不一致,裂纹前端同样有分叉现象出现。

图 5.15 所示的 V60-11 试验件表面主裂纹,初始时同样沿径向平面扩展(见图 5.15(a)),随后转向与外加载荷垂直方向扩展,没有出现明显的二次转向,这可能与外加载荷较大有关,此外还可见明显的滑移条带(见图 5.15(h))。同时比较图 5.15(g)和(h)可以发现,试验件正面迅速出现第二条主裂纹,该现象表明表面主裂纹可能是由中间平面上的微裂纹扩展形成的。图 5.19 所示的次表面微观特征仍可见,裂纹沿枝晶间扩展,宏观上的光滑、直裂纹实际上有二次裂纹出现(见图 5.19(a)和(c)),同时裂纹在穿越晶界时,出现了短暂的沿晶界扩展现象(见图 5.19(b)),且晶界处可见微裂纹群(见图 5.19(d))。而裂纹扩展路径上二次转向较小,可能与载荷较大有关,这意味着裂纹扩展路径的选择也是载荷与微结构交互作用的结果。

表 5.6 列出了试验中实时记录的三个缺口试验件的表面主裂纹长度与疲劳循环数的关系。由于试验手段的限制,只记录了试验件正面的裂纹扩展情况。由表 5.6 可见,表面裂纹是不连续扩展的,甚至出现停滞现象,这可能是因为表面裂纹是由试验件厚度方向上某个裂纹源上的裂纹发展而来。但整体看来,裂纹初始扩展较慢,随着疲劳损伤的加剧,裂纹扩展速率迅速增大。

表 5.6　三个缺口试验件正面裂纹长度与循环数的关系

Ubig - 4		V120 - 6		V60 - 11	
循环数	裂纹长度/mm	循环数	裂纹长度/mm	循环数	裂纹长度/mm
250	0.10	4 200	0.15	45 000	0.08
305	0.16	4 356	0.20	46 000	0.12
356	0.22	4 406	0.46	46 800	0.15
406	0.25	4 458	0.46	47 300	0.15
450	0.34	4 488	0.46	48 000	0.15
478	0.38	4 531	0.51	48 600	0.19
509	0.45	4 553	0.59	49 000	0.53
527	0.50	4 582	0.66	49 041	0.70
540	0.60	—	—		
546	0.68	—	—		

5.4.3　断口分析

将断口放在扫描电镜下观察之前,需要先对断口进行清洗,以清洗掉高温环境产生的氧化层。清洗时,将试验件断口置于丙酮溶液中进行超声波清洗,以去掉其表面氧化层和杂物,同时要注意不能破坏试验件断口特征。清洗后的试验件,放置在装有能谱分析系统的扫描电子显微镜(SEM,型号 PHILIPS - FEI QUANTA - 400)下,观察分析断口形貌。

典型的 SEM 断口形貌如图 5.20 和图 5.21 所示。从整体上看,断口大致分为三个区域,即呈现出河流状条纹的裂纹扩展Ⅰ区、裂纹沿解理面扩展的Ⅱ区、构件瞬断呈现出类解理断裂面的Ⅲ区(见图 5.20(a)和图 5.21(a));此外,裂纹在断口表面多个位置萌生。

对比图 5.20(a)和图 5.21(a)可以发现,寿命越长,呈河流状条纹的第Ⅰ区越明显;寿命较短的 Ubig - 7 试验件出现明显的表面颈缩现象,而寿命较长的 Usmall - 11 构件,未见明显颈缩。在 Ubig - 7 试验件的缺口边还发现了次裂纹(见图 5.20(c)),但即使是裂纹扩展的Ⅰ区,疲劳条纹仍不明显,反而表现出一定的解理特征(见图 5.20(d)),最终断裂表现出类解理特征(见图 5.20(e))。对于 Usmall - 11 构件,裂纹扩展的Ⅰ区呈现出明显疲劳条带,而且由于材料的各向异性,条带方向不一致(见图 5.21(c)),裂纹前端可能形成新的疲劳源(见图 5.21(c)),而且二次疲劳源形成的疲劳条带表现出轮胎状花纹的特征(见图 5.21(d)),最后的瞬断区仍然表现出类解理面特征。

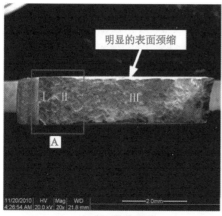

(a) 断口整体形貌

(c) B处局部放大

(d) C处局部放大

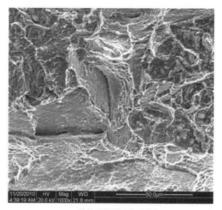

(e) 最终断裂的撕裂棱

图 5.20　缺口试验件 Ubig-7 的 SEM 断口形貌($\sigma_{net}=700$ MPa,$N_f=1\ 076$)

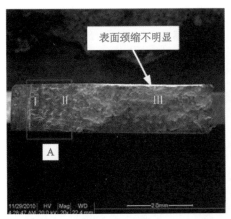

(a) 断口整体形貌

(b) A处局部放大

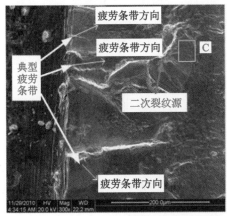

(c) B处局部放大

(d) C处二次裂纹疲劳条带

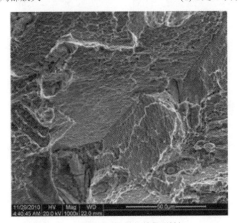

(e) 最终断裂阶段的撕裂棱

图 5.21　缺口试验件 Usmall－11 的 SEM 断口形貌（$\sigma_{net}＝400$ MPa，$N_f＝196\,798$）

| 5.5 基于临界距离概念的缺口构件低循环疲劳寿命预测方法 |

5.5.1 缺口构件疲劳寿命预测方法概述

对于缺口问题,由于几何不连续性,即使是单轴加载,缺口根部仍然处于多轴应力状态,这可能是导致采用一般的单轴寿命预测方法(基于应力的 S-N 曲线方法、基于应变的 Manson-Coffin 方法以及基于能量的 SWT 方法等)进行缺口构件的低循环疲劳(Low Cycle Fatigue,LCF)寿命预测时结果偏于保守的原因。但即使运用考虑了多轴应力/应变状态的多轴热点(Hot Spot)方法预测缺口构件的 LCF 寿命,结果偏于保守的程度仍没有得到明显改善。因此,人们发展了很多非局部方法以及基于断裂力学的方法,这些方法在绪论部分已经进行了详细综述,此处不再赘述。

基于断裂力学的方法是从物理实践发展而来的一种方法,有较强的理论基础,是目前缺口构件 LCF 寿命预测中广泛用于裂纹扩展寿命预测的方法,尤其是无损探伤技术引入后,更是具有强大的应用价值。但是,对于缺口构件寿命预测,缺口几何形状改变,形状因子的估计非常麻烦,实际中应用很不方便。因此,基于经验的非局部方法一直受到工程设计的青睐。

虽然应力场强法[7-9]、平均应变能密度方法[10]、基于载荷梯度的方法[11]等非局部方法都成功地预测了缺口构件 LCF 疲劳寿命,但是其难点在于对不同缺口几何构件都需要根据弹塑性有限元分析结果,确定寿命预测方程所需的参数,比如载荷梯度、疲劳过程区尺寸等。一方面,弹塑性模拟本身需要耗费很多的资源;另一方面,弹塑性本构的采用可能影响寿命方程中相关参数的确定,从而影响寿命预测结果的准确性。

临界距离理论(Theory of Critical Distance,TCD)[12-14]虽然本质上还是一种基于经验的方法,但其将传统的基于疲劳过程区的方法与基于线弹性断裂力学的方法有机地结合了起来。更为关键的是,TCD 假设构件的疲劳过程区尺寸是一个仅与材料和载荷比相关的常数,即疲劳过程区尺寸是不随缺口几何变化而变化的。随着 TCD 被进一步被推广应用到 LCF 疲劳问题中的中等循环疲劳(Medium Cycle Fatigue,MCF)问题寿命预测[15,16]以及应用 TCD 结合传统的 Manson-Coffin 公式或 SWT 公式解决 LCF 寿命预测问题[17],基于临界距离理论的方法目前已经能够进行全寿命范围的寿命预测。TCD 方法最大的优点是实施简单且便于应用,还可以结合传统的 Hot spot 方法使用,从而大幅提高寿命预测的精度,因此 TCD 对于工程应用具有强大的吸引力。

虽然已有上述众多方法可以用于缺口构件的寿命预测,但是这些方法都是基于各向同性材料开发的,尤其 TCD 方法,目前尚没有成功应用于各向异性材料缺口构件寿命预测的先例。因此,本节首先将传统 TCD 用于试验得到的 DZ125 缺口试验件高温疲劳试验数据的预测,然后根据控制 DZ125 缺口构件疲劳寿命的主要因素以及计算结果对传统 TCD 进行改进,以提高 TCD 用于各向异性材料缺口构件寿命预测的精度。此外,DZ125 缺口试验件弹塑性应力/应变分布的求解,将采用两种方式获得:一是直接使用有限元软件分析得到,二是利用各向异性多轴近似本构模型分析获得。

5.5.2 缺口疲劳的临界距离理论

临界距离思想最早由 Neuber[18,19] 和 Peterson[20] 于 1946—1959 年提出;随后 Tanaka[13]、Lazzrin 团队[21,22] 和 Taylor[14] 分别独立地对临界距离思想进行了再研究;随着计算机速度的提高和有限元分析取得的进展,又有学者提出了目前广泛用于疲劳极限强度预测的方程,也即 Taylor[14] 所称的 TCD,再后来 Susmel 和 Taylor[15,17] 将 TCD 推广应用到了 LCF 问题的寿命预测。TCD 的基本假设是,对于缺口构件,只有考虑了疲劳过程区内影响疲劳断裂的全部应力/应变场后,才能正确估计缺口构件的疲劳损伤。

最初用于疲劳极限强度预测的 TCD 假定[14]:当沿缺口平分线、距离缺口尖端一定长度范围内的平均应力值大于材料本身疲劳极限时,缺口构件失效,这就是线方法(Line Method,LM);也可以这样定义缺口构件失效,即沿缺口平分线、距离缺口尖端一定距离处的应力超过利用光滑试验件得到的材料本身的疲劳极限,这就是点方法(Point Method,PM)。该方法后来被推广应用到了静强度的估计[23]。其相关方程如下(采用的符号的相关定义,见图 5.22):

$$\text{PM:} \qquad \sigma_{\text{eff}} = \sigma_1 (r = D_{\text{PM}}, \theta = 0) = \sigma_{\text{ref}} \tag{5.1}$$

$$\text{LM:} \qquad \sigma_{\text{eff}} = \frac{1}{D_{\text{LM}}} \int_0^{D_{\text{LM}}} \sigma_1 (r, \theta = 0) \mathrm{d}r = \sigma_{\text{ref}} \tag{5.2}$$

式中,σ_1 一般选择最大主应力;σ_{ref} 表示参考应力,对于缺口构件疲劳极限强度预测指母材的疲劳极限;D_{PM} 和 D_{LM} 分别表示 PM 和 LM 对应的临界距离值,具有长度量纲,而且认为其只是材料和应力比的函数。

对于 LCF 疲劳范畴中的中等循环疲劳(MCF)寿命预测问题,Susmel 和 Taylor[15,16] 提出临界距离 $D(N_f)$ 是疲劳失效循环数 N_f 的函数,即

$$D(N_f) = A N_f^B \tag{5.3}$$

式(5.3)中,A 和 B 是取决于材料、应力比以及采用的 TCD 方程的常数。文献[15,16]提供了两种确定 A 和 B 的方法,并成功地预测了失效循环数为 $10^4 \sim 2 \times 10^6$ 范围内的缺口构件寿命。对于已知光滑试验件循环失效寿命 N_f 与疲劳应力幅关系 $\sigma_{1,a}$ 的情况,即 $N_f = f(\sigma_{1,a})$,Susmel 和 Taylor[15,16] 还提供了一个寿命预测的迭代流程,图 5.23 中 $N_{f,1}$ 是一个初始预估的寿命值。

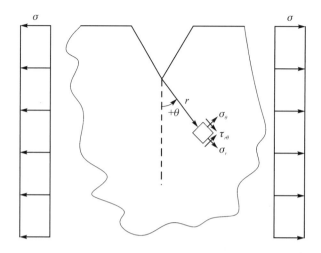

图 5.22　缺口尖端应力场极坐标定义

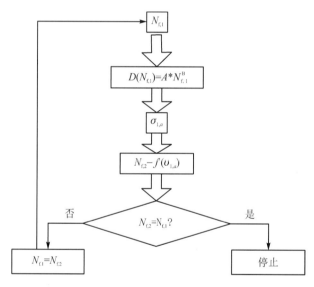

图 5.23　利用传统 TCD 预测缺口构件 MCF 寿命的迭代流程

  值得指出的是，Susmel 和 Taylor[15,16] 推荐用两根校准试验件疲劳寿命数据，即一个缺口试验件和一个光滑试验件，以获得式(5.3)中的常数 A 和 B，并建议缺口试验件应使用缺口根部半径足够小、缺口深度足够大的类裂纹试验件。

  2010 年，Susmel 和 Taylor[17] 将临界距离思想与传统 Manson-Coffin 公式[24,25]以及 SWT 公式[26]结合，从而将 TCD 进一步推广应用到了基于弹塑性应变或基于能量的低循环疲劳寿命预测。单轴疲劳加载且缺口根部应变比 $R_\varepsilon > -1$ 时，用 PM 和 LM 计算 SWT 参数如图 5.24 所示，其计算方程为

$$\varepsilon_a \sigma_{\max}(r = D_{\mathrm{PM}}, \ \theta = 0) = \frac{\sigma_{\mathrm{f}}'^2}{E}(2N_{\mathrm{f}})^{2b} + \sigma_{\mathrm{f}}'\varepsilon_{\mathrm{f}}'(2N_{\mathrm{f}})^{b+c} \qquad (5.4)$$

$$\frac{1}{D_{LM}}\int_0^{D_{LM}}\varepsilon_a\sigma_{max}(r,\theta=0)\mathrm{d}r = \frac{\sigma_f'^2}{E}(2N_f)^{2b} + \sigma_f'\varepsilon_f'(2N_f)^{b+c} \tag{5.5}$$

式中，E 表示弹性模量；σ_f' 和 ε_f' 表示材料的疲劳强度系数，b 和 c 表示疲劳强度指数，可通过对称疲劳加载试验数据拟合得到；临界距离 D_{PM} 和 D_{LM} 是常数，可直接由尖锐的、近似裂纹的缺口试验件的试验数据获得。文献[17]的研究使用校准缺口试验件，缺口根部半径 $0.3\sim0.44$ mm，缺口深度 $2.5\sim1.9$ mm，理论应力集中系数 $2.94\sim3.24$。

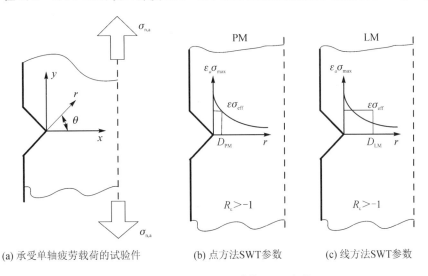

(a) 承受单轴疲劳载荷的试验件　　(b) 点方法 SWT 参数　　(c) 线方法 SWT 参数

图 5.24　采用 PM 和 LM 计算 SWT 参数

5.5.3　基于有限元法的缺口构件低循环疲劳寿命预测方法

本小节直接采用有限元软件 ABAQUS 中基于增量弹塑性本构理论的方法，计算缺口构件弹塑性应力/应变场，然后以此作为缺口构件寿命预测的相关参量。由于缺口根部应变比大于 -1，这里采用 SWT 方法结合 TCD 进行寿命预测。

1. 基于有限元法的弹塑性应力/应变分析

在有限元软件 ABAQUS 中[27]，材料的弹性各向异性行为由四阶柔度张量 $\boldsymbol{H}$ 考虑，对于各向同性材料，柔度张量 $\boldsymbol{H}$ 可以表示成矩阵形式：

$$[\boldsymbol{H}] = \begin{bmatrix} 1/E_1 & -\nu_{21}/E_2 & -\nu_{31}/E_3 & 0 & 0 & 0 \\ -\nu_{12}/E_1 & 1/E_2 & -\nu_{32}/E_3 & 0 & 0 & 0 \\ -\nu_{13}/E_1 & -\nu_{23}/E_2 & 1/E_3 & 0 & 0 & 0 \\ 0 & 0 & 0 & 1/G_{23} & 0 & 0 \\ 0 & 0 & 0 & 0 & 1/G_{31} & 0 \\ 0 & 0 & 0 & 0 & 0 & 1/G_{12} \end{bmatrix} \tag{5.6}$$

式中,柔度矩阵中的各分量,是用工程常量方式表示的材料弹性常数。对于 DZ125 合金,850 ℃时各弹性常数取值见表 5.7。

表 5.7　850 ℃下 DZ125 合金的材料参数

弹性常数	Hill 参数	屈服应力比
$E_1 = E_2 = 117$ GPa	$F = G = 0.5$	$R_{11} = R_{22} = 0.921$
$E_3 = 91$ GPa	$H = 0.678\,4$	$R_{33} = 1$
$\nu_{12} = 0.295$	$L = M = 1.648$	$R_{12} = 0.898\,8$
$\nu_{12} = \nu_{12} = 0.595$	$N = 1.856\,8$	$R_{13} = R_{23} = 0.954$
$G_{12} = 52.5$ GPa		
$G_{31} = G_{23} = 89.8$ GPa		

当材料进入塑性时,各向异性屈服行为,使用屈服应力比 R_{ij} 表征。对于各向异性屈服行为,屈服应力比 R_{ij} 定义为"沿某方向、仅作用唯一非零应力的情形下,材料发生屈服时的应力 σ_{ij} 与参考屈服应力 σ^0 之比"。

在 ABAQUS 中,对于各向异性材料,采用的是 Hill 屈服准则,其中 Hill 等效应力定义为

$$f(\sigma) = \sqrt{F(\sigma_y - \sigma_z)^2 + G(\sigma_z - \sigma_x)^2 + H(\sigma_x - \sigma_y)^2 + 2L\tau_{yz}^2 + 2M\tau_{zx}^2 + 2N\tau_{xy}^2}$$

(5.7)

式(5.7)中各应力分量是在笛卡尔正交坐标系下定义的。Hill 参数 F、G、H、L、M、N 都是常数,可通过对不同取向的材料进行试验获得。其定义如下:

$$F = \frac{(\sigma^0)^2}{2}\left(\frac{1}{\bar{\sigma}_{22}^2} + \frac{1}{\bar{\sigma}_{33}^2} - \frac{1}{\bar{\sigma}_{11}^2}\right) = \frac{1}{2}\left(\frac{1}{R_{22}^2} + \frac{1}{R_{33}^2} - \frac{1}{R_{11}^2}\right)$$

(5.8)

$$G = \frac{(\sigma^0)^2}{2}\left(\frac{1}{\bar{\sigma}_{33}^2} + \frac{1}{\bar{\sigma}_{11}^2} - \frac{1}{\bar{\sigma}_{22}^2}\right) = \frac{1}{2}\left(\frac{1}{R_{33}^2} + \frac{1}{R_{11}^2} - \frac{1}{R_{22}^2}\right)$$

(5.9)

$$H = \frac{(\sigma^0)^2}{2}\left(\frac{1}{\bar{\sigma}_{11}^2} + \frac{1}{\bar{\sigma}_{22}^2} - \frac{1}{\bar{\sigma}_{33}^2}\right) = \frac{1}{2}\left(\frac{1}{R_{11}^2} + \frac{1}{R_{22}^2} - \frac{1}{R_{33}^2}\right)$$

(5.10)

$$L = \frac{3}{2}\left(\frac{\tau^0}{\bar{\sigma}_{23}}\right)^2 = \frac{3}{2R_{23}^2}$$

(5.11)

$$M = \frac{3}{2}\left(\frac{\tau^0}{\bar{\sigma}_{13}}\right)^2 = \frac{3}{2R_{13}^2}$$

(5.12)

$$N = \frac{3}{2}\left(\frac{\tau^0}{\bar{\sigma}_{12}}\right)^2 = \frac{3}{2R_{12}^2}$$

(5.13)

式(5.8)~式(5.13)中,$\bar{\sigma}_{ij}$ 表示仅有唯一非零应力 σ_{ij} 作用时的屈服应力;σ^0 可根据金属材料的塑性定义,任意指定;R_{11}、R_{22}、R_{33}、R_{12}、R_{13}、R_{23} 为 6 个方向的屈服比,

且 $\tau^0 = \sigma^0/\sqrt{3}$。因此,只要知道 6 个方向的屈服应力,就可以定义屈服应力比,从而定义 6 个 Hill 参数。

由于材料手册一般只给出 L 方向、T 方向和 45°方向的三条拉伸曲线,因而需要采用式(5.8)～式(5.13)来确定 Hill 参数,从而反推屈服应力比。对于 DZ125 材料,850 ℃下的相关参数参见表 5.7。

采用的流动准则为

$$\mathrm{d}\varepsilon^{\mathrm{pl}} = \mathrm{d}\lambda\,\frac{\partial f}{\partial \sigma} = \frac{\mathrm{d}\lambda}{f}\boldsymbol{b} \tag{5.14}$$

根据式(5.7)中 Hill 等效应力的定义,将向量 $\boldsymbol{b}$ 写成分量形式:

$$\boldsymbol{b} = \begin{bmatrix} -G(\sigma_{33}-\sigma_{11})+H(\sigma_{11}-\sigma_{22}) \\ F(\sigma_{22}-\sigma_{33})-H(\sigma_{11}-\sigma_{22}) \\ -F(\sigma_{22}-\sigma_{33})+G(\sigma_{33}-\sigma_{11}) \\ 2N\sigma_{12} \\ 2M\sigma_{31} \\ 2L\sigma_{23} \end{bmatrix} \tag{5.15}$$

采用三维二十节点六面体应力单元 C3D20R 对缺口试验件进行建模,为了保证精确模拟缺口根部应力/应变场,最小单元尺寸取 0.005 mm。选取各向同性硬化准则,利用图 5.25 所示 L 方向的稳态循环应力-应变曲线,计算材料稳态循环应力-应变响应。屈服应力与塑性应变的关系采用表格形式输入,并考虑了材料弹性卸载行为。

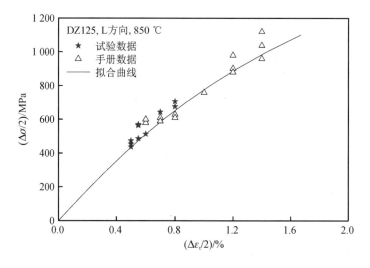

图 5.25　DZ125 材料 L 方向稳态循环应力-应变曲线(850 ℃)

对有限元计算结果进行后处理,可得到沿厚度方向的试验件中间平面上的弹塑性应力/应变场。如图 5.26 所示,净截面名义载荷为 600 MPa、载荷比 $R=0.1$ 时,沿 Ubig 试验件缺口平分线,轴向最大、最小弹塑性应力和轴向最大、最小弹塑性应变分布。图 5.27 所示为净截面名义载荷为 600 MPa 时,四种缺口试验件沿缺口平分线的轴向弹塑性应力分布。

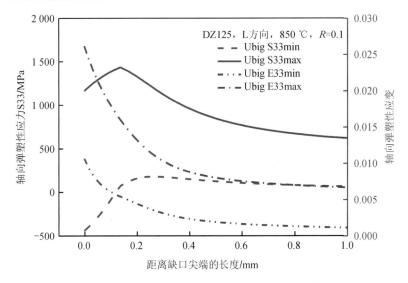

图 5.26　Ubig 缺口试验件沿缺口平分线轴向弹塑性应力和应变分布(有限元解)

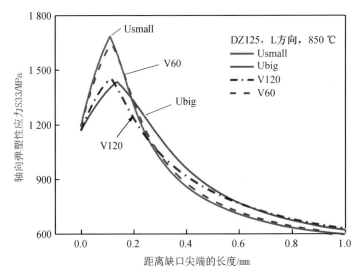

图 5.27　净截面名义载荷为 600 MPa 时,四种缺口试验件沿缺口
平分线的轴向弹塑性应力分布(有限元解)

2. 缺口构件寿命预测(有限元解)

图 5.28 中 Ubig、Usmall 和 V120 三种缺口试验件名义应力与寿命的拟合曲线，可以得到不同指定断裂失效寿命 N_f 对应的净截面名义应力 σ_{net}，见表 5.8。

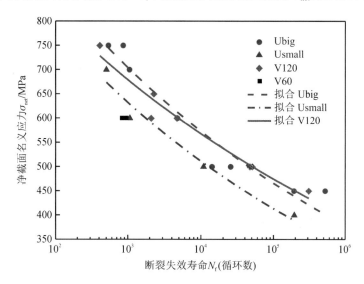

图 5.28　缺口构件净截面名义应力与断裂失效寿命间的关系

表 5.8　对于指定寿命,不同缺口试验件的净截面名义应力以及运用 TCD
结合 SWT 方法得到的临界距离值(有限元解)

项　　目	参　　数				
$N_f/$(循环数)	5×10^2	1×10^3	5×10^3	1×10^4	3×10^4
Ubig 缺口,σ_{net}/MPa	770	708	605	553	525
D_{PM}/mm	0.219	0.274	0.284	0.284	0.309
D_{LM}/mm	0.464	0.588	0.798	0.868	1.052
V120 缺口,σ_{net}/MPa	722	681	597	564	515
D_{PM}/mm	0.163	0.215	0.268	0.293	0.355
D_{LM}/mm	0.332	0.468	0.783	0.942	1.302
Usmall 缺口,σ_{net}/MPa	675	632	546	511	462
D_{PM}/mm	0.12	0.143	0.163	0.17	0.196
D_{LM}/mm	0.257	0.331	0.496	0.587	0.767

利用 SWT 方法结合 PM 和 LM 的式(5.4)和式(5.5),可以得到给定断裂失效

寿命 N_f 下 PM 对应的临界距离 D_{PM} 以及 LM 对应的临界距离 D_{LM}，见表 5.8 和图 5.29。明显地，对于同一缺口试验件，不同指定寿命下，无论是 D_{PM} 还是 D_{LM}，都是不同的；对于不同缺口试验件，相同指定寿命下，无论是 D_{PM} 还是 D_{LM}，也都是不同的。因此，按照 Susmel 和 Taylor[17] 基于弹塑性应力/应变参量预测各向同性材料缺口构件 LCF 寿命的方法，假定临界距离为常数，在此处直接用于 DZ125 缺口构件是不可取的。然而，Susmel 和 Taylor[15,16] 基于弹性应力参量预测各向同性材料缺口构件 MCF 寿命时，提出了临界距离是失效循环数的函数的思想，同时还建议用尖锐缺口试验件作为校准试验件，以拟合得到式（5.3）所示临界距离 $D(N_f)$ 与失效寿命 N_f 关系中的常数 A 和 B。

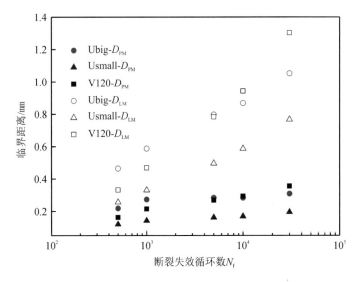

图 5.29　基于式（5.4）和式（5.5）得到的指定寿命与临界距离值的关系（有限元解）

综上，首先将运用 MCF 寿命预测中临界距离是失效循环数的函数的思想，结合 SWT 方法预测 DZ125 缺口构件寿命。选择 Usmall 试验件作为基准，拟合得到临界距离与失效寿命的关系，即

$$D_{PM\text{-}Usmall} = 0.064\,9 N_f^{0.106\,85} \tag{5.16}$$

$$D_{LM\text{-}Usmall} = 0.055\,57 N_f^{0.255\,29} \tag{5.17}$$

式中，$D_{PM\text{-}Usmall}$ 和 $D_{LM\text{-}Usmall}$ 表示基于点方法和线方法得到的 Usmall 缺口试验件的临界距离。相应拟合曲线见图 5.30。

利用式（5.16）和式（5.3），结合图 5.31 所示的迭代流程，可以得到利用 Usmall 缺口试验件拟合的临界距离与失效寿命关系，并基于 PM 预测的缺口试验件失效寿命，见表 5.9；类似地，利用式（5.17）和式（5.4），结合图 5.31 所示的迭代流程，可以得到 LM 预测的缺口试验件失效寿命，见表 5.9。图示预测寿命与试验寿命的关系，见图 5.32 和图 5.33。需要说明的是，图 5.31 中，$N_{f,attempt}$ 表示迭代初值，可以任意

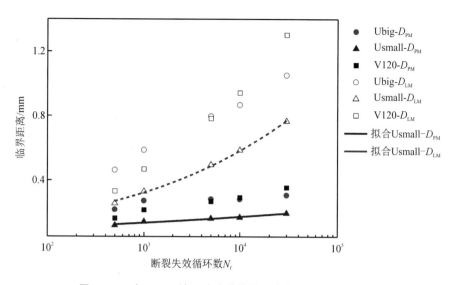

图 5.30　对 Usmall 缺口试验件临界距离的拟合(有限元解)

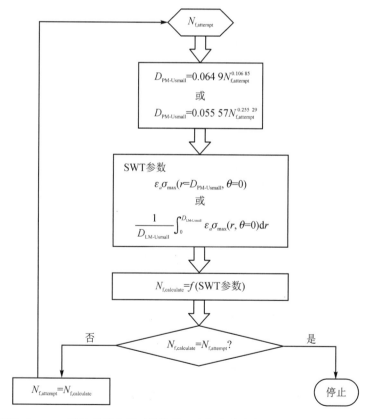

图 5.31　利用对 Usmall 试验件拟合得到的临界距离与失效寿命的关系预测缺口构件寿命的流程

指定其大小,但为了减少迭代次数,应根据经验估计一个尽可能接近当前应力作用下构件实际寿命的寿命值。

显然,根据 Susmel 和 Taylor[15,17]建议,用尖锐缺口试验件的试验结果构建临界距离与失效寿命的关系,并以此为基准预测其他缺口试验件的寿命,无论 PM 还是 LM,得到的 DZ125 缺口试验件预测寿命几乎全是保守的,最大误差在 10 倍分散系数以外(见图 5.32 和图 5.33),即预测结果极其保守,必须寻求新的方法。

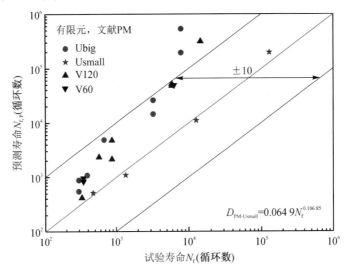

图 5.32 根据 Usmall 试验件临界距离与失效寿命关系,并利用 PM 结合 SWT 公式得到的 DZ125 缺口试验件预测寿命与试验寿命的关系(有限元解)

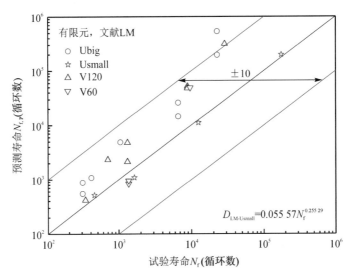

图 5.33 根据 Usmall 试验件临界距离与失效寿命关系,并利用 LM 结合 SWT 公式得到的 DZ125 缺口试验件预测寿命与试验寿命的关系(有限元解)

表 5.9　基于弹塑性有限元分析得到的弹塑性应力/应变场预测缺口构件寿命(有限元解)

试验件编号	σ_{net}/ MPa	试验 N_f (循环数)	$N_{f/P-Con-Usmall}$		$N_{f/P-Con}$		$N_{f/P-Mod}$	
			PM	LM	PM	LM	PM	LM
Ubig – 1	500	25 887	3 205	6 585	14 075	18 505	22 895	26 465
Ubig – 2	500	14 407	3 205	6 585	14 075	18 505	22 895	26 465
Ubig – 3	450	195 136	7 795	22 345	97 895	124 255	137 535	170 015
Ubig – 4	750	546	295	305	425	425	485	495
Ubig – 6	600	4 855	665	1 045	1 925	2 415	2 785	3 385
Ubig – 7	700	1076	385	405	575	635	680	800
Ubig – 8	750	877	295	305	425	425	485	495
Usmall – 9	500	11 063	12 575	12 375	65 015	71 145	22 750	14 320
Usmall – 10	600	1 089	1 345	1 625	8 935	4 765	1 040	1 930
Usmall – 11	400	196 798	128 005	174 085	516 065	910 250	207 110	192 710
Usmall – 12	700	512	465	445	1 085	1 000	530	500
Ubig – 14	450	534 282	7 795	22 345	97 895	124 255	137 535	170 015
V120 – 1	500	51 737	5 815	8 875	19 965	22 145	27 240	30 100
V120 – 2	500	47 991	5 815	8 875	19 965	22 145	27 240	30 100
V120 – 4	600	2 129	865	1 315	2 915	2 995	4 000	4 030
V120 – 5	650	2 319	565	695	1 165	1 335	1 550	1 700
V120 – 6	600	4 782	865	1 315	2 915	2 995	4 000	4 030
V120 – 7	450	314 601	14 425	28 465	74 485	84 485	84 325	110 555
V120 – 8	750	415	325	335	495	485	565	575
V60 – 9	600	835	345	1 375	6 195	3 895	1 805	1 775
V60 – 11	500	49 041	6 305	9 725	6 195	3 895	30 875	26 155
V60 – 12	600	957	345	1 375	38 995	28 005	1 805	1 775

说明:$N_{f, P-Con-Usmall}$ 表示拟合 Usmall 试验件临界距离并基于文献传统的 TCD 方法预测得到的寿命;$N_{f,P-Con}$ 表示直接拟合所有临界距离并基于文献传统的 TCD 方法预测得到的寿命;$N_{f,P-Mod}$ 表示用改进的 TCD 预测得到的寿命。

为了寻求提高预测精度的可能性,决定直接对表 5.8 和图 5.29 中的三种缺口试验件的临界距离与断裂失效寿命的关系进行拟合,其结果见图 5.34。拟合得到的临界距离与寿命的关系为

$$D_{PM} = 0.089\,96 N_{f,attempt}^{0.112\,56} \tag{5.18}$$

$$D_{LM} = 0.080\,85 N_{f,attempt}^{0.224\,862} \tag{5.19}$$

利用式(5.18)和式(5.3),结合图 5.35 所示的迭代流程,可以得到利用三种缺口试验件直接拟合的临界距离与失效寿命关系,基于 PM 预测得到的缺口构件失效寿命见

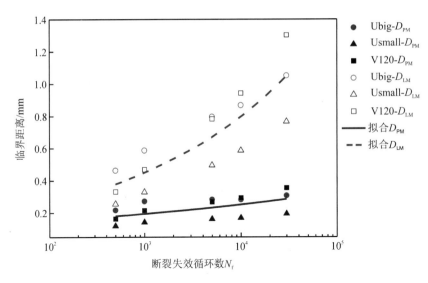

图 5.34　直接拟合三种缺口构件的临界距离与指定寿命的关系(有限元解)

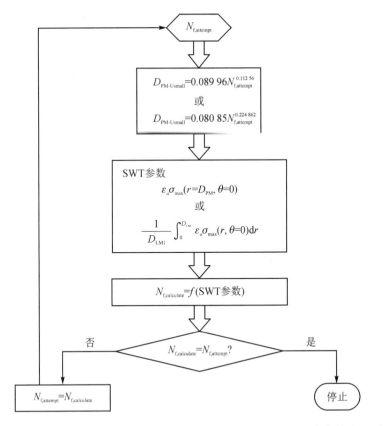

图 5.35　利用直接拟合得到的临界距离与失效寿命的关系预测缺口构件寿命的流程(有限元解)

表 5.9；类似地，利用式(5.19)和式(5.4)，结合图 5.35 所示的迭代流程，可以得到基于 LM 预测的缺口构件失效寿命，见表 5.9。预测寿命与试验寿命的关系如图 5.36 和图 5.37 所示。

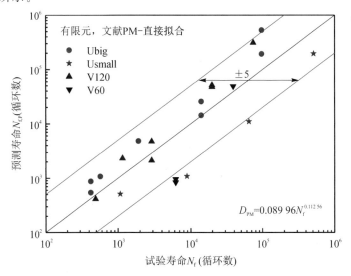

图 5.36　根据直接拟合的临界距离与失效寿命关系，并利用 PM 结合 SWT 公式得到的 DZ125 缺口试验件预测寿命与试验寿命的关系(有限元解)

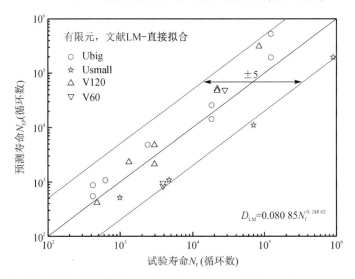

图 5.37　根据直接拟合的临界距离与失效寿命关系，并利用 LM 结合 SWT 公式得到的 DZ125 缺口试验件预测寿命与试验寿命的关系(有限元解)

显然，相对于利用 Usmall 试验件作为基准，对 3 种缺口试验件的临界距离与相应指定寿命直接拟合得到的预测结果的精度有所提高，且 LM 的精度稍高于 PM，大致都在±5 倍分散系数内。

但是该方法是有缺陷的,对所有结果取平均,与实际工程应用是矛盾的。因为在实际工程应用中,通常希望利用少量的试验结果,预测任意缺口形式构件的寿命,而采用统计平均的方法在提高精度的同时,将大大增加成本。同时,即使采用了平均,预测误差也仅仅约在±5倍分散系数内,精度仍然不高,因而还需寻求新的方法。

传统 TCD(PM 或者 LM)预测精度偏低可能与其忽略缺口几何形状的影响而将临界距离仅仅当作材料和载荷比的常数有关。同时,对于两种缺口类型(U 形和 V 形)、4 种缺口几何形状的 DZ125 缺口试验件,理论应力集中系数 K_t 对试验件寿命的影响大于缺口类型的影响,也或者说,是 K_t 控制 DZ125 缺口试验件寿命的主要因素。于是,尝试将临界距离和 K_t 的乘积与断裂失效寿命 N_f 进行关联。

如图 5.38 所示,对于某一指定寿命,临界距离和 K_t 的乘积几乎为一常数。于是假定对于任意缺口构件,临界距离和 K_t 的乘积是一个仅取决于材料和载荷比的常数,从而拟合其与断裂失效寿命 N_f 的关系,得到

$$K_t \cdot D_{PM} = 0.301\,34 \times N_f^{0.112\,11} \tag{5.20}$$
$$K_t \cdot D_{LM} = 0.269\,54 \times N_f^{0.249\,39} \tag{5.21}$$

式(5.20)和式(5.21)在形式上只是将影响缺口试验件寿命的主要参量——理论应力集中系数 K_t,引入了原始临界距离表达式;但在本质上却是对 PM 和 LM 的一种修正,因为此时 $K_t \cdot D_{PM}$ 或者 $K_t \cdot D_{LM}$ 是仅取决于材料、载荷比以及失效寿命的常数,意味着真正的临界距离 D_{PM} 或者 D_{LM} 是与缺口几何尖锐度相关的。因此,下面把这种基于临界距离概念的方法,称为改进的 TCD 或改进的 PM 或改进的 LM。

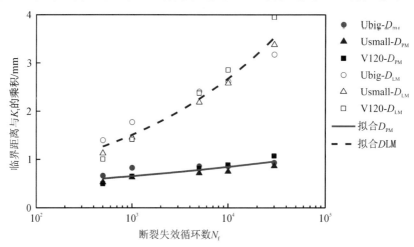

图 5.38　临界距离和 K_t 的乘积与断裂失效循环数 N_f 的关系(有限元解)

利用式(5.20)和式(5.3),结合图 5.39 所示的迭代流程,可以基于改进的 PM 预测缺口构件失效寿命,见表 5.9;类似地,利用式(5.21)和式(5.4),结合图 5.39 的迭代流程,可以得到基于改进的 LM 预测缺口构件失效寿命,见表 5.9。预测寿命与试验寿命的关系如图 5.40 和图 5.41 所示。

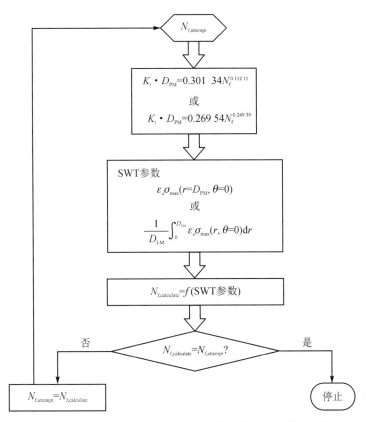

图 5.39　利用改进的 TCD 方法预测缺口构件寿命的流程图

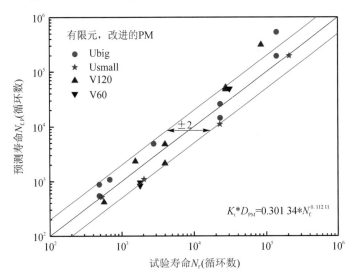

图 5.40　改进的 PM 结合 SWT 公式得到的 DZ125 缺口试验件预测寿命与
试验寿命的关系（有限元解）

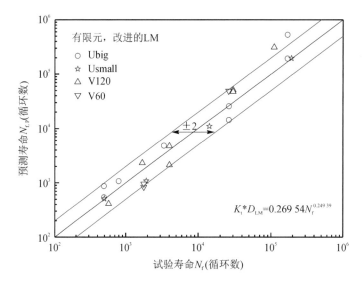

图 5.41　改进的 LM 结合 SWT 公式得到的 DZ125 缺口试验件预测寿命
与试验寿命的关系（有限元解）

　　显然,运用改进的 TCD 得到的预测结果精度是非常高的,误差大致在 ±2 倍分散系数内。在实际使用改进的 TCD 时,可利用任意缺口试验件作为基准试验件,以其试验寿命结果得到临界距离和 K_t 的乘积与 N_f 的关系。因此,改进 TCD 的应用是非常方便的。

5.5.4　基于各向异性多轴本构模型的缺口构件低循环疲劳寿命预测方法

　　本小节将运用各向异性多轴近似本构模型,对缺口试验件的弹塑性应力/应变场进行分析,并利用该结果以及所使用的 3 种基于临界距离概念的方法,预测试验得到的 DZ125 缺口试验件的寿命。本小节的主要目的是验证改进的 TCD 是否依赖于采用的弹塑性本构模型。

1. 基于各向异性多轴近似本构模型的缺口试验件应力/应变场分析

　　由于 5.5.3 小节对于各向异性多轴近似模型的应用以及 DZ125 材料相关的参数提取已有详细讨论,此处仅列出弹塑性应力/应变场的分析结果。需要注意的是,为了模拟稳态循环加载情形,根据图 5.25 所示的 DZ125 材料 L 方向稳态循环应力-应变曲线,提取 R-O 方程所需常数,即塑性流动参数:$n = 3.33, \alpha = 0.195, E_R = 91$ GPa,$\sigma_0 = 825$ MPa。

　　首先利用有限元软件 ABAQUS 对缺口构件进行建模,采用 C3D20R 单元,最小单元尺寸 0.005 mm,施加净截面名义载荷 600 MPa,进行弹性有限元分析。对弹性有限元计算结果进行后处理,可得到沿厚度方向的试验件中间平面上的弹性应力/应变场分布。

利用各向异性多轴近似本构模型,可得到弹塑性应力/应变场分布。如图 5.42 所示,当净截面名义载荷为 600 MPa、名义载荷比 $R = 0.1$ 时,沿 Ubig 试验件缺口平分线,轴向弹塑性应力和应变分布。图 5.43 所示为净截面名义载荷为 600 MPa 时,沿缺口平分线,四种缺口试验件,轴向最大弹塑性应力分布。

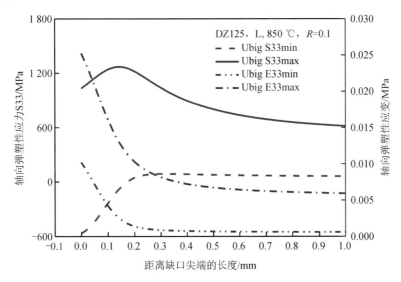

图 5.42　Ubig 缺口试验件沿缺口平分线的轴向弹塑性应力和应变分布(多轴近似解)

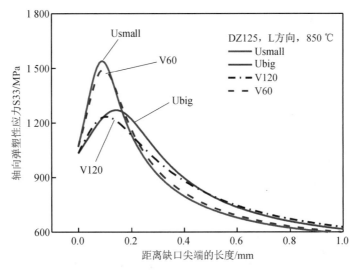

图 5.43　净截面名义载荷为 600 MPa 时,四种缺口试验件沿缺口平分线轴向最大弹塑性应力分布(多轴近似解)

对比图 5.42 与图 5.27、图 5.43 与图 5.28 可以发现,利用 ABAQUS 软件中基于增量本构理论求得缺口平分线的弹塑性应力/应变分布,与利用各向异性多轴近似本构模型得到的结果,大致趋势相同,但应力/应变场分布也存在差异。

2. 缺口构件寿命预测(多轴近似解)

5.5.2 小节采用了三种基于临界距离概念的方法对 DZ125 缺口构件寿命进行了预测,并详述了实施过程,下面将不再赘述,仅列出预测结果。

利用 SWT 方法结合 PM 和 LM 的式(5.4)和式(5.5),可以得到给定断裂失效寿命 N_f 下,PM 对应的临界距离 D_{PM},以及 LM 对应的临界距离 D_{LM},见表 5.10 和图 5.44。

表 5.10 对于指定寿命,不同缺口试验件的净截面名义应力以及
运用 TCD 结合 SWT 方法得到的临界距离值(多轴近似解)

项 目	参 数				
N_f(循环数)	5×10^2	1×10^3	5×10^3	1×10^4	3×10^4
Ubig 缺口,σ_{net}/MPa	770	708	605	553	525
D_{PM}/mm	0.162	0.200	0.266	0.282	0.304
D_{LM}/mm	0.309	0.419	0.673	0.773	1.065
V120 缺口,σ_{net}/MPa	722	681	597	564	515
D_{PM}/mm	0.100	0.147	0.246	0.285	0.345
D_{LM}/mm	0.190	0.310	0.646	0.741	1.140
Usmall 缺口,σ_{net}/MPa	675	632	546	511	462
D_{PM}/mm	0.105	0.125	0.155	0.166	0.188
D_{LM}/mm	0.216	0.275	0.446	0.529	0.699

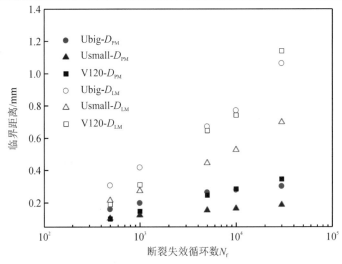

图 5.44 基于式(4.4)和式(4.5)得到的指定寿命与临界距离值的关系(多轴近似解)

明显地,与基于直接有限分析得到的弹塑性应力/应变场结果类似:对于同一缺口试验件,不同指定寿命下,D_{PM} 和 D_{LM} 都是不同的;对于不同缺口试验件,相同指定寿命下,D_{PM} 和 D_{LM} 也都是不同的。

首先,选择 Usmall 试验件作为基准,拟合得到临界距离与失效寿命的关系,即

$$D_{PM-Usmall} = 0.048\,75 N_f^{0.132\,41} \tag{5.22}$$

$$D_{LM-Usmall} = 0.041\,44 N_f^{0.275\,19} \tag{5.23}$$

式中,$D_{PM-Usmall}$ 和 $D_{LM-Usmall}$ 表示基于点方法和线方法得到的 Usmall 缺口试验件的临界距离。相应拟合曲线见图 5.45。

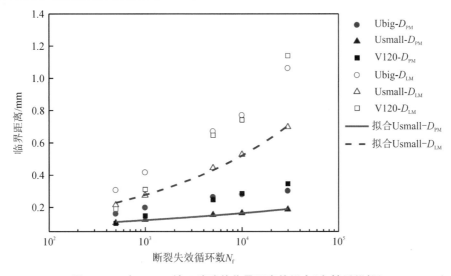

图 5.45　对 Usmall 缺口试验件临界距离的拟合(多轴近似解)

然后,运用与前面类似的方法,即式(5.3)、式(5.4)、式(5.22)和式(5.23),并结合与图 5.31 类似的迭代流程,可以得到利用 Usmall 缺口试验件拟合的临界距离与失效寿命关系,并基于 PM 和 LM 预测的缺口构件失效寿命,见表 5.11、图 5.46 以及图 5.47,可见预测结果几乎全偏于保守,预测误差超出 10 倍分散系数。

表 5.11　基于各向异性多轴近似本构模型得到的弹塑性应力/应变场预测缺口构件寿命

试验件编号	σ_{net}/MPa	试验 N_f	$N_{f,\,P-Con-Usmall}$		$N_{f,\,P-Con}$		$N_{f,\,P-Mod}$	
			PM	LM	PM	LM	PM	LM
Ubig-1	500	25 887	2 185	5 785	9 165	17 985	21 205	25 735
Ubig-2	500	14 407	2 185	5 785	9 165	17 985	21 205	25 735
Ubig-3	450	195 136	5 035	19 155	57 045	84 035	120 245	172 175
Ubig-4	750	546	355	395	425	475	525	565
Ubig-6	600	4 855	885	1 315	1 340	2 140	1 905	3 095
Ubig-7	700	1 076	465	555	575	720	515	875

试验件编号	σ_{net}/MPa	试验 N_f	$N_{f, P\text{-}Con\text{-}Usmall}$		$N_{f, P\text{-}Con}$		$N_{f, P\text{-}Mod}$	
			PM	LM	PM	LM	PM	LM
Ubig – 8	750	877	355	395	425	475	525	565
Usmall – 9	500	11 063	11 085	11 025	112 145	41 595	26 375	12 055
Usmall – 10	600	1 089	1 235	1 445	10 100	4 005	1 125	1 165
Usmall – 11	400	196 798	168 005	185 775	1 195 050	976 870	426 365	317 550
Usmall – 12	700	512	435	425	1355	645	365	340
Ubig – 14	450	534 282	5 035	19 155	57 045	84 035	120 245	172 175
V120 – 1	500	51 737	3 965	8 415	17 145	23 660	28 540	35 275
V120 – 2	500	47 991	3 965	8 415	17 145	23 660	28 540	35 275
V120 – 4	600	2 129	1 295	1 795	2 580	2 985	3 715	4 065
V120 – 5	650	2 319	875	1 095	1 455	1 560	1 995	2 035
V120 – 6	600	4 782	1 295	1 795	2 580	2 985	3 715	4 060
V120 – 7	450	314 601	10 355	26 725	68 605	100 150	108 695	139 195
V120 – 8	750	415	475	505	675	625	825	755
V60 – 9	600	835	935	1 295	5 860	2 735	1 030	1 095
V60 – 11	500	49 041	2 765	5 915	36 985	46 980	24 350	22 985
V60 – 12	600	957	935	1 295	5 860	2 735	1 035	1 095

说明：① $N_{f, P\text{-}Con\text{-}Usmall}$ 表示拟合 Usmall 试验件临界距离并基于传统 TCD 预测得到的寿命；

② $N_{f, P\text{-}Con}$ 表示直接拟合所有临界距离并基于传统 TCD 预测得到的寿命；

③ $N_{f, P\text{-}Mod}$ 表示用改进的 TCD 预测得到的寿命。

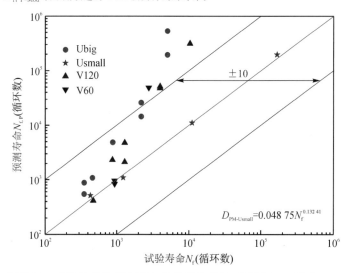

图 5.46 根据 Usmall 试验件临界距离与失效寿命关系，并利用 PM 结合 SWT 公式得到的
DZ125 缺口试验件预测寿命与试验寿命的关系(多轴近似解)

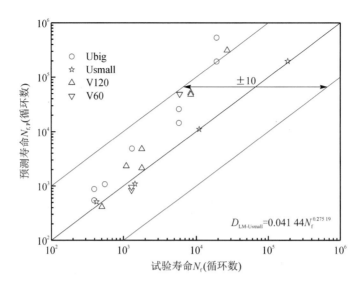

图 5.47　根据 Usmall 试验件临界距离与失效寿命关系,并利用 LM 结合 SWT 公式得到的

DZ125 缺口试验件预测寿命与试验寿命的关系(多轴近似解)

　　直接对表 5.10 和图 5.44 中的三种缺口试验件的临界距离与断裂失效寿命的关系进行拟合,其结果见图 5.48。拟合得到的临界距离与寿命的关系为

$$D_{PM} = 0.043\ 97 N_f^{0.182\ 77} \tag{5.24}$$

$$D_{LM} = 0.037\ 37 \times N_f^{0.316\ 41} \tag{5.25}$$

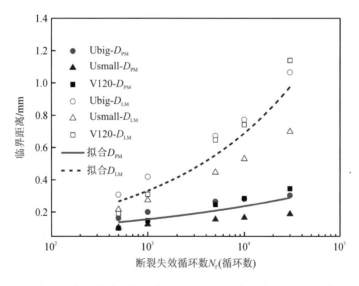

图 5.48　直接拟合三种缺口构件的临界距离与指定寿命的关系(多轴近似解)

运用与前面类似的方法,即式(5.3)、式(5.4)、式(5.24)和式(5.25),并结合与

图 5.35 类似的迭代流程,可以得到利用三种缺口试验件直接拟合的临界距离与失效寿命关系,并基于 PM 和 LM 预测得到缺口构件失效寿命,见表 5.11 以及图 5.49 和图 5.50,可见预测精度稍有提高,但预测误差仍然超出 ±5 倍分散系数。

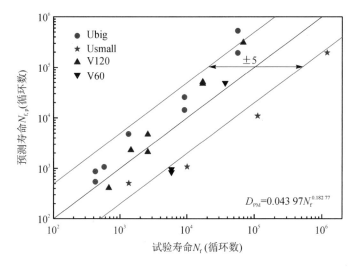

图 5.49 根据直接拟合的临界距离与失效寿命关系,并利用 **PM** 结合 **SWT** 公式得到的 **DZ125** 缺口试验件预测寿命与试验寿命的关系 (多轴近似解)

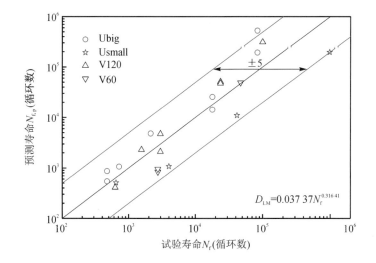

图 5.50 根据直接拟合的临界距离与失效寿命关系,并利用 **LM** 结合 **SWT** 公式得到的 **DZ125** 缺口试验件预测寿命与试验寿命的关系 (多轴近似解)

对临界距离和 K_t 的乘积与断裂失效寿命 N_f 的关系进行拟合,其结果见图 5.51,拟合得到的关系如下:

$$K_t \cdot D_{PM} = 0.152\,68N_f^{0.178\,08} \tag{5.26}$$

$$K_t \cdot D_{LM} = 0.130\ 2 \times N_f^{0.312\ 24} \qquad (5.27)$$

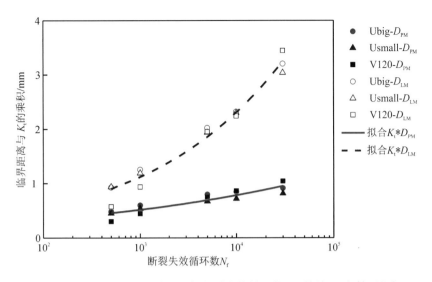

图 5.51　临界距离和 K_t 的乘积与断裂失效循环数 N_f 的关系(多轴近似解)

运用改进的 TCD 方法,即式(5.26)、式(5.27)、式(5.3)和式(5.4),并结合与图 5.39 类似的迭代流程,可以基于改进的 PM 和 LM 预测的缺口构件失效寿命,见表 5.11 以及图 5.52 和图 5.53,可见预测精度显著提高,预测误差大致在 ±2 倍分散系数内。

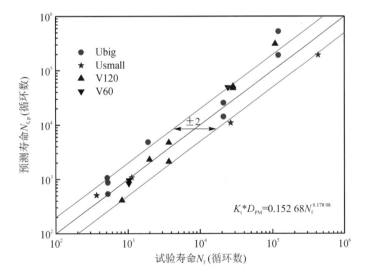

图 5.52　改进的 PM 结合 SWT 公式得到的 DZ125 缺口试验件预测寿命与
试验寿命的关系(多轴近似解)

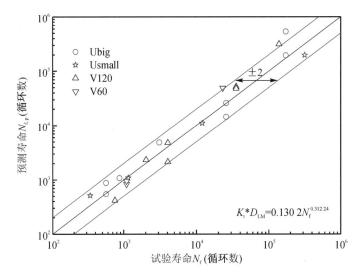

图 5.53　改进的 LM 结合 SWT 公式得到的 DZ125 缺口试验件预测寿命与
试验寿命的关系(多轴近似解)

5.5.5　分析与讨论

　　为了更好地比较传统 TCD 与改进的 TCD 的预测精度,将两种方法的预测结果示于图 5.54 和图 5.55,可以明显看出,引入 K_t 以考虑缺口尖锐度对临界距离的影响从而提出改进的 TCD,其预测精度远远高于传统 TCD。说明:改进后的 TCD 不

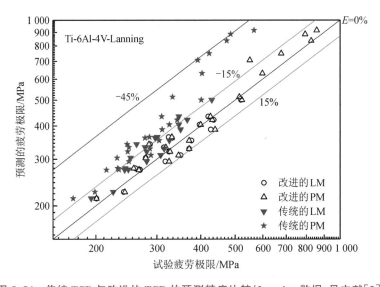

图 5.54　传统 TCD 与改进的 TCD 的预测精度比较(Lanning 数据,见文献[3])

仅能考虑可能的临界距离缺口尺寸效应,而且对于缺口根部进入塑性的问题(载荷比 $R=0.8$ 的加载情况)也可以用线弹性应力场预测。

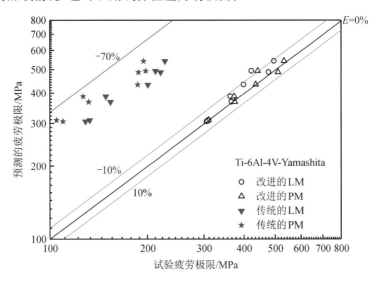

图 5.55   传统 TCD 与改进的 TCD 的预测精度比较(Yamashita 数据,见文献[1])

Tanaka[13]、Taylor[14]等提出的传统 TCD 的精度之所以不高,可能是与其预测疲劳极限的理论基础有关。对于尖锐的类裂纹缺口构件,传统 TCD 定义疲劳极限应为使缺口尖端小裂纹不再进一步扩展,从而形成非扩展裂纹相应的载荷;而对于没有非扩展裂纹形成的钝缺口或光滑构件,传统 TCD 认为,由于材料的晶界或其他微结构的阻止,裂纹不能萌生相应的载荷即疲劳极限。Nicholas[28]就提出,传统 TCD 是以 Miller[29]的线弹性断裂力学门槛应力强度因子为基础提出疲劳极限概念的,因而其提出的疲劳极限本质上是一种基于材料的疲劳极限,而 Nicholas[28]通过提供大量实例证明,缺口几何对构件的疲劳强度有很大的影响。因此,忽略缺口几何的影响,必然造成预测精度的降低。而且,与 Tanaka[13]、Taylor[14]同步,由 Lazzarin 等[21]提出的 PM 中,仍然使用了缺口根部半径以考虑缺口几何的影响,只是随后 Susmel 等[30]用标准缺口试验件试验数据证明,Lazzarin 等[21]提出的 PM 与 Tanaka[13]和 Taylor[14]提出的 PM 计算精度大致相当。但不管怎么说,传统 TCD 在解决 Ti-6Al-4V 合金缺口构件疲劳极限预测问题中,遇到了很大的困难,而其中很大的原因可能与其未考虑缺口几何效应有关。

改进的 TCD 最初引入理论应力集中系数 K_t,仅仅是因为 DZ125 的试验数据显示在某一指定寿命处,K_t 与临界距离的乘积为常数。而本章向疲劳极限预测的推广,虽然 Ti-6Al-4V 合金缺口试验件的试验数据显示,K_t 与临界距离的乘积不再为常数,但通过借用 Susmel 和 Taylor[15,16]将传统 TCD 向中等循环疲劳寿命预测推广时采用的思想,即使用缺口根部半径尽可能小、深度尽可能大的类裂纹缺口试验件作基准,得到了满意的预测结果,整体预测误差在±15%以内。另一方面,K_t 是可以作为缺口几何效应度量的,因为根部半径小、K_t 大的缺口构件的疲劳过程区小于根部半径大、K_t 小的缺口构件是符合物理实际的,这可能是改进的 TCD 能够克服可能的临界距离缺口尺寸效应的原因。

考虑到缺口的存在,引起缺口处于多轴应力状态,而文献[31]也曾试图使用等效应力来提高预测 Lanning 的 Ti-6Al-4V 合金缺口试验件疲劳极限的精度,结果表明,与使用最大主应力相比,使用等效应力预测精度提高相当有限。Susmel[32] 曾指出,多轴性来源于两个方面,一是外部多轴加载造成的,二是构件本身存在几何不连续造成的。而后者属于内部多轴性问题,也就是说,当外部载荷为单轴加载时,由缺口等几何不连续造成的多轴载荷属于比例加载范畴,因此简单运用最大主应力结合TCD 可以很好地预测缺口构件疲劳强度。因此,本章在预测构件疲劳寿命时,使用的都是缺口根部附近的最大主应力。

最后需要指出的是,对于两种 Ti-6Al-4V 合金(Lanning 和 Yamashita 分别使用的),作为基准的 K_t 与临界距离的乘积 D_{MPM} 和 D_{MLM} 相差很大,这是不易理解的。但是,可以从两个方面考虑到这个问题,首先钛合金本身的力学性质对微结构十分敏感,体现在 Lanning 和 Yamashita 所用的 Ti-6Al-4V 合金的 El Haddad 常数不等;其次,两组来自文献的缺口试验数据定义疲劳极限的方式不同,Lanning 等人是用步进加载试验方式获得疲劳极限,即定义断裂循环数为构件的失效寿命,而Yamashita 等人是用拟合名义应力-裂纹起始寿命的方式获得疲劳极限的。

引入 K_t 表征缺口几何对疲劳过程区的影响,从而表征对缺口构件疲劳强度的影响,只是一种尝试,而且考虑到 K_t 仅仅是一个名义量,可能还有更优的参数可以表征缺口几何的影响;引入 K_t 对传统 TCD 进行重构,从而形成的改进的 TCD 成功预测了传统 TCD 不能很好预测的 Ti-6Al-4V 合金缺口构件疲劳极限,而且只需要使用线弹性应力场,就可以使预测误差大致在±15%以内,充分说明改进的 TCD是一种便于工程应用的方法。

| 5.6　本章小结 |

本章以广泛用于航空发动机涡轮部件的缺口构件为研究对象,以提高缺口构件寿命预测的精度和效率为目的,用试验观测和理论分析相结合的手段,从缺口构件应力/应变分析、疲劳失效规律揭示、寿命模型构建三个方面进行了详细分析和研究,得出了如下结论:

① 利用长焦光学显微镜 QM100 和图像传感器 CCD,在岛津试验平台上实现了对高温环境下、各向异性 DZ125 材料缺口构件裂纹萌生及短裂纹扩展过程的详细记录。试验结果表明,各向异性的 DZ125 缺口构件的主裂纹不是形成于缺口尖端,而

是大致与缺口边最大 Hill 或最大主应力位置重合;而且沿缺口试验件两个表面,裂纹扩展路径不一致。

　　② 对两种缺口类型、不同缺口根部半径和缺口深度的 DZ125 材料单边缺口试验件进行了疲劳试验,试验得到的 DZ125 缺口构件疲劳寿命结果显示,理论应力集中系数 K_t 对缺口试验件疲劳寿命的影响,远远大于缺口类型(U 形或 V 形)的影响,即 K_t 是控制 DZ125 缺口构件疲劳寿命的主要因素;对于 LCF 加载(疲劳失效循环数在 $10^2 \sim 10^3$ 范畴时),短裂纹扩展寿命仍是总寿命的重要组成部分,而且短裂纹扩展阶段在整个构件寿命中所占比例,可能与沿缺口边最大轴向应力与最大 Hill 应力之比有关,该值越大,短裂纹扩展阶段越短。

　　③ 运用了两种循环弹塑性应力-应变本构关系,即有限元软件中的增量本构关系和各向异性多轴近似本构关系,分析 DZ125 缺口构件应力/应变分布;基于这两个模型得到的应力/应变结果,分别运用两种形式的传统 TCD 和一种本章提出的改进 TCD 对试验得到的 DZ125 缺口试验件 LCF 寿命进行了预测。结果表明,无论是传统的 TCD 还是改进的 TCD 预测精度对循环弹塑性应力-应变本构都不敏感;而两种形式的传统 TCD,预测精度都较低,而改进的 TCD,将预测误差从 5 倍分散系数以上提升至 2 倍分散系数。

参考文献

[1] YAMASHITA Y, UEDA Y, KUROKI H, et al. Fatigue Life Prediction of Small Notched Ti－6Al－4V Specimens Using Critical Distance[J]. Engineering Fracture Mechanics, 2010(77): 1439-1453.

[2] LANNING D B, NICHOLAS T, PALAZOTTO A. The Effect of Notch Geometry on Critical Distance High Cycle Fatigue Predictions[J]. International Journal of Fatigue, 2005(27): 1623-1627.

[3] LANNING D B, NICHOLAS T, HARITOS G K. On the Use of Critical Distance Theories for the Prediction of the High Cycle Fatigue Limit Stress in Notched Ti－6Al－4V[J]. International Journal of Fatigue, 2005(27): 45-57.

[4] CHIANDUSSI G, ROSSETTO M. Evaluation of the Fatigue Strength of Notched Specimens by the Point and Line Methods with High Stress Ratios[J]. International Journal of Fatigue, 2005(27): 639-650.

[5] BUBPHACHOT B, WATANABE O, KAWASAKI N. Crack Initiation Process for Semi-Circular Notched Platein Fatigue Test at Elevated Temperature[J]. Journal of Pressure Vessel Technol, 2011, 133(3): 314031-314038.

[6] TELESMAN J, KANTZOS P. Fatigue Crack Growth Behavior of a Single

Crystal Alloy as Observed Through an in situ Fatigue Loading Stage[R]. Cleveland, Ohio: Lewis Research Center, 1988.

[7] YAO W, XIA K, GU Y. On the Fatigue Notch Factor K_f[J]. International Journal of Fatigue, 1995, 17(4): 245-251.

[8] YAO W. Stress Field Intensity Approach for Predicting Fatiguelife[J]. International Journal of J Fatigue. 1993, 15(3): 243-245.

[9] YAO W. On the Notched Strength of Composite Laminates[J]. Composites Science and Technol, 1992, 45(2): 105-110.

[10] BENTACHFINE S, PLUVINAGE G, GILGERT J, et al. Notch Effect in Low Cycle Fatigue[J]. International Journal of Fatigue, 1999, 21(5): 421-430.

[11] MÜCKE R, KIEWEL H. Nonlocal Cyclic Life Prediction for Gas Turbine Components with Sharply Notched Geometries[J]. Journal of Engineering for Gas Turbines Power, Trans ASME, 2008, 130(1): 125061-125068.

[12] LAZZARIN P, TOVO R. A Unified Approach to the Evaluation of Linear Elastic Stress Fields in the Neighbourhood of Cracks and Notches[J]. International Journal of Fracture, 1996(78): 3-19.

[13] TANAKA K. Engineering Formulate for Fatigue Strength Reduction Due to Crack-like Notches[J]. International Journal of Fracture, 1983(22): 39-45.

[14] TAYLOR D. Geometrical Effects in Fatigue: a Unifying Theoretical Model [J]. International Journal of Fatigue, 1999(21): 413-420.

[15] SUSMEL L, TAYLOR D. A Novel Formulation of the Theory of Critical Distances to Estimate Lifetime of Notched Components in the Medium-Cycle Fatigue Regime[J]. Fatigue and Fracture of Engineering Materials and Structures, 2007, 30(7): 567-581.

[16] SUSMEL L, TAYLOR D. On the Use of the Theory of Critical Distances to Estimate Fatigue Strength of Notched Components in the Medium-Cycle Fatigue Regime. Proceedings of FATIGUE 2006[Z]. Altanta, USA: 2006.

[17] SUSMEL L, TAYLOR D. An Elasto-Plastic Reformulation of the Theory of Critical Distances to Estimate Lifetime of Notched Components Failing in the Low/Medium-Cycle Fatigue Regime[J]. Journal of Engineering And Technology, 2010(132): 210021-210028.

[18] NEUBER H. Theory of Notch Stresses: Principles for Exact Stress Calculation[M]. Ann Arbor (MI): JW Edwards, 1946.

[19] NEUBER H. Theory of Notch Stresses: Principles for Exact Calculation of Strength with Reference to Structural Form and Material[M]. 2 ed. Berlin:

Springer Verlag, 1958: 292.

[20] PETERSON R E. Notch Sensitivity[M]. Metal fatigue, Sines G, Waisman J L. New York:McGraw Hill, 1959: 293-306.

[21] LAZZARIN P, TOVO R, MENEGHETTI G. Fatigue Crack Initiation and Propagation Phases Near Notches Inmetals with Low Notch Sensitivity[J]. Int J Fatigue, 1997(19): 647-657.

[22] ATZORI B, LAZZARIN P, TOVO R. Evaluation of the Fatigue Strength of a Deep Drawing Steel [J]. Österreichische Ing Architekten-Zeitschrift (ÖIAZ), 1992, 132(Heft 11/92): 556-561.

[23] SUSMEL L, TAYLOR D. On the Use of the Theory of Critical Distances to Predict Static Failures in Ductile Metallic Materials Containing Different Geometrical Features [J]. Engineering Fracture Mechanics, 2008 (75): 4410-4421.

[24] MANSON S S. Behavior of Materials Under Conditions of Thermal Stress [R]. National Advisory Commission on Aeromautics, 1953.

[25] COFFIN L F. A Study of the Effects of Cyclic Thermal Stress on a Ductilemetal[J]. Transactions of the Ametican Society of Mechanical Engineers, 1954(76): 931-950.

[26] SMITH K N, WATSON P, TOPPER T H. Stress-Strain Function for the Fatigue of Metals[J]. J Mater, 1970, 5(4): 767-778.

[27] HIBBITT, KARLSSON&SORENSEN Inc. ABAQUS Theory Manual, Version 6.5[M]. Pawtucket: HKS Inc., 2001.

[28] NICHOLAS T. High Cycle Fatigue: A Mechanics of Materials Perspective [M]. Kidlington Oxford: Elsevier Ltd, 2006.

[29] MILLER K J. The Two Thresholds of Fatigue Behavior[J]. Fatigue Fract Engineering Mater Struct, 1993(16): 931-939.

[30] SUSMEL L, TAYLOR D, TOVO R. The Theory of Critical Distances and the Estimation of Notch Fatiguelimits: L, a0 and Open Notches: Proceedings of ICCES 07[Z]. Miami: 2007.

[31] CHIANDUSSI G, ROSSETTO M. Evaluation of the Fatigue Strength of Notched Specimens by the Pointand Line Methods with High Stress Ratios [J]. International Journal of Fatigue, 2005(27): 639-650.

[32] SUSMEL L. Multizxial Notch Fatigue: From Nominal to Local Stress-Strain Quantities[M]. Cambridge: Woodhead, 2009.

第 6 章
热腐蚀疲劳

| 6.1 引 言 |

现代高性能航空发动机热端部件承受着复杂的力学因素(多轴应力状态及梯度)和环境因素(氧化、冲蚀及热腐蚀等),从而呈现出复合疲劳破坏的多模式损伤模式。航空发动机的服役环境(如沿海地区、海洋环境和工业污染地区等)及其所用的化石燃料是造成其热端部件热腐蚀的主要原因[1-5]。在航空发动机中,常见的沉积物是 Na_2SO_4。其中,钠和硫来源于航空煤油或者从周围空气中吸入;而燃料中的硫由于高温作用氧化成 SO_3 并与 NaCl 和其他盐反应形成低熔点的硫酸盐。硫酸盐以气相的形式流出燃烧室并沉积在发动机的涡轮部件上。一旦熔盐的沉积物接触到合金或涂层,就可能形成严重的热腐蚀。

早在 20 世纪 50 年代,就出现了关于航空发动机涡轮叶片热腐蚀的最早报道[6]。此时期的热腐蚀问题通常是由于燃油品质或周边环境污染问题导致的。尽管随后高品质航空煤油大量使用,因燃油导致的热腐蚀事故有所减少,但是 20 世纪 70 至 90 年代,航空发动机和地面燃气轮机还是出现了多起热腐蚀引起的叶片失效事故,其主要原因是由于长时服役导致腐蚀产物在叶片表面沉积。例如,在 23 MW 燃气轮机发电机组经过两年多的运行后,叶片陆续出现热腐蚀问题[7];某型军用发动机在 1 300～1 900 h 之后,由于燃气涡轮工作叶片的热腐蚀问题造成叶尖存在不同程度的掉块现象[2]。涂层的使用在一定程度上抑制了热腐蚀事故。然而,自 21 世纪以来,发动机涡轮前温度的不断升高,且服役环境的多变性以及长时间跨海飞行路径增加,这些因素导致热腐蚀问题又愈发显著。例如 2017—2020 年,GE 和 Rolls-Royce 等公司的 CF6 和 Trent 系列发动机均发生了多起由盐雾腐蚀引起的涡轮叶片断裂事故[3]。Rolls-Royce 公司称是由于涂层过早脱落造成的,中压涡轮工作叶片直接与高温燃气接触从而导致叶片因燃气中的硫腐蚀而发生断裂[4]。

在盐雾环境中,热端部件表面产生热腐蚀层或热腐蚀坑两类热腐蚀缺陷,分别对应着高温热腐蚀和低温热腐蚀两种损伤模式。高、低温热腐蚀是以盐膜的熔点为限的,二者在损伤特征、机理方面存在很大差异。例如,2002 年 10 月 14 日,一架波音 747-400F 的 CF6-80C2 发动机高压涡轮叶片发生了低温热腐蚀引起的断裂事故。事故调查发现在靠近涡轮叶片的缘板处有疲劳裂纹萌生(见图 6.1),且在断裂位置附近出现了许多的腐蚀坑(见图 6.1(b))。与此不同,高温热腐蚀会在热端部件表面形成一层腐蚀层,例如图 6.1(c)所示的 250-C47B 发动机涡轮叶片断后形貌。通过对叶片靠近前缘的部位检查发现在叶片的吸力侧面上有腐蚀层,如图 6.1(d)所示。

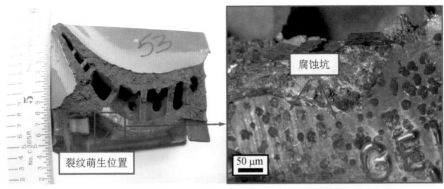

(a) CF6-80C2发动机断裂叶片　　　　　　(b) Ⅱ型热腐蚀形貌[8]

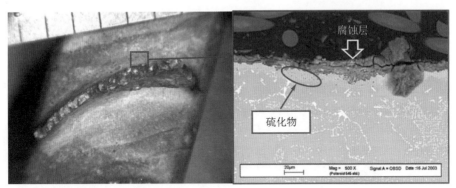

(c) 250-C47B发动机断裂叶片　　　　　　(d) Ⅰ型热腐蚀形貌[9]

图 6.1　盐雾环境导致的航空燃气涡轮发动机涡轮部件失效案例

　　根据现代航空发动机涡轮部件的服役温度,涡轮叶片常常遭遇高温热腐蚀和低温热腐蚀,而涡轮盘一般只遭遇低温热腐蚀。有鉴于此,本章以涡轮叶片材料 DZ125 合金为研究对象,深入研究其在热腐蚀和机械载荷耦合条件下的损伤机理和损伤表征方法,以期建立能够应用于航空发动机涡轮叶片的热腐蚀疲劳寿命预测方法。

6.2 热腐蚀疲劳试验方法

6.2.1 热腐蚀环境模拟方法

热腐蚀环境模拟方法通常有坩埚法、涂盐法、淋盐法、燃烧装置模拟法、盐膜热震法和连续供盐凝聚法等。考虑需要在模拟热腐蚀环境的同时,还必须施加疲劳载荷,因此本章采用了涂盐法来模拟热腐蚀环境。采用涂盐技术在试验件上覆盖不同厚度的盐膜,如图 6.2 所示。

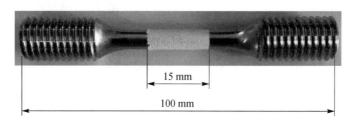

图 6.2 表面涂有盐膜的实物图

6.2.2 疲劳试验方案

试验材料为定向凝固高温合金 DZ125。疲劳试验参照 GB/T 15248—2008《金属材料轴向等幅低循环疲劳试验方法》和 HB 5287—1996《金属材料轴向加载疲劳试验方法》,在岛津(Shimadzu)试验机(型号 Shimadzu-EHF-EM100)上进行。根据电液伺服疲劳试验机中高温疲劳试验的要求,采用螺纹夹持的圆棒试验件,试验中采用的是大量程高温静态夹式引伸计(型号 Epsilon-3448)。

6.3 热腐蚀疲劳寿命规律

图 6.3 所示为 DZ125 合金在 850 ℃下的最大应力(σ_{max})与疲劳寿命($2N_f$)间的关系曲线。可知,热腐蚀疲劳寿命低于氧化疲劳寿命,且随着加载应力的增大,二者的差距也随之增大,热腐蚀的弱化作用表现出相当程度地对外加载荷的依赖性。在给定的最大应力条件下,由于热腐蚀对材料的弱化作用而导致合金的疲劳寿命至少减少25%。在应力较大时,热腐蚀疲劳寿命更是急剧下降,如 $\sigma_{max}=720$ MPa 时,热腐蚀疲劳寿命甚至只有相同载荷下无腐蚀疲劳寿命的3%。

图 6.4 所示为盐膜厚度对腐蚀疲劳寿命的影响。相比于相同载荷条件($\sigma_{max}=$

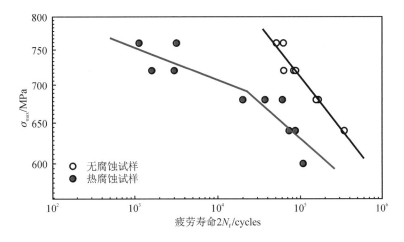

图 6.3　热腐蚀对 DZ125 合金疲劳寿命的影响(850 ℃,$R=0$)

680 MPa)下的无腐蚀疲劳寿命(表面热腐蚀沉积厚度为 0),表面热腐蚀沉积厚度为 2 mg/cm²、5 mg/cm² 和 10 mg/cm² 的热腐蚀疲劳寿命分别下降 75%、86%和 90%,说明盐膜越厚,弱化作用越严重。

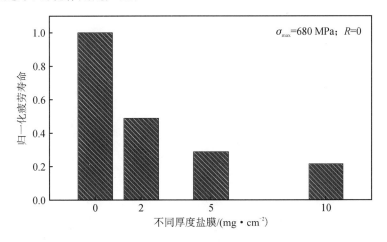

图 6.4　涂覆不同厚度盐膜 DZ125 合金试验件的疲劳寿命直方图($R=0$;$\sigma_{max}=680$ MPa;850 ℃)

　　蠕变保载时间的引入均明显导致了无涂覆和涂覆盐膜试验件的疲劳寿命降低,因为在峰值应力的保持期间变形继续(见图 6.5)。随着保持时间由 0 s 增加到 1 s、60 s、120 s 和 240 s,未腐蚀试验件的疲劳寿命分别下降了 72.9%、99.5%、99.6%和99.8%。与无保载的试验件相比在蠕变保载时间为 1 s、60 s 和 120 s 时,涂覆盐膜试验件的疲劳寿命分别下降了约 36.0%、97.5%和 98.6%。当保载时间先增加时,疲劳和腐蚀疲劳寿命会减少,但当保载时间超过 60 s 时,疲劳寿命会趋于稳定。疲劳结果的分析表明,在无涂覆和涂覆盐膜试验件来说,都存在一个关键的蠕变保载时间,超过这个时间会发生机理变化。

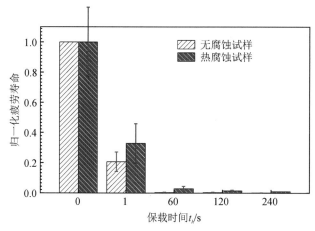

图 6.5　保载时间对热腐蚀疲劳寿命的影响规律

| 6.4　热腐蚀与疲劳耦合作用机理 |

6.4.1　表面形貌分析

图 6.6(a)～(d)分别为 850 ℃ 和 980 ℃ 温度下 DZ125 合金低循环破坏试验件的表面特征。由图可知，850 ℃ 下试验件表面相对光滑，而 980 ℃ 下试验件表面粗糙，表面出现大量的氧化物颗粒。由此可知，在 980 ℃ 下表面氧化损伤比 850 ℃ 下更严重。试验件表面元素 EPMA 分别结果如表 6.1 所列。可知，850 ℃ 下试验件表面氧化物以 NiO 为主；而 980 ℃ 下表面氧化物以 Al_2O_3 为主，NiO 含量相对较小。

表 6.1　氧化疲劳试验件表面局部区域主要成分($R=0$)

元　　素	A 区域		B 区域	
	质量分数/%	原子数分数/%	质量分数/%	原子数分数/%
O	21.45	46.74	24.40	45.87
Al	11.03	14.25	26.62	29.66
Ti	0.81	0.59	1.64	1.03
Cr	10.41	6.98	9.71	5.62
Co	9.09	5.38	6.41	3.27
Ni	41.61	24.71	26.76	13.71
Ta	—	—	4.16	0.69
Mo	1.36	0.49	—	—
W	—	—		

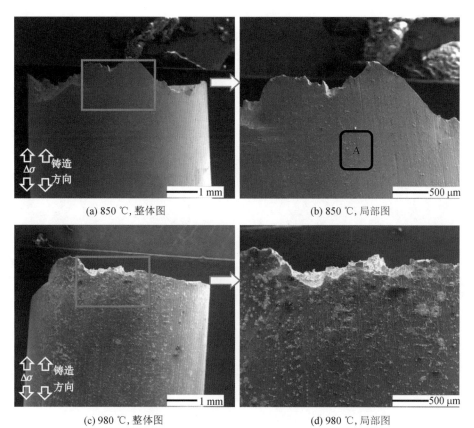

(a) 850 ℃,整体图　　　　　　　　　(b) 850 ℃,局部图

(c) 980 ℃,整体图　　　　　　　　　(d) 980 ℃,局部图

图 6.6　氧化-疲劳试验件表面 SEM 图

　　热腐蚀疲劳试验件表面形貌如图 6.7 所示。可知,所有的试验件表面均出现了绿色的、疏松的腐蚀产物,从颜色来看,初步判断为 NiO 或者 Cr_2O_3。应力水平越低,疲劳寿命越长,则试验件表面损伤越明显。因此,随着应力的进一步减小和疲劳寿命的进一步增加,表面热腐蚀产物开始出现剥落。

　　为了进一步了解高温热腐蚀对试验件的弱化机制,对试验件表面进行了 SEM 观察。图 6.8 为 DZ125 合金在热腐蚀环境中的疲劳破坏试验件的表面 SEM 图。可知,试验件出现了比较明显疏松的热腐蚀层,并出现了掉块现象。对 A、B 区域的能谱分析结果分别见图 6.9(c)、(d) 和表 6.2。A、B 区域的成分主要是 NiO 和少量的 Al_2O_3、Cr_2O_3、TiO_2。但是,仔细对比 A、B 区域的 Al 元素和 Cr 元素可知,外氧化层以 Al_2O_3 为主,而内氧化层以 Cr_2O_3 为主,这与无载荷热腐蚀试验结果相同。Al 元素和 Cr 元素含量均较低,与无载荷氧化试验结果中的含量相比不同,说明了在热腐蚀环境中无法形成致密的、保护性的氧化膜。高温热腐蚀通常分为两个阶段:初期的孕育期和随后的加速腐蚀期。在孕育期试验件表面形成了一层 Cr_2O_3 和 Al_2O_3 氧化层,而随后在加速腐蚀期,氧化层被破坏,变成多孔的热腐蚀层。表面疏松的热腐蚀层是通过电化学反应的二次反应形成的,与致密氧化层的形成机制不同[10]。疏松的热腐蚀层是无保护的,不能阻止腐蚀性元素(主要是 S 和 O)进一步侵蚀基体。这也是热腐蚀比氧化更具危害性的原因所在。

(a) σ_{max}=720 MPa,   (b) σ_{max}=680 MPa,   (c) σ_{max}=640 MPa,   (d) σ_{max}=600 MPa,
     N_f=814 N_f=30 393 N_f=43 581 N_f=53 988

图 6.7 不同应力条件下、热腐蚀疲劳试验件表面宏观形貌($R=0$;850 ℃)

表 6.2 热腐蚀环境中、疲劳试验件表面局部区域主要成分

元　素	A 区域		B 区域	
	质量分数/%	原子数分数/%	质量分数/%	原子数分数/%
O	17.66	45.02	14.57	38.17
Al	2.37	3.59	2.14	3.32
Ti	0.62	0.53	0.44	0.38
Cr	6.35	4.98	4.27	3.44
Co	5.65	3.91	8.29	5.90
Ni	55.31	38.42	66.67	47.59
Fe	0.48	0.35	0.69	0.52
Mo	3.19	1.36	—	—

6.4.2 截面形貌分析

图 6.9 所示为 850 ℃温度下 DZ125 合金氧化疲劳破坏试验件纵向截面形貌。

(a) 表面形貌整体图

(b) 表面形貌局部图

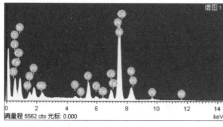

(c) 图(b)中A区能谱分析

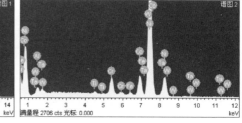

(d) 图(b)中B区能谱分析

图 6.8　热腐蚀疲劳试验件表面形貌及 EPMA 谱图（$\sigma_{max}=640$ MPa；$N_f=43\ 581$）

由图可知，在沿垂直应力的方向上出现了楔形裂纹，说明在疲劳载荷和氧化的共同作用下，氧化损伤对试验件的表面产生了影响。

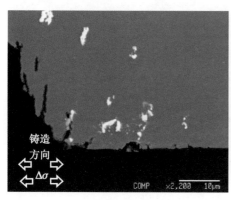

(a) 断口截面

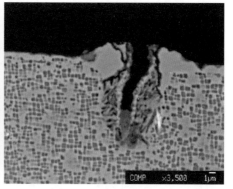

(b) 远离断口位置

图 6.9　850 ℃下 DZ125 合金氧化疲劳破坏试验件纵向截面形貌（$\sigma_{max}=680$ MPa）

图 6.10 所示为热腐蚀疲劳试验件纵向截面金相显微图。由图可知，热腐蚀疲劳试验件纵向截面出现了大量的垂直于加载方向的疲劳裂纹。与氧化疲劳试验件纵向截面 OM 图对比，存在以下不同之处：① 从裂纹数量来看，热腐蚀疲劳试验件要大大

多于氧化疲劳试验件;② 在热腐蚀疲劳试验件表面存在一层热腐蚀产物,在局部区域热腐蚀产物出现剥落。

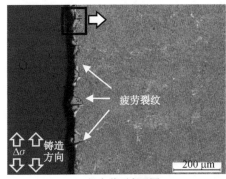
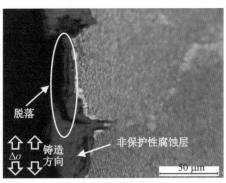

(a) 纵向截面宏观图　　　　　　　　(b) 纵向截面局部放大图

图 6.10　高温热腐蚀疲劳试验件纵向截面 OM 图 ($\sigma_{max}=640;R=0$)

　　为了进一步分析热腐蚀疲劳试验件的表面状况,对热腐蚀疲劳试验件的横截面分别进行了 SEM 和金相显微分析,分别如图 6.11(a)和(b)所示。由图 6.11(a)可知,根据成分的不同,热腐蚀疲劳试验件的截面自外至内沿厚度方向可以分为四个区域:(a)外腐蚀层;(b)内腐蚀层;(c)γ'贫化层;(d)基体。在 γ'贫化层,合金的 γ'-Ni_3Al 强度相中的 Al 被置换出去,因此这一层叫作 γ'贫化层。

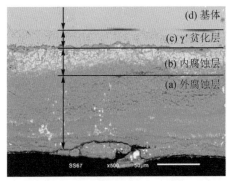
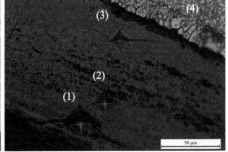

(a) Backscatter图　　　　　　　　(b) OM图

图 6.11　热腐蚀疲劳试验件横向截面区域微观图 ($\sigma_{max}=640$ MPa)

　　对图 6.11(a)中的四个不同区域进行 EPMA 分析,在内、外腐蚀层和基体层采用面扫模式,而对 γ'贫化层中的小灰点采用点扫模式。分析结果见图 6.12 和表 6.3。可知,外腐蚀层和内腐蚀层的主要成分是氧化物。其中,外腐蚀层由一层疏松的氧化物(主要是 NiO、Cr_2O_3 和 Al_2O_3)组成,内氧化层主要由一层 Cr_2O_3 组成。在 γ'贫化层中 Al 元素含量相对其他层是最低的,而 S 和 Cr 含量则是最高的。结合相关文献[11,12],可推断在 γ'贫化层中的小灰点为 CrS。

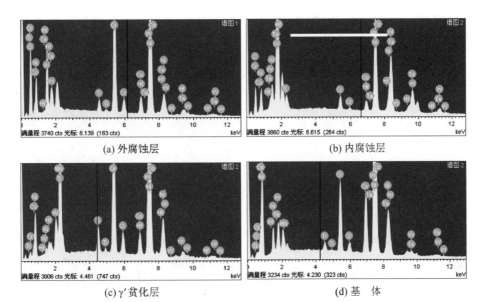

(a) 外腐蚀层　　　　　　　　　　　(b) 内腐蚀层

(c) γ′贫化层　　　　　　　　　　　(d) 基　体

图 6.12　高温热腐蚀疲劳试验件不同腐蚀层的 EPMA 谱图($\sigma_{max}=640$ MPa)

表 6.3　高温热腐蚀疲劳试验件外腐蚀层、内腐蚀层、γ′贫化层和
基体的元素成分($\sigma_{max}=640$ MPa)

元　素	外腐蚀层		内腐蚀层		γ′贫化层		基体区域	
	质量分数/%	原子数分数/%	质量分数/%	原子数分数/%	质量分数/%	原子数分数/%	质量分数/%	原子数分数/%
O	16.38	40.24	15.25	42.04	—	—	0.15	0.58
Al	8.65	12.60	4.54	7.42	0.58	1.11	2.83	6.34
S	—	—	1.02	1.41	14.66	23.89	—	—
Ti	1.48	1.21	2.21	2.04	2.23	2.43	0.71	0.89
Cr	17.50	13.23	25.62	21.73	17.59	17.67	7.75	8.99
Co	4.43	2.96	2.00	1.50	3.98	3.53	10.95	11.22
Ni	41.08	27.50	23.44	17.61	55.92	49.75	65.76	67.63
Hf	2.37	0.52	1.67	0.41	2.43	0.71		

　　图 6.13 所示为不同盐膜厚度、相同应力水平下 DZ125 合金高温热腐蚀疲劳试验件纵向截面形貌。可知在无盐膜厚度条件下(即氧化疲劳),试验件截面只有相对完整和致密的氧化膜;而在有盐膜厚度条件下,试验件截面均形成了热腐蚀层,且随着盐膜厚度增加,热腐蚀的剥落现象越来越严重。

　　本章还对热腐蚀疲劳试验件截面沿厚度方向四个区域的显微硬度进行测试,比较这四个区域的力学性能,测点位置和测试结果分别如图 6.13(b)和图 6.14 所示。

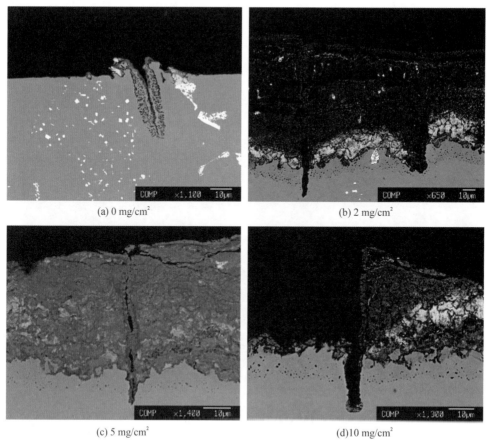

(a) 0 mg/cm² (b) 2 mg/cm²

(c) 5 mg/cm² (d)10 mg/cm²

图 6.13 不同盐膜厚度条件下,DZ125 合金高温热腐蚀疲劳试验件
纵向截面形貌($\sigma_{max}=680$ MPa;850 ℃)

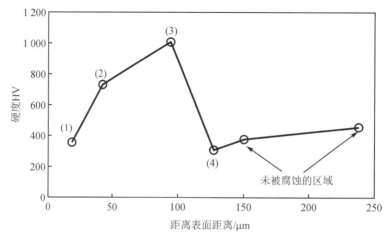

图 6.14 断后高温热腐蚀疲劳试验件截面硬度测试结果

测点(1)和(2)位于外腐蚀层,测点(3)和(4)分别位于内腐蚀层、γ' 贫化层。可知,虽然在外腐蚀层形成了氧化物,但是由于这一层氧化物比较疏松,因此显微硬度相对较低。γ' 贫化层硬度最小,说明其力学性能相对较弱。

6.4.3　断裂特征分析

图 6.15 所示为 DZ125 合金在 850 ℃下氧化疲劳试验件断口形貌。可知,疲劳裂纹萌生于内部铸造缺陷处,铸造缺陷包括夹杂物和空洞。夹杂物和空洞破坏了合金基体的均匀连续性,且夹杂物和基体的弹性常数不匹配,故在夹杂物/基体界面产生应力集中。应力集中促进了疲劳裂纹的产生,是引起疲劳失效的主要原因。对疲劳源区的夹杂物进行 EPMA 分析,分析结果如图 6.16 所示。可知,疲劳源处夹杂物的主要化学成分为 Al、Hf 和 O,这些元素在材料中容易形成 Al_2O_3 等。

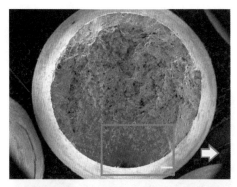

(a) 疲劳裂纹从孔洞萌生(σ_{max}=720 MPa, N_f=44 108)　(b) 疲劳裂纹从孔洞萌生(σ_{max}=720 MPa, N_f=44 108)

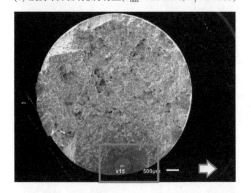
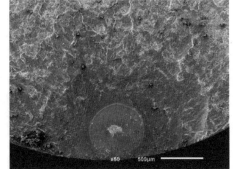

(c) 疲劳裂纹从夹杂物萌生(σ_{max}=720 MPa, N_f=31 581)　(d) 疲劳裂纹从夹杂物萌生(σ_{max}=720 MPa, N_f=31 581)

图 6.15　850 ℃温度下,高应力时 DZ125 氧化疲劳试验件断口 SEM 形貌图

图 6.17 所示为高温热腐蚀环境中 DZ125 断口形貌。由图可知:① 在所有应力水平下,试验件表面均出现腐蚀产物剥落,均呈现出多源萌生特征,断口存在多个疲劳裂纹源(见图 6.17 (a)和(c)),这和氧化疲劳试验件断口单点起源不同,说明热腐

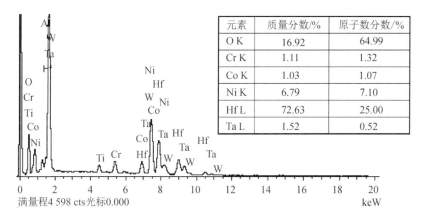

元素	质量分数/%	原子数分数/%
O K	16.92	64.99
Cr K	1.11	1.32
Co K	1.03	1.07
Ni K	6.79	7.10
Hf L	72.63	25.00
Ta L	1.52	0.52

满量程4 598 cts光标0.000

图 6.16 850 ℃下氧化疲劳试验件夹杂物 EPMA 分析结果($\sigma_{max}=720$ MPa, $N_f=31\ 581$)

蚀的作用更容易使材料产生疲劳裂纹;② 疲劳裂纹均萌生于试验件表面,腐蚀产物的剥落是导致疲劳裂纹萌生的主要原因(见图 6.17(b)和(d));③ 较低应力水平($\sigma_{max}=640$ MPa, $N_f=43\ 581$)时,试验件表面剥落较严重(见图 6.17(c)和(d)),与表面形貌观察到的"应力越低,表面状态越恶化"现象一致(见图 6.7)。

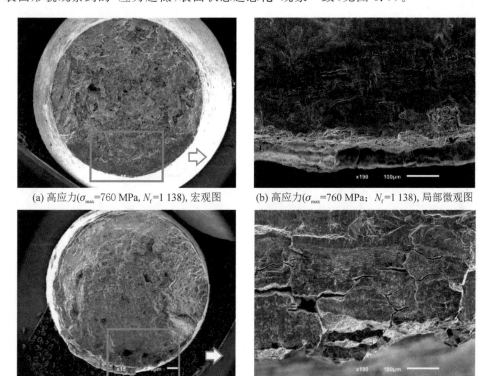

(a) 高应力($\sigma_{max}=760$ MPa, $N_f=1\ 138$), 宏观图   (b) 高应力($\sigma_{max}=760$ MPa; $N_f=1\ 138$), 局部微观图

(c) 低应力($\sigma_{max}=640$ MPa, $N_f=43\ 581$), 宏观图   (d) 低应力($\sigma_{max}=640$ MPa, $N_f=43\ 581$), 局部微观图

图 6.17 热腐蚀环境中 DZ125 断后形貌 SEM 图

图 6.18 所示为 850 ℃温度下,涂覆不同厚度盐膜 DZ125 合金试验件的疲劳断口形貌。可知,盐膜厚度为 2 mg/cm² 时,尽管在试验件表面有一定的剥落,但是疲劳裂纹还是萌生于试验件内部缺陷处,疲劳起裂特征与未涂覆盐膜试验件相同;而当盐膜厚度为 5 mg/cm²、10 mg/cm² 时,疲劳裂纹均萌生于试验件表面,说明热腐蚀对疲劳试验件模式有影响。

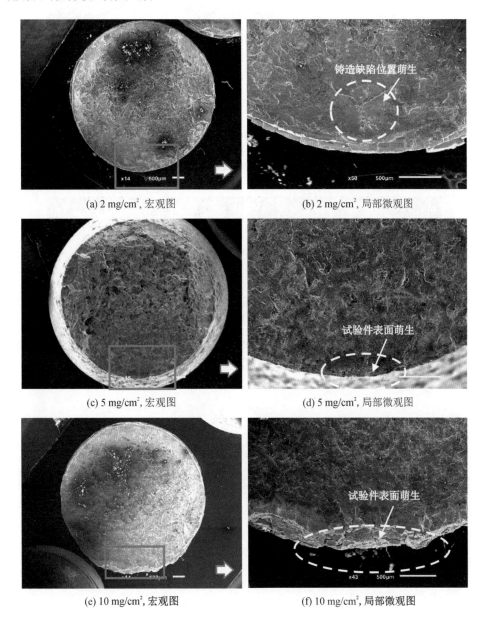

(a) 2 mg/cm², 宏观图　　　　　　　　　(b) 2 mg/cm², 局部微观图

(c) 5 mg/cm², 宏观图　　　　　　　　　(d) 5 mg/cm², 局部微观图

(e) 10 mg/cm², 宏观图　　　　　　　　　(f) 10 mg/cm², 局部微观图

图 6.18　850 ℃温度下,涂覆不同厚度盐膜 DZ125 合金试验件的疲劳断口形貌($\sigma_{max}=680;R=0$)

高温热腐蚀引起了蠕变疲劳裂纹萌生模式发生变化(见图6.19和图6.20)。通过对未涂盐膜试验件和涂盐膜试验件断口进行分析,发现未涂盐膜试验件的裂纹由内部夹杂物萌生,而涂覆盐膜试验件的裂纹由表面热腐蚀层萌生,表明蠕变疲劳萌生机制由内部缺陷萌生转向表面萌生。

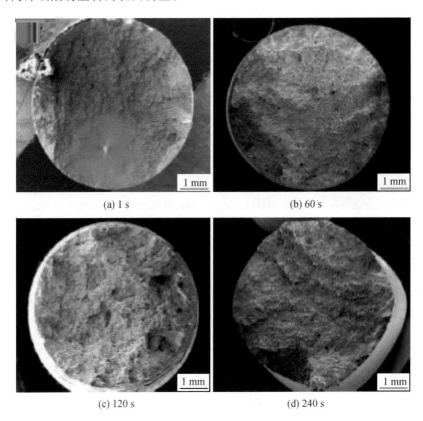

(a) 1 s

(b) 60 s

(c) 120 s

(d) 240 s

图6.19　850 ℃温度下,不同保载时间下的未腐蚀试验件断口形貌

6.4.4　讨　论

　　如前所述,850 ℃下DZ125合金氧化疲劳试验件的疲劳裂纹通常萌生于试验件内部缺陷,一般为单源萌生特征(见图6.15)。而对于DZ125热腐蚀疲劳试验件而言,所有的试验件均萌生于试验件表面,且呈现出多源萌生特征(见图6.17)。由此说明在850 ℃时热腐蚀损伤对材料的影响比氧化损伤更加严重。

　　在热腐蚀作用下,热腐蚀疲劳试验件形成了一层疏松的热腐蚀层(见图6.10、图6.11)。在循环载荷的作用下,疏松的热腐蚀层易于开裂甚至剥落,成为疲劳裂纹源。在热腐蚀层下面还形成了一层γ'贫化层。显微硬度测试结果表明,γ'贫化层的硬度最低(见图6.14),说明其力学性能较弱。因此,当由热腐蚀层萌生的疲劳裂纹

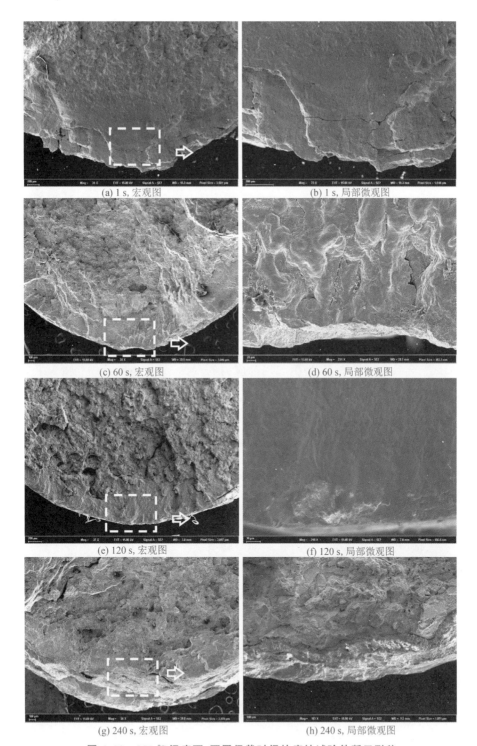

(a) 1 s, 宏观图　　　　　　　　　(b) 1 s, 局部微观图

(c) 60 s, 宏观图　　　　　　　　　(d) 60 s, 局部微观图

(e) 120 s, 宏观图　　　　　　　　(f) 120 s, 局部微观图

(g) 240 s, 宏观图　　　　　　　　(h) 240 s, 局部微观图

图 6.20　850 ℃温度下,不同保载时间的腐蚀试验件断口形貌

扩展至 γ' 贫化层时，由于 γ' 贫化层力学性能较差，裂纹迅速经过 γ' 贫化层并扩展至基体。对于多晶材料的热腐蚀疲劳研究表明，热腐蚀导致合金的晶界氧化，疲劳裂纹通常在晶界处萌生。

热腐蚀层和 γ' 贫化层的出现导致试验件有效承载面积减小，试验件实际承受的应力增加；另一方面，热腐蚀层和 γ' 贫化层较差的力学性能均使得试验件易于疲劳裂纹的形成和扩展，使其形成局部应力集中。因此，与氧化疲劳寿命相比，热腐蚀疲劳寿命大大降低。Sahu[13]、Mahobia[14]、Whitlow[15] 和郭建亭[16] 研究了高温热腐蚀对多晶镍基合金低循环疲劳寿命的影响规律，均认为热腐蚀疲劳寿命大大低于氧化疲劳寿命。但是，随着外加载荷的减少，热腐蚀对疲劳寿命的弱化更加明显。这与本章的试验结果恰恰相反。试验结果表明，随着载荷增大，热腐蚀疲劳寿命与氧化疲劳寿命的差距越来越明显。究其原因极有可能是由于应力控制方式不同而带来差异。首先，在应力控制疲劳试验模式下，载荷越大则对承载面积的减小越敏感；其次，载荷越大，由于裂纹开裂形成了"短路"效应，因此越有利于腐蚀性元素向基体扩散。综上所述，热腐蚀疲劳损伤过程可分为以下两个阶段（见图 6.21）：① 稳定的热腐蚀疲劳损伤累积阶段；② 失稳的疲劳裂纹扩展和断裂阶段。在第一个阶段存在两种损伤机制：一是热腐蚀导致的均匀腐蚀，其将导致有效承载面积的减少和名义应力增加；二是循环载荷导致的腐蚀坑，其将引起局部应力的增加，并加快疲劳损伤的累积，除此之外还会导致截面应力的重新分布。

6.5　热腐蚀疲劳寿命预测方法

6.5.1　概　述

迄今，国内外已有大量学者对热腐蚀与疲劳载荷耦合作用下的寿命预测方法进行研究。热腐蚀疲劳寿命预测方法主要有三种：基于唯象的影响因子修正方法、基于断裂力学的建模方法以及基于连续损伤力学（CDM）的寿命预测方法。此外在数据科学领域，基于机器学习方法的 LCF 寿命预测在近几年也引起了相关学者的关注。

最常见的方法是构建考虑热腐蚀影响的修正模型，如修正的 S-N 曲线。由于腐蚀环境会缩短疲劳寿命，为了准确做出寿命预测，量化腐蚀环境对合金的疲劳寿命影响至关重要。传统上，S-N 曲线是通过使用一些经验方程对几组分散性数据进行拟合并基于理论修正得到的。然而在热腐蚀环境中影响高温合金疲劳行为的因素很多，这就给航空燃气涡轮发动机热端部件的损伤建模带来了困难。为了研究用于核反应堆的核级不锈钢在高温高压循环水腐蚀环境中的疲劳寿命，吴欣强和徐松等[17,18] 通过引入环境因子提出了一种唯象的腐蚀疲劳寿命设计模型。此外，Aldaca

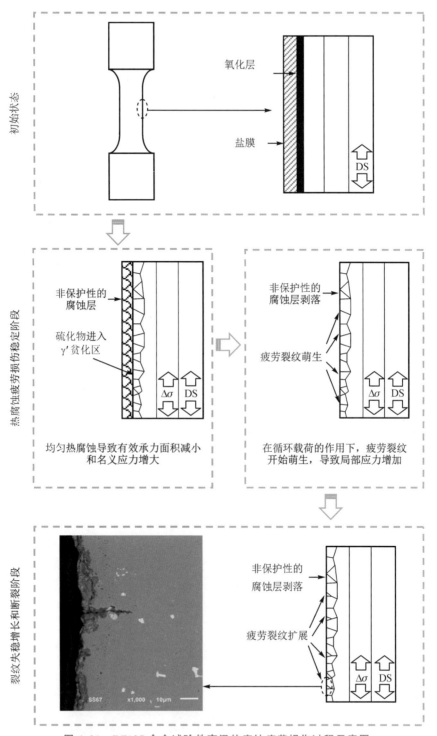

图 6.21　DZ125 合金试验件高温热腐蚀疲劳损伤过程示意图

等[19]通过直接测量得到了每根钢筋的腐蚀率建立了一个迭代数值模型,推导出每个应力变程水平的失效循环数。该模型对每种材料都有一个腐蚀推动因子,可以作为 Palmgren - Miner 线性规则的加速系数和性能指标。虽然这种方法能够较为精准地预测腐蚀疲劳寿命,但是这种模型在阐述热腐蚀损伤过程物理机制方面并不十分严格,没有考虑腐蚀疲劳过程中涉及的电化学机制,腐蚀坑与裂纹的竞争准则以及小裂纹与长裂纹扩展等复杂机理。同时,由于影响因素较多且较为复杂,会有更多的参量被引入模型中,这将导致求解繁琐,计算难度大。最后它往往需要大量的试验才能获得可靠的 S - N 曲线,造成经济成本与时间成本的升高。此外,微小的环境变化可能导致 S - N 曲线的巨大差异。因此,寻找一种有效且经济的评价热腐蚀疲劳寿命方法具有重要意义。

连续介质损伤力学可以通过材料的损伤状态来描述微观缺陷的萌生和生长以及材料的断裂行为[20]。对于引起合金损伤的微观缺陷(孔洞、不连续和裂纹),可以通过宏观参数(弹性模量、刚度和面积等)的观察和测量确定。因此,CDM 提供了一种包括裂纹萌生和扩展在内的腐蚀疲劳寿命预测新方法。CDM 的建模方法关键是定义损伤变量,建立描述疲劳损伤过程的损伤演化方程,并获得方程的材料参数。为了充分研究腐蚀与疲劳的耦合效应,根据 Sun[21] 建立的 CDM 模型,Zheng 等[22] 提出了一种基于 CDM 的方法来模拟材料在腐蚀与疲劳耦合下的损伤演化,其中将 D_{CF} 定义为有效半径的损失。根据 Turnbull[23] 提出的模型可以得到裂纹扩展阶段腐蚀疲劳裂纹的扩展速率模型。Zhang 等[24] 提出了一种基于 CDM 的描述损伤累积的非线性腐蚀疲劳模型,将疲劳耐久极限、加载频率和腐蚀速率作为影响疲劳与腐蚀相互作用的基本参数。通过对损伤的非线性积累的积分,揭示了顺序加载效应。虽然在低寿命时间内观察到了偏差,但他们的进一步研究将对参数进行校准并进行验证实验。Han 等[25] 根据试验结果,提出了一种基于损伤演化规律的腐蚀疲劳寿命预测模型,并考虑了该模型中腐蚀疲劳耦合损伤的影响。以上基于 CDM 方法的腐蚀寿命预测方法针对的是大型结构件,其裂纹扩展速率相对于航空发动机热端部件因 LCF 而发生裂纹扩展的速率较低。这造成腐蚀在整个断裂过程中占据主导作用,从而导致腐蚀坑的临界尺寸(mm 尺度)相对于热腐蚀(μm 尺度)较大。因此,其对于航空燃气涡轮发动机热端部件热腐蚀疲劳的适用性还有待进一步研究验证。

在同时经受持续循环载荷和热腐蚀环境的情况下,可能导致运行中的航空燃气涡轮发动机突然发生灾难性的故障。这使得在热腐蚀环境下运行的热端部件设计中,高温腐蚀环境下的开裂成为关键的考虑因素。因此,可以基于断裂力学的传统疲劳裂纹损伤容限方法来进行热腐蚀疲劳寿命的预测。Ishihara 等[26]认为腐蚀坑扩展至临界尺寸的时间占总寿命的 $70\% \sim 80\%$,其提出的寿命模型包括腐蚀坑生长 N_i 和失效前的裂纹扩展 N_p 两个模型。Pao 等人的研究表明[27],腐蚀效应将疲劳寿命降低到了 $1/2 \sim 1/3$,并将裂纹萌生载荷门槛值降低了约 50%。各种环境对几种高强度铝合金裂纹扩展速率的影响已经在文献[28]和[29]中进行了研究,盐水环境相对于空气环境有更高的裂纹扩展速率。为了预测腐蚀环境下缺口构件的疲劳寿命，Khan 和 Younas[30]研究了基于局部应变和线弹性断裂力学概念的裂纹萌生与扩展模型。Chen 等[31]提出了一种新的等效表面缺陷模型，利用最大腐蚀程度和纵横比来定量描述腐蚀对疲劳寿命预测的影响。该模型用于腐蚀疲劳寿命预测，包括裂纹萌生寿命和裂纹扩展寿命。在实际情况下，自然腐蚀过程可能会给坑的形态带来不确定性，而且目前的大多数研究假设腐蚀模式为单个孤立坑。为了更加接近航空燃气涡轮发动机热端部件的热腐蚀损伤特征，需要对多个凹坑的情况做进一步的研究工作。另外，Ishihara 等的模型依赖于长裂纹门槛值(ΔK_{th})，并不适用于小裂纹。在小裂纹萌生后，坑周围的局部应变诱导的塑性导致了 LEFM 条件的破坏，因此使用 LEFM 来处理裂纹萌生和扩展的适宜性是值得怀疑的。虽然对于凹坑的形成和裂纹的扩展已经完成了大量的研究，但还需要进一步研究，以使用断裂力学原理更好地理解这两种现象之间的相互作用机制。

高、低温热腐蚀疲劳具有不同的损伤特征，那么可根据其特征选择合理的寿命预测方法。

6.5.2　基于损伤力学的高温热腐蚀疲劳预测方法

1. 疲劳损伤演化方程

一般假设疲劳损伤与材料内部微塑性应变有关[32-34]。在单轴应力状态下，疲劳损伤方程可表达为以下形式[35]：

$$\frac{\mathrm{d}D_f}{\mathrm{d}N} = [1 - (1 - D_f)^{\beta+1}]^\alpha \left[\frac{\sigma_{max} - \sigma_m}{M_0 (1 - b\sigma_m)(1 - D_f)} \right]^\beta \tag{6.1}$$

式中，σ_{max} 和 σ_m 是最大应力和平均应力，β、M_0 和 b 是材料常数。α 一般表示为如下形式：

$$\alpha = \alpha(\sigma_{max}, \sigma_m) = 1 - a \left\langle \frac{[\sigma_{max} - \sigma_1(\sigma_m)]}{[\sigma_{UTS} - \sigma_{max}]} \right\rangle \tag{6.2}$$

其中，a 为材料常数，$\langle x \rangle$ 为 Havside 函数。当 $x < 0$ 时，$\langle x \rangle = 0$；当 $x > 0$ 时，$\langle x \rangle = x$。σ_{UTS} 为极限拉伸强度；σ_1 为疲劳极限，是平均应力的函数：

$$\sigma_1(\sigma_m) = \sigma_m + \sigma_{l0}(1 - b\sigma_m) \tag{6.3}$$

其中，σ_{l0} 为应力比 $R = -1$ 时的疲劳极限。为了简化模型，不考虑平均应力的影响，令 $b = 0$，式(6.1)变为如下形式：

$$\frac{\mathrm{d}D_f}{\mathrm{d}N} = [1 - (1 - D_f)^{\beta+1}]^\alpha \left[\frac{\sigma_{max} - \sigma_m}{M_0 (1 - D_f)} \right]^\beta \tag{6.4}$$

如果材料的初始损伤为 D_{f0}，将式(6.4)对 $D_f = D_{f0}$ 到 $D_f = 1$ 进行积分，则疲劳寿命 N_f 可表示为

$$N_f = \frac{1-\left[1-(1-D_{f0})^{\beta+1}\right]^{1-\alpha}}{(1-\alpha)(1+\beta)}\left(\frac{\sigma_{max}-\sigma_m}{M_0}\right)^{-\beta} \tag{6.5}$$

2. 蠕变损伤演化模型

蠕变损伤通常在高温条件下的恒定应力或加载率非常小的准静态载荷情况下发生和演化。材料内晶界滑移导致的微尺度形核与扩展促成了这种与时间相关的弱化过程。Kachanov 在 1958 年首先提出并被公认为经典的蠕变损伤方程,将损伤率和施加的应力以及实际的蠕变损伤联系起来[36]。

在单轴应力状态下,Kachanov 蠕变损伤方程可表达为以下形式:

$$\frac{dD_c}{dt}=\left(\frac{\sigma}{A}\right)^r(1-D_c)^{-k(\sigma)} \tag{6.6}$$

或者其循环形式:

$$\frac{dD_c}{dN}=T\left(\frac{\sigma}{A}\right)^r(1-D_c)^{-k(\sigma)} \tag{6.7}$$

式中,T 为循环周期;r 和 A 是与温度相关的材料参数;k 是与施加应力相关的函数,它考虑了蠕变损伤与应力水平的依赖关系。为简单起见,可令 $k(\sigma)=k$。

在常应力条件下,蠕变寿命可以通过对式(6.6)两边积分得到,即蠕变损伤变量从 $D_c=D_{c0}$ 到 $D_c=1$ 进行积分,而时间变量从 $t=0$ 到 $t=t_{cr}$ 进行积分,可以得到

$$t_{cr}=\frac{1}{k+1}(1-D_{c0})^{k+1}\left(\frac{\sigma}{A}\right)^{-r} \tag{6.8}$$

另外,假设材料在 $t-0$(初始状态)时蠕变损伤 $D_c=D_{c0}$,对式(6.6)积分,可以得到

$$t=\frac{1}{k+1}\left[(1-D_{c0})^{k+1}-(1-D_c)^{k+1}\right]\left(\frac{\sigma}{A}\right)^{-r} \tag{6.9}$$

式(6.8)除式(6.9),经整理可得到蠕变损伤演化方程的表达式:

$$D_c=1-(1-D_{c0})\left(1-\frac{t}{t_{cr}}\right)^{\frac{1}{k+1}} \tag{6.10}$$

3. 腐蚀损伤演化模型

预腐蚀对材料或结构的疲劳寿命的影响表示为材料或结构初始损伤的增加,且引入预腐蚀引起的附加损伤度 D_f 来表示。因此,预腐蚀疲劳的损伤演化方程与纯疲劳的损伤演化方程相同,所不同的只是预腐蚀疲劳损伤演化方程中的初始损伤度包含 D_f(大小不为零)。

将总初始损伤分成两部分:① 机械加工等引起的初始损伤度 $D_{0.m}$;② 预腐蚀处理引起的附加损伤度 $D_{0.env}$。将式(6.4)对 $D_f=D_{0.t}$ 到 $D_f=1$ 进行积分,有

$$N_f=\frac{1-\left[1-(1-D_{0.t})^{\beta+1}\right]^{1-\alpha}}{(1-\alpha)(1+\beta)}\left(\frac{\sigma_a}{M_0}\right)^{-\beta} \tag{6.11}$$

式中，$D_{0,t}$ 为总的初始损伤度，即 $D_{0,t}=D_{0,m}+D_{0,env}$；$\sigma_a=\sigma_{max}-\sigma_m$。若材料没有经过预腐蚀处理，则 $D_{0,env}=0$。将总的初始损伤 $D_{0,t}$ 用初始机械损伤 $D_{0,m}$ 和初始腐蚀损伤 $D_{0,env}$ 表示，则预腐蚀疲劳寿命模型可表示为

$$N_f=\frac{1-[1-(1-D_{0,m}-D_{0,env})^{\beta+1}]^{1-\alpha}}{(1-\alpha)(1+\beta)}\left(\frac{\sigma_a}{M_0}\right)^{-\beta} \tag{6.12}$$

此时，根据式(6.12)和预腐蚀疲劳试验数据便能获得初始腐蚀损伤 $D_{0,env}$ 与腐蚀时间 t 的关系，以此获得腐蚀损伤演化模型的参数。

在损伤演化模型建立前，首先需要定义一个能够很好地描述材料损伤演化行为的损伤变量。对于疲劳和蠕变等机械损伤，损伤因子通常是指材料受损伤程度的量度，物理概念上可理解为微裂纹和微孔在整个材料中所占体积的百分比[37]。由于这种微裂纹和微孔难以直接测量，故通常采用间接的方法来获得损伤量，如黏性特性、剩余强度、质量密度、电参量等[38-41]。此时，损伤并无几何上的绝对真实意义，它仅是材料性能劣化的相对度量和间接表征。但是，腐蚀损伤通常造成材料表面损伤，且这种损伤是可以直接测量的。因此，通常采用材料的有效承载面积的变化来定义损伤变量：

$$D_{env}=1-\frac{A_i}{A_0} \tag{6.13}$$

式中，A_i 和 A_0 分别表示当前有效承载面积和初始有效承载面积。而有效承载面积 A_i 与腐蚀损伤速率、时间以及初始面积有如下关系：

$$A_i=f(A_0,k_p,t) \tag{6.14}$$

式中，腐蚀损伤速率 k_p 主要依赖于应力 σ、温度 T 等。

在腐蚀损伤与疲劳载荷耦合的情况下，其作用在于增加材料当前损伤量，并通过当前损伤量来加速疲劳载荷的损伤演化。同理，疲劳载荷也会影响腐蚀损伤演化速率。因此，腐蚀损伤演化规律与当前的损伤量、温度、应力、时间等有关系。腐蚀损伤演化方程的一般形式如下：

$$\frac{dD_{env}}{dt}=F(\sigma/2,\dot{\sigma},T,D,t,\cdots) \tag{6.15}$$

由于在腐蚀损伤速率 k_p 中已经考虑了应力 σ、温度 T 等因素，因此提出如下腐蚀疲劳损伤演化方程：

$$\frac{dD_{env}}{dt}=\frac{\zeta}{(1-D)^{\lambda}} \tag{6.16}$$

式中，λ、ζ 为材料常数。假设 T 为疲劳载荷循环周期，腐蚀损伤时间增量 Δt 与疲劳载荷循环次数增量 ΔN 存在如下关系：

$$\Delta t=T\cdot\Delta N \tag{6.17}$$

将式(6.17)代入式(6.16)，得到循环载荷表示的腐蚀损伤演化方程如下：

$$\frac{dD_{env}}{dN}=\frac{T\zeta}{(1-D)^{\lambda}} \tag{6.18}$$

若当只有腐蚀作用时,疲劳载荷部分产生的损伤为 0。此时,式(6.16)和式(6.18)中的 D 退化为 D_{env},即当前损伤全部由腐蚀产生,对式(6.18)积分可得

$$D_{\mathrm{env}} = 1 - \left[1 - \zeta(1+\lambda)t\right]^{\frac{1}{1+\lambda}} \tag{6.19}$$

4. 腐蚀疲劳或腐蚀-蠕变-疲劳寿命预测模型

腐蚀疲劳或腐蚀-蠕变-疲劳与预腐蚀疲劳的损伤演化方程不同,它需要考虑机械载荷(即疲劳载荷和蠕变载荷)与腐蚀之间的耦合作用。腐蚀产生的损伤值为 D_{env},疲劳载荷产生的损伤度为 D_{f},蠕变载荷产生的损伤度为 D_{c};任意时刻的当前损伤度为 D,即 $D = D_{\mathrm{env}} + D_{\mathrm{c}} + D_{\mathrm{f}}$。当 $D = 1$ 时,材料或者结构发生破坏。

假设在腐蚀疲劳或腐蚀-蠕变-疲劳过程中,从 $t = 0$ 时开始,腐蚀和机械载荷同时作用于试验件。$t = 0$ 时对应的试件损伤度为 $D_{0,\mathrm{m}}$,它是由机械加工等引起的初始损伤,可由无腐蚀处理的纯疲劳试验确定。

因此,总损伤演化方程为

$$\frac{\mathrm{d}D}{\mathrm{d}N} = \frac{\mathrm{d}D_{\mathrm{env}}}{\mathrm{d}N} + \frac{\mathrm{d}D_{\mathrm{c}}}{\mathrm{d}N} + \frac{\mathrm{d}D_{\mathrm{f}}}{\mathrm{d}N} \tag{6.20}$$

当 $t = 0$ 时,疲劳损伤演化的状态相当于纯疲劳载荷的状态,即其门槛值为纯疲劳载荷作用时的门槛值;但当 $t > 0$ 的某时刻,腐蚀作用的时间为 t,此时疲劳载荷的损伤演化状态相当于预腐蚀时间 t 后的状态,因此其门槛值为预腐蚀时间 t 之后的门槛值。总之,在腐蚀疲劳作用时,腐蚀不但增加了试件的损伤,还持续降低了其门槛值。蠕变损伤同样会增加疲劳损伤。因此,总损伤演化方程的具体表达形式为

$$\frac{\mathrm{d}D}{\mathrm{d}N} = \frac{T\zeta}{(1-D)^{\lambda}} + T\left(\frac{\sigma}{A}\right)^{r}(1-D)^{-k} +$$
$$\left[1 - (1-D)^{\beta+1}\right]^{a(\sigma_{\max},\sigma_{\mathrm{m}})}\left[\frac{\sigma_a}{M_0(1-D)}\right]^{\beta} \tag{6.21}$$

使用上述方程的总体思路如下:首先,根据不同预处理时间后的疲劳试验数据、无腐蚀疲劳试验数据来确定腐蚀损伤演化规律,然后将所得材质参数直接应用于腐蚀疲劳或腐蚀-蠕变-疲劳寿命预测。该模型的使用步骤如下:

① 根据纯蠕变和纯疲劳试验数据以及优化算法,确定无腐蚀损伤情况下的疲劳损伤演化方程和蠕变损伤演化方程(分别对应式(6.4)式(6.6))的材料常数,可得到初始机械损伤 $D_{0,\mathrm{m}}$ 以及 a、M_0、β、r、k、和 A;

② 根据不同预处理时间的疲劳试验数据和预腐蚀疲劳寿命模型(对应式(6.12))以及优化算法,可得到不同预处理时间下的初始腐蚀损伤 $D_{0,\mathrm{env}}$;

③ 根据预处理时间与初始腐蚀损伤关系以及优化算法,确定腐蚀损伤演化方程参数(对应式(6.19))的材料常数,可得到腐蚀损伤演化模型的材料常数 λ、ζ。

④ 根据式(6.21),采用差分法进行计算,可求得腐蚀疲劳或者腐蚀-蠕变-疲劳寿命预测结果。基于 CDM 的腐蚀-蠕变-疲劳模型参数获取流程如图 6.22 所示。

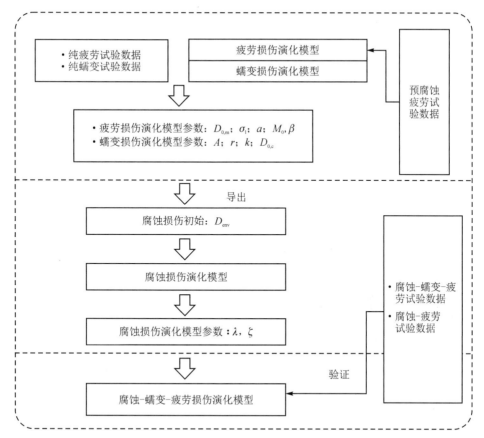

图 6.22　腐蚀-蠕变-疲劳损伤演化模型参数获取流程

5. 热腐蚀疲劳和热腐蚀-蠕变-疲劳寿命预测方法的应用实例

在进行热腐蚀疲劳寿命预测时使用了五种试验数据,其中纯蠕变、纯疲劳和预腐蚀疲劳试验数据用于模型参数的确定,腐蚀疲劳和腐蚀-蠕变-疲劳试验数据用于模型的考核验证。其中,纯蠕变数据来自北京航空航天大学杨晓光课题组前期的研究工作,相关数据可见文献[42]。纯疲劳、纯蠕变和预腐蚀疲劳试验数据分别如表 6.4～表 6.6 所列。另外,用于模型校核用的腐蚀-疲劳和腐蚀-蠕变-疲劳试验数据分别列于表 6.7 和表 6.8。

采用 Levenberg - Marquart 非线性优化算法拟合疲劳损伤和蠕变损伤模型,拟合效果如图 6.23 所示。得到的疲劳损伤和蠕变损伤模型参数汇总在表 6.9 中。

预腐蚀时间为 2 h、15 h、25 h 和 50 h 情况下的疲劳寿命数据以及曲线如图 6.24 所示。根据不同预腐蚀时间得到初始腐蚀损伤,可推出初始腐蚀损伤与预腐蚀时间关系,如图 6.25 所示。

根据图 6.25 所示的初始腐蚀损伤与预腐蚀时间关系,使用优化算法拟合腐蚀损

航空发动机涡轮叶片疲劳寿命分析理论

伤演化模型,求得材料常数 λ、ζ。

表 6.4 用于确定模型参数的纯疲劳试验数据(850 ℃)

序 号	温度/℃	最大应力/MPa	应力比	寿命(循环数)
1	850	800	0	23 175
2	850	800	0	56 934
3	850	760	0	31 291
4	850	760	0	25 705
5	850	720	0	41 748
6	850	720	0	31 581
7	850	720	0	44 108
8	850	680	0	82 788
9	850	680	0	77 751
10	850	640	0	172 037
11	850	640	0	122 123

表 6.5 用于确定模型参数的纯蠕变试验数据(850 ℃)[42]

序 号	温度/℃	应力/MPa	断裂时间/h
1	850	760	1 003
2	850	720	1 568
3	850	640	20 000
4	850	600	31 000
5	850	600	46 900
6	850	560	98 963
7	850	560	100 253

表 6.6 用于确定模型参数的预腐蚀疲劳试验数据(850 ℃)

序 号	预处理温度/℃	预处理时间/h	试验温度/℃	最大载荷/MPa	应力比	寿命(循环数)
1	850	2	850	680	0	62 101
2	850	15	850	680	0	40 876
3	850	25	850	680	0	25 190
4	850	50	850	680	0	15 737

表 6.7　用于模型考核的热腐蚀疲劳试验数据(850 ℃)

序　号	试验温度/℃	最大载荷/MPa	应力比	寿命(循环数)
1	850	680	0	10 022
2	850	680	0	30 393
3	850	680	0	18 653
4	850	640	0	36 581
5	850	640	0	43 581
6	850	600	0	53 988
7	850	600	0	68 912

表 6.8　用于模型考核的热腐蚀-蠕变-疲劳试验数据(850 ℃)

序　号	试验温度/℃	保载时间/s	最大载荷/MPa	应力比	寿命(循环数)
1	850	1	560	0	23 279
2	850	1	560	0	80 516
3	850	1	560	0	58 347
4	850	1	560	0	88 171
5	850	1	560	0	16 378
6	850	60	560	0	2 231
7	850	60	560	0	1 651
8	850	60	560	0	2 494
9	850	60	560	0	545
10	850	60	560	0	1 471
11	850	120	560	0	450
12	850	120	560	0	517
13	850	120	560	0	680
14	850	120	560	0	987
15	850	120	560	0	824
16	850	240	560	0	510
17	850	240	560	0	368
18	850	1	600	0	2 545
19	850	1	600	0	42 524
20	850	1	640	0	24 306
21	850	1	640	0	10 862

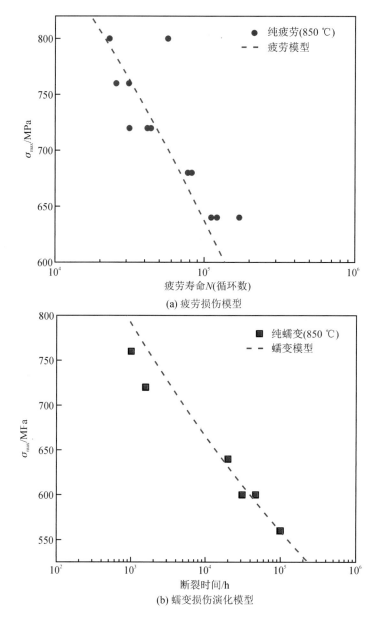

(a) 疲劳损伤模型

(b) 蠕变损伤演化模型

图 6.23　模型参数拟合

　　对式(6.21)用差分法求解,循环增量步设为 10,求得热腐蚀疲劳寿命预测结果如图 6.26 所示。由图 6.26(a)可知,除了 600 MPa 保载 1 s 和 560 MPa 保载 60 s 的载荷下各一个数据点落在 2 倍分散系数外,其他试验数据都在 2 倍分散系数内。考虑到数据的分散性,若对试验数据的平均值与预测值进行对比(见图 6.26(b)),可知基于连续损伤理论预测的 DZ125 腐蚀疲劳寿命均分布在试验寿命 2 倍分散系数内,说明了寿命预测结果与寿命试验结果吻合得很好。

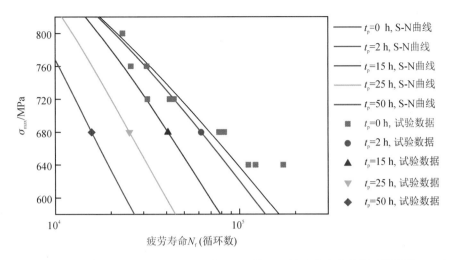

图 6.24　不同预腐蚀(t_p＝2 h、15 h、25 h 和 50 h)情况下的疲劳寿命数据以及曲线(850 ℃)

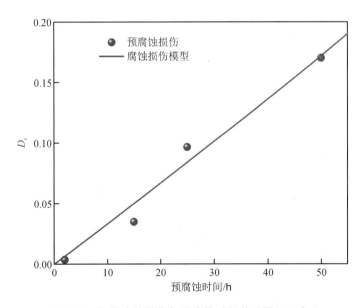

图 6.25　初始腐蚀损伤与预腐蚀时间关系图(850 ℃)

　　在之前的研究中,通过无应力热腐蚀试验测量了试验件随时间的增重。试验件热腐蚀动力学曲线如图 6.25 所示,样品的重量会随着测试时间的延长而增加。如果样品的增重与合金劣化相关,则计算的损伤演化规律应与样品的增重规律一致。初始环境损伤和预暴露时间之间的关系如图 6.25 所示。初始腐蚀损伤随着预暴露时间线性增加。同样,在相同的预暴露时间下,初始热腐蚀损伤明显高于初始氧化损伤,即热腐蚀比氧化对合金更有害。图 6.27 中在不同预曝光时间计算的损伤与图 6.29 中描述的演化规律一致。图 6.28 中比较了动力学曲线和计算的损伤演化规律。如上所述,样品的增重反映了材料劣化的过程。热腐蚀动力学曲线大致描述了试验件热腐蚀损伤的演化规律。这些结果也表明了该腐蚀损伤演化模型的合理性。

表 6.9   850 ℃ 下,DZ125 腐蚀-蠕变-疲劳损伤模型参数

演化模型	参数	单位	数值	拟合相关系数
疲劳演化模型	$D_{0,m}$	—	3.6483×10^{-3}	0.9436
	σ_1	MPa	544	
	a	—	0.6906	
	M_0	MPa	17454.2162	
	β	—	2.9371	
蠕变演化模型	A	—	1856.9474	0.9865
	r	—	13.2678	
	k	—	48.4232	
	$D_{0,c}$	—	0.0100	
腐蚀演化模型	λ	—	0.4691	0.9887
	ζ	—	3.3000×10^{-3}	

然而,无应力热腐蚀试验得到的损伤演化与预腐蚀疲劳试验得到的损伤演化规律并不完全一致。无应力热腐蚀使用是纯粹的化学过程,而预腐蚀疲劳试验产生的初始环境揭伤还受到高温和载荷的影响,即力-化学耦合的影响。因此,在相同的条件下,预腐蚀疲劳试验得出的损伤略大于无应力热腐蚀试验得出的损伤。

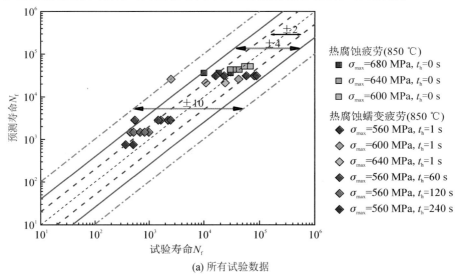

(a) 所有试验数据

图 6.26   热腐蚀疲劳寿命预测值与试验值对比(850 ℃,$R=0$)

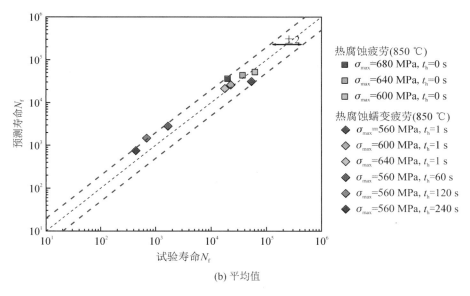

(b) 平均值

图 6.26　热腐蚀疲劳寿命预测值与试验值对比(850 ℃,R＝0)(续)

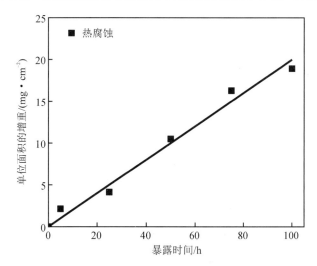

图 6.27　DZ125 在合金 850 ℃下的热腐蚀动力学曲线

　　利用得到的腐蚀-蠕变-疲劳损伤演化模型可以方便地得到连续损伤曲线。图 6.29 显示了在 850 ℃下模型各部分损伤随循环比的演化。假定总损伤 $D_{Total}＝1$ 时材料失效,如图 6.29(a)所示,在没有蠕变的条件下,热腐蚀损伤比疲劳损伤的初始阶段要高。但随着循环比的增加,在损伤演化的后期,疲劳损伤超过热腐蚀损伤。如图 6.29(b)～(d)所示,对于不同的荷载水平和保载时间,蠕变损伤累积缓慢,但到后期损伤累积速度加快,在材料失效时蠕变损伤占总损伤的大部分。损伤演化过程中热腐蚀损伤高于疲劳损伤。另外,由图 6.29(c)和(d)可以看出,当载荷水平一致时,随着保载时间的增加,疲劳损伤占总损伤的比例明显降低。

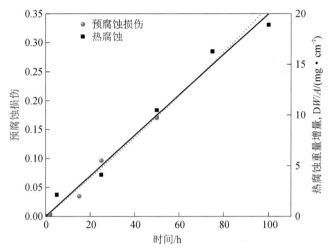

图 6.28 热腐蚀动力学曲线和计算的损伤演化规律对比

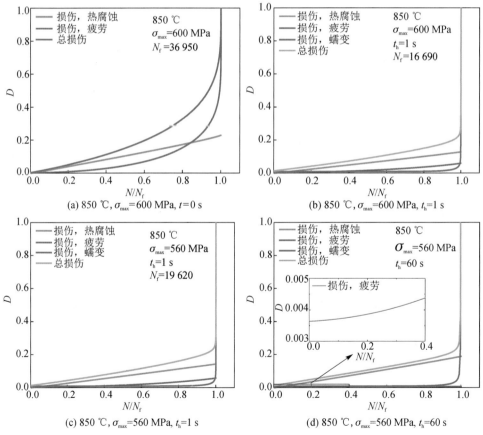

图 6.29 连续损伤曲线

| 6.6　本章小结 |

　　本章针对 DZ125 合金的热腐蚀与疲劳交互损伤行为进行了研究,包含问题的来源、损伤机理、损伤建模方法和寿命预测方法等,主要结论如下:

　　① 高温热腐蚀均造成了材料表面状态改变,导致材料表面出现均匀的腐蚀形貌;材料有效承载面积减小导致名义应力增加和腐蚀层开裂导致的局部应力集中是试验件失效的主要原因。

　　② 热腐蚀对合金疲劳寿命的弱化作用和裂纹起裂模式的影响均与外加应力、表面盐膜厚度、保载时间等有关。热腐蚀损伤对疲劳寿命的弱化作用显著,且随着应力增大,这种弱化作用越来越明显;热腐蚀疲劳试验件疲劳寿命随着表面盐膜厚度增加而缩短;当盐膜厚度较厚时,使疲劳裂纹由内部萌生转变为由表面萌生;存在一个关键的蠕变保载时间,超过这个时间会发生疲劳裂纹萌生机理转变。

　　③ 建立了腐蚀损伤演化速率方程,且考虑预腐蚀引起的附加损伤度以及腐蚀条件下的损伤演化速率的变化,建立了腐蚀和疲劳耦合作用下的损伤演化方程;并对 DZ125 合金在 2 个温度、3 种情况下的试验数据进行了考核验证;与传统的寿命预测方法相比,该方法不仅可以预测表面损伤引起的寿命弱化所占的比值,还有助于了解不同预暴露环境下材料和结构的强度下降。

| 参考文献 |

[1] 范瑞麟. 国外燃气轮机涡轮叶片低温热腐蚀的防护[J]. 材料工程,1993(12):7-11.

[2] 张永刚,廖建樟. 某型发动机燃气涡轮工作叶片热腐蚀问题分析[J]. 现代工业经济和信息化,2020,010(002):110-1.

[3] European Union Aviation Safety Agency. Emergency Airworthiness Directive (No.:2018-0257). 2017. https://ad.easa.europa.eu/blob/EASA_AD_2018_0257.pdf/AD_2018-0257_1.

[4] 陈光. 遄达 1000 几起严重故障带来的启示[J]. 航空动力,2018,1(01):29-33.

[5] Battelle Memorial Institute C,OH. Proceedings of the Conference on Gas Turbine Materials in the Marine Environment:Castine [M].[S. l.:s. n.],1975.

[6] STRINGER J. Hot Corrosion of High-Temperature Alloys[J]. Annual Review of Materials Science,1977,7(1):477-509.

[7] 陈丹之. 燃气轮机叶片的热腐蚀及其防止[J]. 燃气轮机技术,1992,5(04):9-

14，78.

[8] PRIDEMORE W D. Metallurgical Evaluation of Stage One HPT Blades and Additional Hardware from CF6-80C2 ESN 704-893 Operated by Atlas Air Involved in Undercowl Fire Event[R]. 2003.

[9] ROACH J，MOORE J D，SWIFT J，et al. National Transportation Safety Board Aviation Accident Final Report [R]. 2005.

[10] 张允书. 热腐蚀的盐溶机理及其局限性[J]. 中国腐蚀与防护学报，1992，12 (1)：1-9.

[11] TASK M N，GLEESON B，PETTIT F S，et al. Compositional Effects on the Type I Hot Corrosion of β-NiAl Alloys[J]. Surface and Coatings Technology，2011，206(7)：1552-1557.

[12] LI M，SUN X，HU W，et al. Hot Corrosion of a Single Crystal Ni-Base Superalloy by Na-salts at 900 ℃[J]. Oxidation of Metals，2006，65(1-2)：137-150.

[13] SAHU J K，GUPTA R K，SWAMINATHAN J，et al. Influence of Hot Corrosion on Low Cycle Fatigue Behavior of Nickel Base Superalloy SU 263[J]. International Journal of Fatigue，2013，51(2)：68-73.

[14] MAHOBIA G S，PAULOSE N，MANNAN S L，et al. Effect of Hot Corrosion on Low Cycle Fatigue Behavior of Superalloy IN718[J]. International Journal of Fatigue，2014(59)：272-281.

[15] WHITLOW G A，JOHNSON R L，PRIDEMORE W H，et al. Intermediate Temperature，Low-Cycle Fatigue Behavior of Coated and Uncoated Nickel Base Superalloys in Air and Corrosive Sulfate Environments[J]. Journal of Engineering Materials and Technology，1984，106(1)：43-49.

[16] 郭建亭，黄荣芳，杨洪才，等. K17 镍基铸造高温合金环境损伤的研究[J]. 金属学报，1988(4)：008

[17] 吴欣强，徐松，韩恩厚，等. 核级不锈钢高温水腐蚀疲劳机制及环境疲劳设计模型[J]. 金属学报，2011，47(7).

[18] ZHANG Z，TAN J，WU X，et al. Corrosion Fatigue Behavior and Crack-tip Characteristic of 316LN Stainless Steel in High-Temperature Pressurized Water[J]. Journal of Nuclear Materials，2019(518)：21-29.

[19] CALDERóN-URíSZAR-ALDACA I，BRIZ E，MATANZA A，et al. Corrosion Fatigue Numerical Model for Austenitic and Lean-Duplex Stainless-Steel Rebars Exposed to Marine Environments[J]. Metals，2020，10(9)：1217.

[20] JIE Z，LI Y，WEI X，et al. Fatigue Life Prediction of Welded Joints with Artificial Corrosion Pits Based on Continuum Damage Mechanics[J]. Journal of

Constructional Steel Research，2018(148)：542-50.

[21] SUN B. A Continuum Model for Damage Evolution Simulation of the High Strength Bridge Wires Due to Corrosion Fatigue[J]. Journal of Constructional Steel Research，2018(146)：76-83.

[22] ZHENG Y，WANG Y. Damage Evolution Simulation and Life Prediction of High-Strength Steel Wire under the Coupling of Corrosion and Fatigue[J]. Corrosion Science，2020(164)：108368.

[23] TURNBULL A，MCCARTNEY L N，ZHOU S. A Model to Predict the Evolution of Pitting Corrosion and the Pit-to-Crack Transition Incorporating Statistically Distributed Input Parameters[M]//SHIPILOV S A，JONES R H，OLIVE J M，et al. Environment-Induced Cracking of Materials. Amsterdam：Elsevier. 2008：19-45.

[24] ZHANG J，HERTELé S，DE WAELE W. A Non-Linear Model for Corrosion Fatigue Lifetime Based on Continuum Damage Mechanics [Z]. Les Ulis：EDP Sciences，2018.

[25] HAN Z，HUANG X，YANG Z. Effect of Al-Zn Alloy Coating on Corrosion Fatigue Behavior of X80 Riser Steel[J]. Materials，2019，12(9)：1520.

[26] NAN Z Y，ISHIHARA S，GOSHIMA T. Corrosion Fatigue Behavior of Extruded Magnesium Alloy AZ31 in Sodium Chloride Solution[J]. International Journal of Fatigue，2008，30(7)：1181-8.

[27] PAO P S，GILL S J，FENG C R. On Fatigue Crack Initiation from Corrosion Pits in 7075-T7351 Aluminum Alloy[J]. Scripta Materialia，2000，43(5)：391-6.

[28] KHOBAIB M，LYNCH C T，VAHLDIEK F W. Inhibition of Corrosion Fatigue in High Strength Aluminum Alloys[J]. Corrosion，1981，37(5)：285-92.

[29] HOLROYD N J H，HARDIE D. Factors Controlling Crack Velocity in 7000 Series Aluminium Alloys During Fatigue in an Aggressive Environment[J]. Corrosion Science，1983，23(6)：527-46.

[30] KHAN Z，YOUNAS M. Corrosion-Fatigue Life Prediction for Notched Components Based on the Local Strain and Linear Elastic Fracture Mechanics Concepts[J]. International Journal of Fatigue，1996，18(7)：491-8.

[31] CHEN J，DIAO B，HE J，et al. Equivalent Surface Defect Model for Fatigue Life Prediction of Steel Reinforcing Bars with Pitting Corrosion[J]. International Journal of Fatigue，2018(110)：153-61.

[32] Lemaitre J. Local Approach Offracture[J]. Engineering Fracture Mechanics，

1986，25(5-6)：523-537.

[33] CHABOCHE J L，LESNE P M. A Non-Linear Continuous Fatigue Damage Model[J]. Fatigue & fracture of Engineering Materials & Structures，1988，11(1)：1-17.

[34] CHABOCHE J L. Continuum Damage Mechanics：Part Ⅱ—Damage Growth，Crack Initiation，and Crack Growth[J]. Journal of Applied Mechanics，1988，55(1)：65-72.

[35] 孔光明，高雪霞，李旭东，等. LY12CZ 铝合金单轴腐蚀疲劳寿命评估的损伤模型[J]. 新技术新工艺，2015，000(002)：78-81.

[36] KACHANOV L M. Introduction to Continuum Damage Mechanics[J]. Journal of Applied Mechanics，1987，54(2)：481.

[37] 吴鸿遥，程育仁. 损伤力学的基本内容与进展[J]. 力学与实践，1985(1).

[38] ALVES M，YU J L，JONES N. On the Elastic Modulus Degradation in Continuum Damage Mechanics[J]. Computers & Structures，2000，76(6)：703-712.

[39] ZHAO A H，YU J L. The Overall Elastic Moduli of Orthotropic Composite and Description of Orthotropic Damage of Materials[J]. International Journal of Solids and Structures，2000，37(45)：6755-6771.

[40] SáNCHEZ-SANTANA U，RUBIO-González C，MESMACQUE G，et al. Effect of Fatigue Damage Induced by Cyclic Plasticity on the Dynamic Tensile Behavior of Materials[J]. International Journal of Fatigue，2008，30(10-11)：1708-1719.

[41] 沈为，彭立华. 疲劳损伤演变方程与寿命估算——连续损伤力学的应用[J]. 机械强度，1994，16(2)：32-57.

[42] YANG X，DONG C，SHI D，et al. Experimental Investigation on both Low Cycle Fatigue and Fracture Behavior of DZ125 Base Metal and the Brazed Joint at Elevated Temperature[J]. Materials Science & Engineering A，2011，528(22-23)：7005-7011.

第 7 章
热障涂层的热疲劳

| 7.1 引 言 |

涡轮前温度的不断提高是航空发动机更新换代的主要标志之一。早期的燃气涡轮发动机叶片是以精锻或铸造方式制成的实心叶片,进气温度限制在 700 ℃左右;直到 20 世纪 60 年代,随着超级高温合金技术的发展,再加上真空精密铸造技术以及涂层技术的出现,使叶片所能承受的温度提高了 200 ℃。到了 20 世纪 60 年代末,在航空发动机叶片的设计中出现了气膜冷却技术,将冷却空气经过涡轮叶片表面均匀分布的小孔引出,形成一薄层气膜,起到隔绝外部高温燃气使叶片冷却的作用。这样使涡轮前温度进一步得到大幅提高,达到了 1 300 ℃左右。随着发动机涡轮叶片工作温度的不断提高,越来越接近镍基高温合金的熔点温度。目前,国外先进涡扇发动机的涡轮前温度已经达到了 1 900 K 左右[1],远远超过了大部分金属的熔点。另外,通过结构设计降低叶片温度的技术已经趋于成熟,并且作为冷却空气的高压气体量也是有限的。因此,采用热障涂层(Thermal Barriar Coating,TBC)技术已成为高推重比航空发动机设计的一个必然选择。

热障涂层是为满足航空发动机发展的需要而于 20 世纪 60 年代开发出来的一种表面热防护技术,其最初的设计思想是利用陶瓷材料优越的耐高温、抗腐蚀和低导热等性能,以涂层的方式将陶瓷与金属基体相复合,在提高热端部件抗高温腐蚀能力的同时,使其能够承受更高的使用温度[2]。另外,采用热障涂层技术以后,可以在保持原有设计的基础之上,减小用于叶片冷却的空气量。因此,从这两个方面来看都提高了整个发动机的推力。热障涂层的隔热性能不但与涂层的导热率和厚度有关,而且与叶片内部冷却气体的流量、温度有关。

热障涂层配合气膜冷却技术的使用,可以在涂层表面和高温合金基体表面之间形成较高的温度梯度。研究结果[3]表明,当陶瓷层的厚度约为 0.25 mm 时,基体表面的温降最多可以达到 149 ℃。随着热障涂层技术在发动机热端部件的应用,人们进一步认识到,热障涂层不仅可以提高发动机的工作温度和部件的抗腐蚀能力,还将延长热端部件的使用寿命。例如,有研究[4]表明,叶片表面温度每降低 15 ℃,叶片的蠕变寿命将增加 1 倍左右;隔热温度每提高 40~100 ℃,叶片寿命将增加 3~4 倍;核心发动机入口温度每提高 100 ℃,其功率将提高 20% 左右,还可以将燃油消耗率减小 20% 以上。热障涂层最初的应用仅仅局限于航空发动机燃烧室的加力筒体和火焰筒等部位,而后随着制备技术的发展,已逐渐应用于导向叶片和转子叶片[5]。目前,热障涂层技术已成为研制新一代高推重比发动机的关键技术之一。

本章针对三维定向凝固涡轮导向叶片表面涂层在工作过程中出现的剥落现象,着重从整个材料结构体系的涂层微观结构演化规律、涂层失效机理、界面破坏及热疲劳寿命预测方法等几方面进行分析和探讨。其中理论分析与试验研究并重,研究对象从材料级别的变形分析到构件级别的失效与破坏分析,最后到三维叶片涂层结构的热疲劳分析与寿命预测。

7.2　热障涂层微观结构演化规律

7.2.1　试验内容与试验方法

本章的研究对象为等离子热障涂层,其中黏结层成分为 Ni22Cr10Al1.0Y,厚度为 0.125 mm;陶瓷层成分为 6%~8% 的 $Y_2O_3 \cdot ZrO_2$,厚度为 0.25 mm。基体材料为定向凝固高温合金 DZ40M。考虑到称重用电子天平的精度与量程范围,试验件尺寸设计得要尽量合适,在能够体现氧化增重显著程度的同时,又不能超出天平的量程范围。通常来讲,开展热障涂层氧化试验时大多选择平板型试验件。在不影响试验效果的前提下,采用瓦片状试验件。试验件高度为 20 mm,圆弧厚度为 2 mm,圆弧角度为 120°,外径为 7.5 mm,内径为 5.5 mm。由于经过线切割加工的试验件表面比较粗糙,并且基体部分可能存在氧化现象,因此利用砂纸对试验件进行了研磨,从而达到适宜在其表面喷涂热障涂层的要求。

选取涂层高温氧化试验温度为 1 050 ℃,氧化试验时间为 100 h。试验前称取坩埚和试验件的总质量,然后放入加热炉中进行加热,模具应尽可能放在热电偶附近。在试验过程中,间隔一段时间取出坩埚,在空气中自然冷却,然后称取坩埚和试验件的总质量,此次测量结果与上次测量结果的差值,就是试验件在这段时间内因氧化作用而增加的质量,取 3 次称量的平均值作为实际测量结果。模具由耐火砖制成,不可避免会在坩埚表面附着一些粉末,因此称重时须充分小心,每次称重前需用一次性塑料布将坩埚擦拭干净。为准确得到热障涂层的氧化动力学规律,需要采集较多的数据点,本章在试验过程中共称量了 11 个时刻的质量值。采用线切割技术将试验后的试验件切成小块，并进行镶样和打磨处理。由于等离子涂层试验件截面存在陶瓷层，为增加其导电性能，故在 SEM 分析之前还需要进行喷碳处理。

7.2.2 微观组织演化

图 7.1 所示为等离子涂层高温氧化试验中氧化增重的测量结果，由图可见，在第 20 h 左右，试验曲线出现了拐弯点。对此可解释如下，由于这时黏结层中的 Cr 元素与 O 元素结合，形成的氧化物部分由原来的 Cr_2O_3 转化成 CrO_3，后者为气体而挥发出去，所以导致了试验件质量的下降，即表现为试验曲线上增重幅度的降低[6]。从试验曲线上可以看出，在初始阶段，等离子涂层的氧化速率非常大，氧化增重即氧化层厚度的增加主要发生在前 20 h 以内；而在第 40 h 以后的时间里，氧化速率明显降低，氧化增重的幅度远小于前 20 h；在第 100 h 时刻，等离子涂层试验件的氧化增重达到了 33 mg。

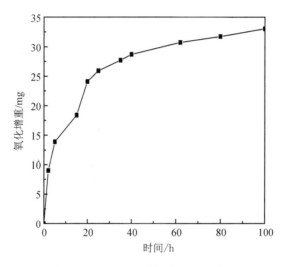

图 7.1　等离子涂层氧化增重试验结果

图 7.2 所示为等离子涂层氧化 20 h 时刻截面形貌及元素面分布图，由图可见，在黏结层界面附近 Zr、Cr、N_i 等几种元素都呈现出明显的波浪状分布形式，说明等离子涂层界面粗糙度是比较大的。这样在冷热循环过程中，势必会在界面附近形成复杂的应力场。因此，界面附近通常会成为涂层内部微裂纹萌生的敏感部位，是试验及理论分析所需要重点关注的地方。由图 7.2 还可以看出，O 元素在黏结层界面附近出现了比较密集的分布，说明等离子涂层中的黏结层出现了明显的氧化现象，即在界面上形成了连续的氧化层。氧化现象的出现改变了陶瓷层与黏结层原有的界面特性，降低了涂层体系的黏结强度，从而成为促使涂层发生剥落失效的重要影响因素。由此可见，界面存在粗糙度与黏结层的氧化现象是等离子热障涂层本身所固有的特性，也将是本章的研究重点之一。在下面的理论分析过程中，通过合理模拟涂层界面

粗糙度与黏结层氧化的影响来更为深入地研究等离子涂层的失效机理。

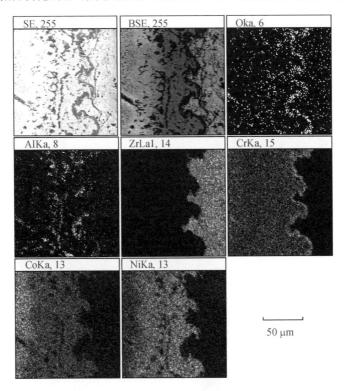

图 7.2　等离子涂层氧化 20 h 时刻截面形貌及元素面分布图

为了针对等离子涂层体系开展基于细观尺度的有限元建模分析,需要首先对涂层的界面形貌进行比较准确的表征。本章采用余弦曲面对等离子涂层的波浪形界面进行近似,在图 7.2 中测得余弦曲线的波长 $b=40\ \mu m$ 和幅值 $a=10\ \mu m$。采用如下方程对于等离子涂层的界面形状进行描述:

$$z = 10\cos\frac{2\pi}{40}x + 10\cos\frac{2\pi}{40}y \tag{7.1}$$

用 MATLAB 软件绘制式(7.1)所表示的三维曲面,从而得到等离子涂层界面形貌特征模拟图(见图 7.3),该曲面的表面积代表了涂层的有效表面积。很明显,考虑界面粗糙度效应的试验件表面积比不考虑界面粗糙度效应的表面积大得多。由计算可知,试验中等离子涂层的有效表面积为 1 207.892 mm²,而名义表面积为 660.285 mm²,二者的比值达到了 1.83。

7.2.3　TGO 演化动力学曲线

Wagner[7]研究了热障涂层的氧化动力学关系,并提出了抛物线模型:

$$m^2 = K_P \cdot t \tag{7.2}$$

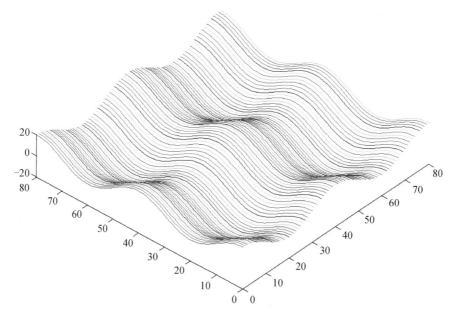

图 7.3　等离子涂层界面形貌特征模拟图(单位：μm)

其中，m 是单位面积的氧化增重（g·cm^{-2}），K_P 是抛物线速率常数（g·cm^{-4}·s^{-1}），t 是氧化时间（s）。一般可以将氧化层增厚的变化规律表达成幂函数形式[8]：

$$\delta = \left\{ \exp\left[Q\left(\frac{1}{T_0} - \frac{1}{T}\right)\right] t \right\}^n \tag{7.3}$$

其中，δ 是氧化层厚度（μm），T 是氧化温度（K），Q、T_0 和 n 三个参数需要通过对涂层氧化试验数据的拟合来确定。若假定 TGO 的密度在氧化过程中不发生变化，则由式(7.3)可以得到单位面积氧化增重的表达式：

$$m = \frac{W}{S} = \frac{\rho S \delta}{S} = \rho\delta = \rho \left\{ \exp\left[Q\left(\frac{1}{T_0} - \frac{1}{T}\right)\right] t \right\}^n \tag{7.4}$$

其中，m 是单位面积的氧化增重，ρ 是氧化物的密度。将式(7.2)和式(7.4)分别编入 Levenberg - Marquadt 非线性优化程序中，根据本章试验中氧化增重的试验数据，可以分别得到抛物线和幂函数形式的氧化动力学模型参数，如表 7.1 所列。

表 7.1　等离子涂层氧化动力学模型参数

模　型	抛物线模型	幂函数模型		
参　数	$K_P/(\text{g·cm}^{-4}\cdot\text{s}^{-1})$	Q/K	T_0/K	n
	3.11×10^{-11}	12 713	3 382	0.286

　　等离子涂层单位面积氧化增重随时间变化的试验数据如图 7.4 所示。由图可见，考虑界面粗糙度影响时，涂层在 100 h 的氧化增重达到了 2.7 mg/cm^2。由表 7.1 中的模型参数计算得到等离子涂层前 100 h 单位面积氧化增重的理论值，与试验数

据进行对比,发现从氧化动力学特性的数学描述上来看,由抛物线模型计算得到的结果在第 50 h 以前偏小,在第 50 h 以后偏大;而由幂函数模型得到的计算结果则较好地接近了试验数据,其计算精度明显高于抛物线模型。因此,在关于等离子涂层的有限元分析与寿命建模过程中,统一采用幂函数模型来描述涂层的氧化动力学规律。另外,由式(7.4)可以得到氧化层厚度随时间的变化规律,计算结果表明,等离子涂层在第 100 h 的氧化层厚度为 7.3 μm。

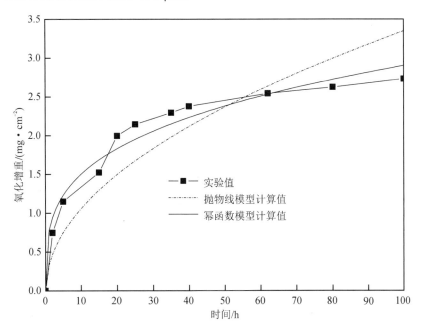

图 7.4　等离子涂层单位面积氧化增重随时间变化曲线

7.3　热障涂层热疲劳寿命与损伤机理

7.3.1　试验试件与试验设备

在热疲劳试验件的设计及载荷施加过程中,需要充分考虑带涂层涡轮导向叶片的结构及工作环境特点。在结构方面,涡轮导向叶片前缘曲率半径较小,尾缘曲率半径大,前缘与尾缘间连续过渡;在环境载荷方面,叶片的叶身局部温度较高,沿结构表面以及合金厚度方向存在温度梯度,并且加热和冷却速率较大等。基于上述特点,试验中采用带涂层薄壁圆管构件来模拟涡轮导向叶片前缘的几何特征,采用高频感应加热的方法对圆管中部进行集中加热,并且在降温过程中采用压缩空气强迫冷却的方式以达到使试件快速冷却的目的。考虑到加热用感应线圈的直径以及有效加热范围,等离子涂层圆管构件内径设计为 11 mm,外径为 15 mm,长度为 85 mm。热障涂层中各层成分、厚度与 7.2 节中相同。圆管构件实物图和结构尺寸如图 7.5 所示。带涂层圆管构件热疲劳试验设备包括加热装置、温度控制装置、冷却装置、试验台、基座以及套筒等。加热装置包括 GP30 - B 高频感应加热设备和感应线圈,温度控制装置包括 FP21 型多功能数字表和测温用热电偶,冷却装置包括空气压缩机以及压力控制装置。加热和冷却过程统一由 FP21 型多功能数字表进行控制,并根据设定的试验程序来实现加热和冷却。热电偶和测温装置事先都经过了标定以保证测量精度。

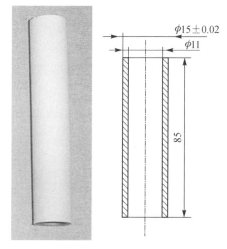

图 7.5　等离子涂层圆管试验件

7.3.2　试验内容与试验方法

选取 1 050 ℃ 作为等离子涂层构件热疲劳试验的最高温度;综合考虑试验周期以及所需达到的热循环效果,试验最低温度设定为 100 ℃。采用三角形和梯形循环谱作为试验载荷条件。只考虑热疲劳损伤时采用三角波,其中加热段时间设定为 120 s,冷却段时间设定为 300 s。考虑热疲劳损伤和氧化损伤的耦合效应时,采用梯形波,其中加热段时间和冷却段时间与三角形循环载荷谱相同,高温保持时间设定为 670 s。考虑到热障涂层内部氧化层厚度不同对于涂层热疲劳寿命的影响,试验中对部分构件分别进行了 50 h、100 h、200 h 的高温(1 050 ℃)预氧化处理。热疲劳试验控制温度与实测温度曲线如图 7.6 所示。由图可见,考虑到温度的惯性作用,在升温段的最高温度附近,应该逐渐减小加热设备的输出功率,使试验最高温度在能够达到要求的同时,不会产生较大的误差,因此升温段末了的温度变化速率较小。在降温段的最高温度附近,由于温度的惯性作用,温度降低的速率非常大,而在最低温度附近,温度降低的速率非常小。可见,设定的最低温度越低,整个热循环周期所需的时间就越长。

根据电感线圈的感应加热原理,为防止圆管构件的金属基体通过电磁感应首先获得热量,不能对其进行直接加热,因此设计了套筒来进行间接加热。圆管构件置于套筒内部,高频感应线圈首先对套筒进行加热,套筒再将热量以辐射和对流的方式传递给内部的圆管构件,因此沿涂层厚度方向就形成了由外到内的热流。感应线圈的加热部位位于套筒中部,其中有效加热段大约为 50 mm,这样沿圆管轴向可以形成温度梯度。在套筒内壁开槽,将热电偶紧贴涂层置于套筒内壁的槽内,用来测量涂层表面温度。FP21 型多功能数字表根据热电偶采集到的温度数据和本身设定的热循

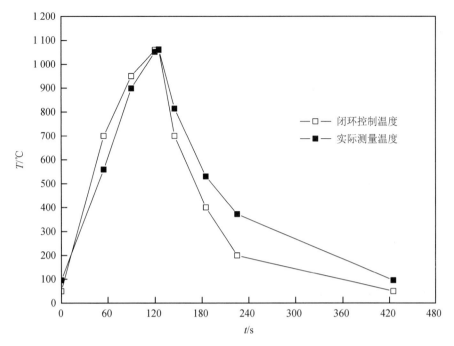

图 7.6　等离子涂层构件热疲劳试验控制温度与实测温度曲线

环程序波形进行对比,将差值信号传递到加热设备中去,从而实现了对加热过程的闭环控制。在冷却过程中,同样通过多功能数字表来控制冷却时间,并且使冷却空气的压力始终保持在 0.4~0.8 MPa 范围内,实现了对降温过程的闭环控制。

7.3.3　热疲劳试验结果

在热疲劳试验中,圆管构件表面涂层发生剥落失效现象。但是应该如何合理地定义构件失效,即究竟以多大面积的剥落作为失效判断标准,目前还没有统一的说法。该标准的确定需要根据涂层的工作环境、试验条件以及对带涂层部件可靠性要求的不同而加以区分。国外在开展热障涂层热疲劳试验研究时,采用的是带涂层圆棒构件,利用喷灯所产生的火焰对其进行加热,构件在加热一段时间后进行冷却,以模拟涂层的热循环载荷条件,并且提出以涂层加热段出现面积为 2.54 cm×2.54 cm 的剥落作为构件失效的判别准则[8]。本章考虑到试验周期等实际情况,认为在涂层加热段出现面积为 1 cm² 的剥落作为失效判别准则。涂层剥落面积的大小直接关系着涂层使用寿命的长短,定义不当可能会对带涂层构件以及对带涂层部件的寿命预测造成较大的误差,因此还有进行深入研究的必要。

等离子涂层构件热疲劳寿命试验结果如表 7.2 所列。由表可见,随着预氧化时间的增加,涂层热循环寿命减小;在无预氧化的试验中,带高温保持时间的热循环寿命小于不带保持时间的热循环寿命。以上现象能够说明黏结层氧化作用对涂层热疲劳寿命有较大的影响,因此在寿命建模过程中需要加以考虑。由于本次研究的试验件数量较少,目前试验数据只是初步满足了必要性条件,但还不具备充分性条件。另外,只开展一个温度范围下的试验研究显然是不够完善的,完备的试验数据应该能够反映热循环范围,以及最高温度对于涂层寿命的影响。

表 7.2   等离子涂层构件热疲劳寿命试验结果

试件号	PS-1	PS-2	PS-3	PS-4	PS-5	PS-6
预处理时间/h	—	—	50	50	100	200
载荷形式	三角波	梯形波	三角波	三角波	三角波	三角波
热疲劳循环数	508	298	477	195	438	402

7.3.4   热障涂层热疲劳损伤机理分析

众所周知,对涂层热疲劳失效过程和失效模式的分析是了解其失效机理的前提条件。为了叙述方便,对于圆管构件,本章规定沿涂层厚度方向为法向,与法向相垂直的分别为轴向和周向,沿法向扩展的裂纹为纵向裂纹,而在垂直于法向的平面内形成的裂纹为横向裂纹。图 7.7 所示为等离子涂层构件热疲劳失效模式及失效过程,其中图(a)表示涂层在加热段出现了明显的隆起现象,图(b)表示涂层沿轴向出现屈曲现象,图(c)表示涂层由于发生轴向屈曲而导致局部大面积剥落。剥落碎片呈白色,对其成分进行分析可知涂层的断裂部位于陶瓷层与黏结层的界面附近。在涂层表面没有观察到可见裂纹及龟裂现象。

结合上述涂层失效模式,可以对失效过程及主导因素做简要分析。

首先,在热循环载荷作用下,涂层内部在陶瓷层与黏结层的界面附近出现层间横向微裂纹。这种裂纹可能是 I 型、II 型或者 I 型和 II 型复合裂纹,而诱发裂纹萌生的主要机制为法向正应力,或者为垂直于法向的平面内剪切应力。在多条此类裂纹相互接合后,伴随着压应力作用,构件表面陶瓷层会出现隆起现象,如图 7.7(a)所示。

然后,由于加热段位于圆管中部位置,沿圆管轴向形成了温度梯度,温度较低的端部相对于温度较高的加热段来讲,类似于固定位移的边界条件。在最高温度时刻,涂层加热段受热膨胀,因此陶瓷层将承受沿轴向的压应力作用,随着热循环次数的进一步增加,构件表面陶瓷层会出现沿轴向的小规模屈曲现象,如图 7.7(b)所示。需要指出的是,沿圆管周向也可能存在压应力作用。但是对于本试验来讲,理论上沿圆管周向不存在温度梯度,并且涂层周向尺度小于轴向尺度。屈曲现象的发生不仅与作用力的大小有关,还与作用距离有关。因此,涂层失效表现为沿圆管轴向发生屈曲,而非周向屈曲。

最后,当轴向屈曲的范围比较大时,加热段的陶瓷层出现大面积剥落现象,如

图 7.7(c)所示。一般来讲,若等离子涂层内部在较大的轴向或周向拉伸应力作用则会产生纵向裂纹。裂纹将沿涂层厚度方向扩展,并且可以在涂层表面观察到。但是,由试验结果可知,等离子涂层表面没有出现可见裂纹或发生龟裂现象,说明轴向和周向拉伸应力对涂层热疲劳失效不起主导作用。

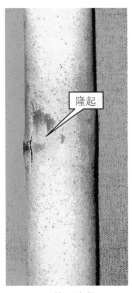
(a) 第一阶段

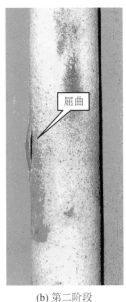
(b) 第二阶段

(c) 第三阶段

图 7.7　等离子涂层构件热疲劳失效模式及失效过程

　　以上从试验观察角度分析了对等离子涂层构件失效起主导作用的应力状态,不过准确的失效机理还需要结合有限元计算来进一步研究。

　　带涂层圆管构件的热疲劳试验研究在最大程度上再现了涡轮导向叶片的载荷形式以及叶片表面涂层的热疲劳失效模式,为研究涡轮导向叶片涂层结构的失效机理提供了试验依据,并且得到了涂层在给定载荷条件下的热循环寿命数据,可以通过非线性回归的方法获得涡轮导向叶片涂层结构热疲劳寿命预测模型中的各参数,为开展热疲劳寿命预测研究打下了基础。

7.4　热障涂层热疲劳失效机理有限元模拟

　　以往关于热障涂层失效机理的研究大都源于试验观察,而缺少基于试验结果的理论分析工作的支持。Rabiei[9]通过对等离子涂层失效试验件的 SEM 分析指出,裂纹大多在凹凸不平的界面附近萌生,然后向两侧的陶瓷层和氧化层中横向扩展,裂纹穿透氧化层后,沿着氧化层与黏结层的边界向波峰方向延伸。Busso[10]给出了等离子涂层失效过程的示意图,认为陶瓷层将在界面波峰附近形成层间横向微裂纹,内部法向应力对裂纹萌生与涂层剥落起主导作用。在热障涂层的理论分析方面,目前采用的方法包括解析法和有限元法。解析法包括轴对称弹性分析模型[11]、轴对称弹塑性分析模型[12]等;有限元法包括耦合氧化层增长的弹塑性模型[13]、耦合黏结层蠕变和氧化层增长的弹性模型[14]以及基于有限元分析的断裂力学方法[15]等。这些研究都没能考虑等离子涂层材料的复杂变形特征,显然由此得到的有限元分析结果将不够准确。

本节结合 7.3 节中等离子涂层高温氧化试验和热疲劳试验研究的结果,采用有限元法对等离子涂层构件的热疲劳进行数值模拟。重点考虑涂层界面粗糙度以及氧化层厚度变化的特点,建立了带涂层圆管构件基于细观尺度的有限元分析模型,详细分析了涂层界面附近陶瓷层内部,以及不同厚度氧化层内部的应力场。结合涂层失效模式,确定了界面附近危险点位置以及涂层破坏的控制变量,从而从理论分析角度对等离子涂层内部裂纹形成过程及机理进行了分析和探讨。

7.4.1　有限元模型

采用有限元法对等离子涂层构件的热疲劳进行数值模拟,根据热障涂层截面形貌的 SEM 观测结果(见图 7.2),考虑界面粗糙度及氧化层厚度的影响,用余弦曲线近似涂层界面形状,其中波长为 0.04 mm,幅值为 0.01 mm。建立了基于细观尺度的 4 结点二维轴对称分析模型,整个有限元模型包含 2 436 个结点、2 300 个单元。为叙述方便,定义了波峰、波谷及余弦型界面中部等特殊位置,如图 7.8 所示,图中方向 1 为法向,方向 2 为轴向,方向 3 为周向。规定图 7.8 中沿方向 1 形成的裂纹为纵向裂纹,而沿方向 2 形成的裂纹为横向裂纹。热障涂层中陶瓷层材料成分为

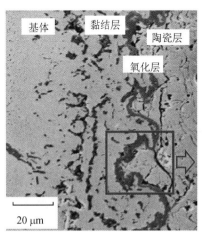
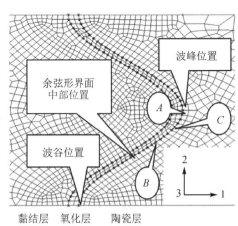

图 7.8　热障涂层有限元模型

6%～8%$Y_2O_3 \cdot ZrO_2$，厚度为 0.25 mm；黏结层材料成分为 Ni22Cr10Al1.0Y，厚度为 0.125 mm；氧化层材料成分为 Al_2O_3；基体材料为定向凝固 DZ40M 合金。圆管构件内径为 11 mm，外径为 15 mm，长度为 85 mm。

针对陶瓷层材料和基体材料采用黏塑性本构模型，黏结层材料采用理想弹塑性模型，热生长氧化层厚度通常较小（～0.01 mm），认为其不发生屈服现象，因此计算时采用线弹性模型。黏结层材料的弹性性能参数与屈服强度如表 7.3 和表 7.4 所列，氧化层材料的弹性性能参数如表 7.5 所列。热障涂层材料体系的热膨胀系数如表 7.6 所列，由表可见不同材料间热膨胀系数的差别较大，这也是涂层内部形成热不匹配应力的主要原因。

表 7.3 黏结层材料 MCrAlY 弹性性能参数[16]

$T/℃$	21	204	427	538	649	760	871	982	1 093	1 204
E/GPa	198	189	162	151	143	134	129	124	119	—
ν	0.31	0.32	0.32	0.33	0.33	0.34	0.34	0.35	0.37	0.39

表 7.4 黏结层材料 MCrAlY 屈服强度[17]

$T/℃$	20	200	400	600	800	1 000	1 100
σ_s/MPa	426	412	396	362	284	202	114

表 7.5 氧化层材料 Al_2O_3 弹性性能参数[17]

$T/℃$	20	200	400	600	800	1 000	1 100
E/GPa	400	390	380	370	355	325	320
ν	0.23	0.23	0.24	0.24	0.25	0.25	0.25

表 7.6 热障涂层体系不同温度下的热膨胀系数（$10^{-6} ℃^{-1}$）[16]

$T/℃$		200	400	600	800	1 000	1 100
陶瓷层		10.02	9.70	9.78	10.02	10.34	10.29
氧化层		8.2	8.4	8.7	9.0	9.3	9.6
黏结层		12.67	13.97	14.81	16.29	17.30	17.78
DZ40M	纵向	10.3	11.5	12.3	13.0	13.5	—
	横向	10.1	11.4	12.3	13.0	13.5	—

热循环载荷最高温度为 1 050 ℃，最低温度为 100 ℃，升温时间为 120 s，降温时间为 300 s。进行瞬态温度载荷下的应力计算，温度在 1 050 ℃ 与 100 ℃ 之间线性变化，假设整个模型内部不存在温度梯度，并且 400 ℃ 为等离子涂层初始无应力状态温度。考虑到模型的轴向尺度（0.04 mm）和圆管的有效加热长度（约 50 mm）相比非

常小,施加如下边界条件:垂直于圆管轴向的一侧边上,所有结点轴向位移为零,另一侧边上所有结点的轴向位移相等,以保证位移协调条件。计算中没有考虑陶瓷层材料循环硬化或软化等更为复杂的变形特性,因此只计算了两个循环,认为涂层内部应力场在两个循环之后即达到稳定状态。

7.4.2 陶瓷层内部裂纹萌生机理分析

本小节主要探讨陶瓷层内部微裂纹的萌生情况。需要指出的是,对于新制备的热障涂层,其内部通常不存在氧化层,引起涂层发生剥落的微裂纹首先在界面附近的陶瓷层中萌生。考虑到等离子涂层在初始氧化阶段的氧化速率较大,因此首先以氧化层厚度为 2 μm 时的热障涂层作为对象,分析陶瓷层内部应力分布情况,由此确定涂层内部危险点位置并分析裂纹萌生机理。Berndt[33] 的研究结果表明,在冷却到低温状态时,热障涂层界面附近产生的微裂纹会引起声发射现象。可见,涂层内部主要在热循环的低温阶段形成微裂纹,所以以下均选取热循环最低温度时刻的应力场来进行分析。

由 7.3 节中对等离子涂层热疲劳失效模式的分析可知,促使陶瓷层发生剥落失效的主导因素是界面附近横向微裂纹的出现,而法向应力和剪切应力能够诱发产生这种裂纹。因此,下面重点分析陶瓷层内部上述两种应力的分布情况。图 7.9 和图 7.10 分别为带 2 μm 氧化层的陶瓷层内部法向应力分布图、剪切应力分布图,并且只给出了陶瓷层部分的应力云图。由图 7.9 可见,由于模型、载荷以及边界条件的

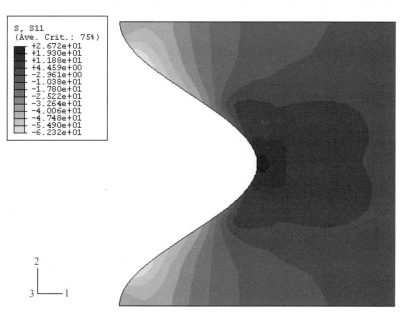

图 7.9 陶瓷层内部法向应力分布图(带 2 μm 氧化层)

对称性,法向应力分布具有关于波峰(见图 7.8 中 A 点)位置对称的性质,法向应力为最大的点出现在波峰位置,并且该位置的剪切应力很小,因此,在这个位置将容易萌生法向应力主导的Ⅰ型裂纹。由图 7.10 可见,剪切应力分布具有关于波峰位置反对称的性质,剪切应力绝对值为最大的点出现在余弦型界面中部偏上(见图 7.8 中 B 点)位置,并且该位置法向承受压应力作用,因此,在这个位置将容易萌生剪切应力主导的Ⅱ型裂纹。通过以上分析可见,当氧化层厚度为 2 μm 时,陶瓷层内部法向应力与剪切应力为最大的点均出现在界面附近,图 7.8 中 A 点和 B 点都有可能是横向裂纹萌生的危险位置,但微裂纹的萌生机理却不相同。

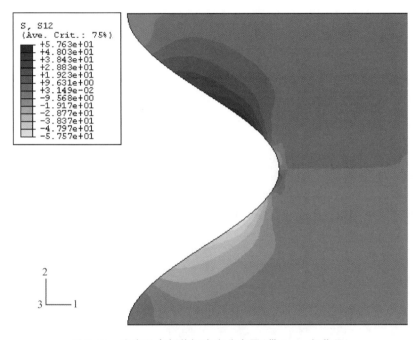

图 7.10　陶瓷层内部剪切应力分布图(带 2 μm 氧化层)

　　为了确定界面附近危险点的具体位置,进一步选取陶瓷层内部靠近界面的积分点作为考察对象。图 7.11 所示为最靠近氧化层的一层陶瓷层单元内部的法向应力、剪切应力、轴向应力、周向应力以及 Mises 等效应力随积分点位置的变化曲线,横坐标 d 表示陶瓷层单元积分点沿轴向的位置,其中 $d = 0$ μm 对应于图 7.8 中的波谷位置,$d = 20$ μm 对应于图 7.8 中的波峰位置。图 7.11 中 A、B 和 C 点代表陶瓷层单元内部法向应力、剪切应力的绝对值和 Mises 应力为最大的位置,分别与图 7.8 中的 A 点、B 点和 C 点的位置相对应。由图 7.11 可见,界面附近陶瓷层材料同时承受轴向和周向压应力作用,C 点位置处的轴向压缩应力和周向压缩应力都比较大,即该点之所以出现最大 Mises 等效应力,主要是由于轴向压缩应力和周向压缩应力而引起的。由 7.3 节中的分析可知,轴向和周向压缩应力对于等离子涂层内部微裂纹的萌生不起作用,因此在分析过程中选取了法向拉伸应力和剪切应力,而没有选取 Mises

等效应力作为考察对象。由图 7.11 还可以看出，处于波峰位置的 A 点承受较大的法向拉伸应力作用，而该点剪切应力较小，因此在这个位置将容易萌生法向应力主导的 I 型裂纹；B 点处的剪切应力最大，且法向承受压应力作用，因此在 B 点处将更容易萌生剪切应力主导的 II 型裂纹。综上所述，在对界面附近陶瓷层内部的应力分量进行全面深入分析之后，得到了与前面相一致的结论。结合文献[9]中通过试验观察到的裂纹出现位置，选取 B 点为陶瓷层内部的危险点位置。通过对危险点位置应力状态的分析，可以确定热障涂层的失效过程及失效机理，并可为开展涡轮导向叶片涂层结构的热疲劳寿命预测打下基础。

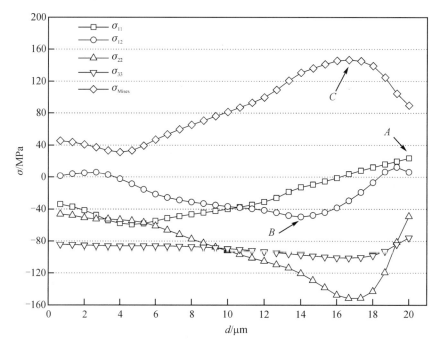

图 7.11　应力分量随陶瓷层单元积分点位置的变化曲线

　　图 7.12 给出了危险点位置处法向应力、剪切应力、轴向应力和周向应力随热循环时间的变化曲线，共计算了两个循环。由图可见，陶瓷层材料表现出了明显的拉压不对称特性，其中轴向与周向拉伸应力的数值远小于压缩应力的数值。危险点处的周向压缩应力相对轴向压缩应力而言为小，并且考虑到沿圆管轴向存在温度梯度，因此当陶瓷层与黏结层发生分离以后，即使同时受到轴向压缩和周向压缩应力作用时，涂层应该表现为出现轴向屈曲，而非周向屈曲。在热循环最低温度时刻（第 840 s），危险点处剪切应力的绝对值和轴向压缩应力均达到了最大值。在二者的作用下，陶瓷层内部容易萌生剪切应力主导的 II 型横向裂纹，并且在裂纹扩展之后，构件表面涂层容易发生轴向屈曲型破坏现象。可见，上述计算结果能够反映等离子涂层内部微裂纹的萌生情况，并可以说明试验中带涂层构件热疲劳失效模式的合理性。

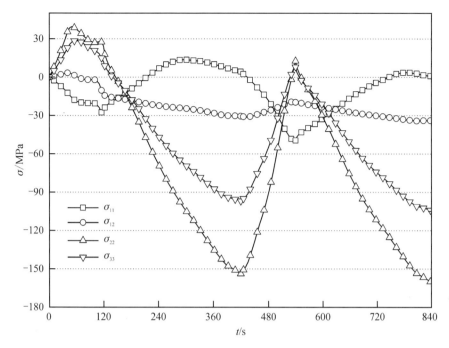

图 7.12 界面附近陶瓷层危险点的应力随时间变化曲线

7.4.3 氧化层厚度变化对陶瓷层内部裂纹形成的影响

随着高温工作时间的增加,涂层内部氧化层厚度会逐渐增大,同时涂层中裂纹也将经历从萌生到扩展这个过程。为了反映热疲劳不同阶段涂层内部应力的分布特点,在保持载荷和边界条件不变的前提下,计算了不带氧化层和氧化层厚度分别为 $2~\mu m$、$4~\mu m$、$6~\mu m$、$8~\mu m$ 时,等离子涂层构件内部的应力应变场。

下面首先探讨氧化层厚度的不同对界面附近陶瓷层应力状态的影响,然后分析氧化层厚度不同对于陶瓷层内部裂纹形成的影响。

图 7.13 和图 7.14 分别为氧化层厚度为 $0~\mu m$、$2~\mu m$、$4~\mu m$、$6~\mu m$、$8~\mu m$ 时,最靠近氧化层的一层陶瓷层单元内部,法向应力和剪切应力随积分点位置的变化曲线,横坐标 d 表示陶瓷层单元积分点沿轴向的位置,其中 $d=0~\mu m$ 对应于图 7.8 中的波谷位置,$d=20~\mu m$ 对应于图 7.8 中的波峰位置。由图 7.13 可见,当氧化层厚度小于 $4~\mu m$ 时,法向应力为最大的点总是位于波峰位置。而当氧化层厚度大于 $6~\mu m$ 时,波峰位置法向承受压应力作用。由图 7.14 可见,当氧化层厚度小于 $4~\mu m$ 时,剪切应力绝对值为最大的点,总是位于余弦型界面中部偏上(见图 7.8 中 B 点)位置附近,该剪切应力为负值。而当氧化层厚度大于 $6~\mu m$ 时,剪切应力绝对值为最大的点出现在偏离波峰处,并且该剪切应力变为正值。由此可见,当氧化层厚度介于 $4~\mu m$ 与 $6~\mu m$ 之间时,界面附近陶瓷层内部的应力场发生了显著变化。

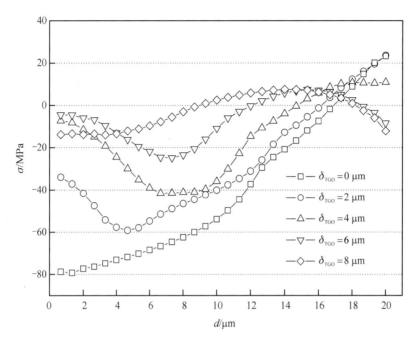

图 7.13　法向应力随陶瓷层单元积分点位置的变化曲线

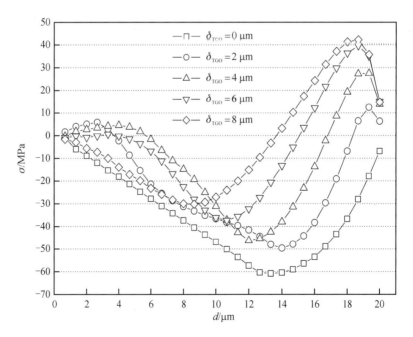

图 7.14　剪切应力随陶瓷层单元积分点位置的变化曲线

图 7.15～图 7.17 为带 4 μm、6 μm、8 μm 氧化层的陶瓷层内部法向应力和剪切应力分布图,并结合图 7.9 和图 7.10 可知,当氧化层厚度由 2 μm 变为 8 μm 时,最大法向拉伸应力位置由陶瓷层的波峰处逐渐转移到了陶瓷层内部,即可认为当氧化层厚度增加时,裂纹将在陶瓷层内部发生扩展。当氧化层厚度由 2 μm 变为 8 μm 时,剪切应力为最大的位置随氧化层厚度的变化而发生变化,但其最大值总是出现在界面附近,并不会出现在陶瓷层内部。由此可见,剪切应力只对陶瓷层内部裂纹的萌生起作用,而对裂纹扩展不起作用。氧化层厚度的增加能够在一定程度上反映热循环次数的增加,因此上述计算结果能够反映横向裂纹随热循环次数的增加在陶瓷层内部的扩展情况。

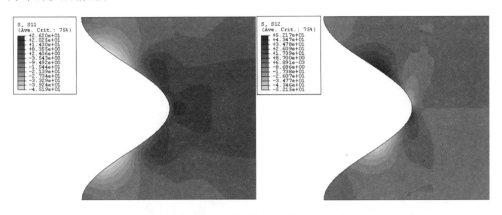

图 7.15　陶瓷层内部法向应力与剪切应力分布图(带 4 μm 氧化层)

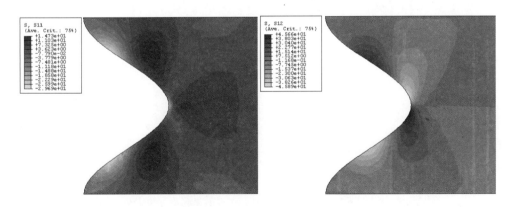

图 7.16　陶瓷层内部法向应力与剪切应力分布图(带 6 μm 氧化层)

　　对材料结构进行有限元分析,目的如下:① 通过了解结构内部应力分布情况,研究其失效过程及失效机理;② 通过计算分析,确定危险点位置,并选取合适的应力或应变变程分量来作为衡量结构体系寿命的控制参量,对其进行寿命预测研究。显然,控制参量的选取应该能够在一定程度上反映出材料结构的破坏过程。结合热疲劳试验中等离子涂层构件的失效模式,在对其进行寿命建模时采用陶瓷层材料界面附近

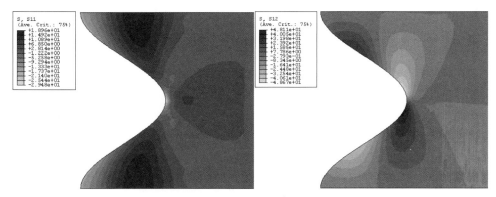

图 7.17　陶瓷层内部法向应力与剪切应力分布图(带 8 μm 氧化层)

危险点处的剪切应变变程和轴向应变变程作为控制参量。剪切应变变程和轴向应变变程分别代表了涂层内部的微裂纹萌生过程和发生屈曲型破坏过程。计算得到危险点处的剪切应变变程和轴向应变变程随氧化层厚度的变化曲线如图 7.18 所示。

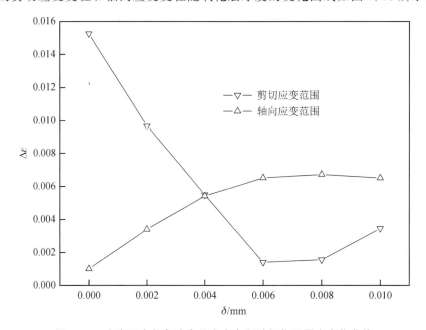

图 7.18　陶瓷层内部危险点处应变变程随氧化层厚度变化曲线

　　由图 7.18 可见,当氧化层厚度为 0 时,危险点处的剪切应变变程较大,随着氧化层厚度的增加,剪切应变变程经历了先减小后增大的过程,而轴向应变变程的变化趋势则刚好相反。以上建立了寿命控制参量与热疲劳失效之间的联系,使寿命预测模型能够在一定程度上反映涂层的热疲劳失效过程,计算结果为开展涡轮导向叶片涂层结构的寿命预测研究打下了基础。

7.4.4 氧化层内部裂纹形成机理分析

试验研究[9]表明,由于界面粗糙度的存在,裂纹在氧化层内部的扩展并不是沿着横向或纵向进行的,因此这里选取 Mises 等效应力来进行分析,而没有选取法向拉伸应力或剪切应力。图 7.19 所示为不同厚度氧化层内部 Mises 等效应力分布图,其中的数字表示应力的最大值。由图可见,随着氧化层厚度的变化,内部 Mises 等效应力的最大值在 1.2～1.7 GPa 范围内变化。上述结果表明在热循环过程中,不同厚度氧化层内部均存在较高的 Mises 等效应力,因此将形成较高的应变能密度。当应变能释放率大于氧化层材料的断裂韧性时,氧化层内部就会出现裂纹。文献[3]中指出,由于材料间的热不匹配作用,当热障涂层体系从最高温度 1 100 ℃冷却到室温时,氧化层中产生的最大残余压缩应力达到了 3～6 GPa。因此,说明所得到的计算结果是可能出现的。

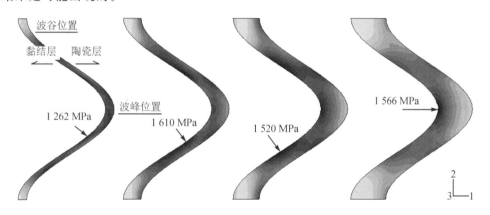

图 7.19 不同厚度氧化层内部 Mises 应力分布图

作为对比,由图 7.11 中的计算结果可知,界面附近陶瓷层内部 Mises 等效应力最大值为 160 MPa,该值远小于氧化层内部的 Mises 等效应力。因此,虽然氧化层材料的断裂韧性大于陶瓷层材料的断裂韧性,但是氧化层内部所存储的较高的应变能密度将促使裂纹穿透氧化层,即氧化层内部仍然会产生裂纹。由图 7.19 还可以看出,Mises 等效应力最大的点始终位于余弦型界面中部附近或波峰位置,且均靠近黏结层。由此可以推断出裂纹在氧化层内部的大致分布情况,即裂纹将出现在氧化层与黏结层之间的界面附近,并且可以扩展到波峰位置,但不会出现在波谷位置。图 7.11 和图 7.19 中的计算结果可以说明裂纹穿透氧化层以及在氧化层内部的扩展情况,与文献[9]中观察到的裂纹分布形式相一致。

7.4.5 等离子涂层内部裂纹形成过程及机理

综合有限元计算分析结果,这里给出等离子热障涂层内部裂纹形成过程及机理:

首先,在热疲劳初始阶段,氧化层厚度较小,在余弦形界面中部偏上位置附近,由于剪切应力的作用,在该位置容易萌生剪切应力主导的Ⅱ型横向微裂纹,如图7.20(a)所示。随着热循环次数的增加,氧化层厚度也相应增大,其内部所存储的应变能密度能够促使陶瓷层中的微裂纹穿透氧化层;在陶瓷层内部法向拉伸应力的作用下,界面附近的微裂纹可以向陶瓷层内部横向扩展,如图7.20(b)所示。随着热循环次数的进一步增加,氧化层厚度增大,其内部存储的应变能密度促使裂纹沿着氧化层与黏结层的边界扩展,并向波峰方向延伸,直至两侧的微裂纹相互接合,但通常不会向波谷方向以及黏结层内部扩展,如图7.20(c)所示。在界面附近多条微裂纹相互接合之后,陶瓷层与黏结层之间会出现分离现象,并将最终引起陶瓷层的剥落失效。

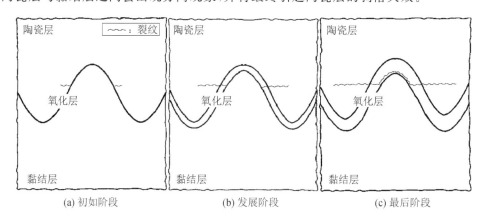

图7.20 等离子涂层内部裂纹形成过程示意图

7.5 热障涂层界面损伤数值模拟

热障涂层中由于不同材料间的热力学性质存在差异,在热循环载荷作用下陶瓷层与黏结层的界面位置易出现脱粘、开裂等形式的失效,并最终引起陶瓷层发生剥落,因此研究界面特性对热障涂层的失效分析具有重要意义。目前,对于异质材料界面损伤以及破坏性质的表征,通过常规有限元法还难以实现。而基于断裂力学的方法处理的是静态裂纹扩展问题,无法解释裂纹动态扩展以及最终的失效过程,并且裂纹表面的突然张开是不符合实际开裂规律的,一般来讲裂纹表面应该随着外载荷的增加而发生渐进式张开[18],因此需要寻求新的方法来解决上述问题。界面损伤力学作为连续介质损伤力学的一部分,通过在界面之间附加一层界面单元来反映界面性质。与断裂力学相比,界面损伤力学具有明显的优势[19,20]。

以往在应用界面单元模拟材料结构的损伤与破坏时,未考虑不规则界面法线方向变化对计算结果的影响[21,22]。针对等离子涂层界面存在较大粗糙度的特点,本节在现有界面损伤力学模型的基础上进行改进,构造了三结点界面单元,其中第三个结点用于指示界面的法线方向,这样模型就能够模拟任意形状界面的开裂问题。将改进的界面单元通过 ABAQUS 用户子程序 UEL 及有限元软件进行了结合,模拟了等离子涂层典型界面在热循环载荷下的损伤及拉伸载荷下的破坏过程,并由此对涂层界面失效特点及本节方法的可行性和合理性进行了分析。

7.5.1　计算方法

1. 界面损伤力学模型

在满足热力学第二定律的基础上,Chaboche 等[23]指出存在如下热力学势函数:

$$\Phi = \frac{1}{2}\left[EF(\lambda_{max})H(\Delta_n) + KH(-\Delta_n)\right]\left(\frac{\Delta_n^2}{\delta_n}\right) + \frac{1}{2}GF(\lambda_{max})\left(\frac{\Delta_t^2}{\delta_t}\right) \quad (7.6)$$

其中,$H(f)$ 是 Heaviside 函数,当 $f < 0$ 时,$H(f) = 0$,当 $f \geqslant 0$ 时,$H(f) = 1$;E、G 和 K 分别为拉伸、剪切和压缩刚度系数,这里 K 可取为远大于 E 的任意值,即认为压缩时的刚度系数接近无穷大;Δ_n 和 Δ_t 分别为界面单元法向和切向之间的相对位移;δ_n 和 δ_t 表示界面单元法向相对位移和切向相对位移的极限值,界面单元结点间相对位移超过这个值后认为在界面处形成裂纹。式(7.6)中共包括 4 个待定参数,即 δ_n、δ_t、E 和 G。

令 λ 为界面单元结点间相对位移的一个度量[23]:

$$\lambda = 1 - \left\langle 1 - \sqrt{\left(\frac{\langle\Delta_n\rangle}{\delta_n}\right)^2 + \left(\frac{\Delta_t}{\delta_t}\right)^2}\right\rangle \quad (7.7)$$

其中,$\langle\Delta\rangle = \Delta H(\Delta)$,认为界面单元在承受法向压缩载荷时不产生损伤。当 λ 增加时,定义损伤为 $\lambda_{max} = \lambda(0 \leqslant \lambda_{max} \leqslant 1)$,$\lambda_{max}$ 是一个单调非递减的标量,可以用来体现材料损伤的不可恢复性。因此,模型能够考虑复杂载荷条件,如加/卸载等因素的影响。当 λ_{max} 达到 1 时,认为异质材料在界面处发生了完全分离,即材料发生破坏。

函数 $F(\lambda_{max})$ 定义成如下形式[23]:

$$F(\lambda_{max}) = (1 - \lambda_{max})^2 \quad (7.8)$$

上式给出了不同时刻损伤对刚度系数的影响,是建立界面单元本构关系的基础。一般来讲,通过定义不同形式的 $F(\lambda_{max})$,可以代表不同类型的界面性质。

界面单元上法向应力 T_n 和切向应力 T_t 可以表示成势函数 Φ 对法向和切向相对位移求偏导数的形式。由式(7.6)得到 T_n 和 T_t 的表达式:

$$T_n = \frac{\partial\Phi}{\partial\Delta_n} = \left[EF(\lambda_{max})H(\Delta_n) + KH(-\Delta_n)\right]\frac{\Delta_n}{\delta_n} \quad (7.9)$$

$$T_t = \frac{\partial \Phi}{\partial \Delta_t} = GF(\lambda_{\max}) \frac{\Delta_t}{\delta_t} \tag{7.10}$$

简单地说,界面单元性质类似一个特殊的弹簧,但其力学行为要比线性或非线性弹簧复杂得多。在刚开始加载时,界面单元上的作用力随着外载荷的增加而增加,结点间的相对位移逐渐增大。在单元上所承受应力达到其最大值 $\sigma_{\max}$ 或 $\tau_{\max}$ 以后继续加载,单元上的作用力则开始下降,即界面单元逐渐失去了承载能力。当单元上的作用力最终降为零时,表明在界面处形成了裂纹。界面单元上允许结点间发生法向分离和切向分离,负的法向分离表示界面间相互挤压。法向压应力幅值随受压缩位移的增加迅速增加,这样可以避免界面产生过多的压缩变形,如图 7.21 所示。界面单元上结点间的切向分离具有关于坐标原点反对称的性质,如图 7.22 所示。应用界面单元模拟异质材料界面的断裂行为,不需要事先预制初始裂纹,可以允许多条裂纹同时扩展,不需要对模型进行重新划分网格的处理,并且在引入损伤之后,可以考虑复杂载荷条件以及加卸载等因素的影响。一般来讲,界面法向位移和切向位移之间是相互耦合的,并且认为界面单元在卸载过程中的本构关系是完全弹性的,如图 7.23 所示。

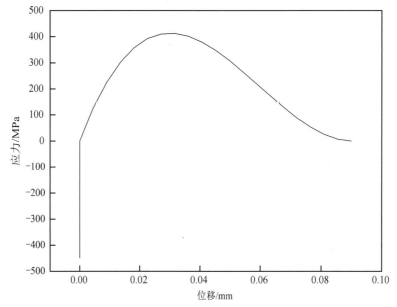

图 7.21　界面单元法向力学行为计算结果

2. 界面损伤力学模型参数确定方法

由式(7.7)~式(7.10)可见,当界面单元承受纯拉伸载荷且 $\Delta_n = \frac{1}{3}\delta_n$ 时,T_n 达到最大值,令 $T_n = \sigma_{\max} = \frac{4}{27}E$,则可得 $E = \frac{27}{4}\sigma_{\max}$。同理,当界面单元承受纯剪切

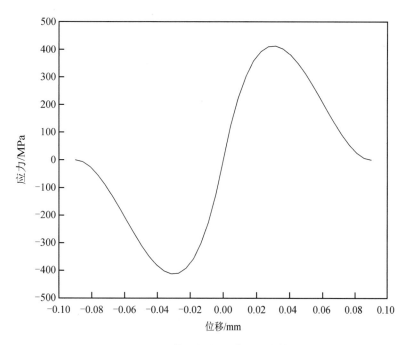

图 7.22　界面单元切向力学行为计算结果

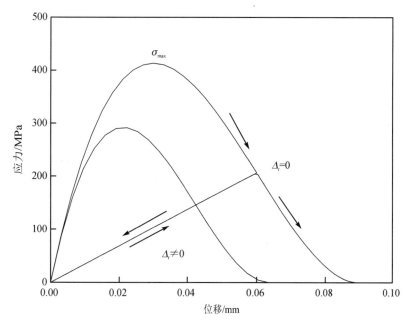

图 7.23　界面损伤力学模型加/卸载过程计算结果

载荷且 $\Delta_t = \dfrac{1}{3}\delta_t$ 时，T_t 达到其最大值，令 $T_t = \tau_{\max} = \dfrac{4}{27}G$，可得 $G = \dfrac{27}{4}\tau_{\max}$。这里 $\sigma_{\max}$ 和 $\tau_{\max}$ 分别是异质材料界面法向和切向的结合强度，以上给出了参数 E、G 与界面结合强度间的关系。

当界面单元承受纯拉伸载荷时，由式（7.9）可得法向拉伸曲线与横轴所包围的面积，即界面裂纹沿法向完全张开所需的总功为

$$W_n = \int_0^{\delta_n} T_n \, \mathrm{d}\Delta_n = E\delta_n \int_0^1 F(\lambda)\,\mathrm{d}\lambda = E\delta_n \int_0^1 (1-\lambda)^2 \,\mathrm{d}\lambda = \frac{9}{16}\sigma_{\max}\delta_n \quad (7.11)$$

同理，当承受纯剪切载荷时，由式（7.10）可得界面裂纹沿切向完全张开所需的总功为

$$W_t = \int_0^{\delta_t} T_t \, \mathrm{d}\Delta_t = G\delta_t \int_0^1 F(\lambda)\,\mathrm{d}\lambda = \frac{9}{16}\tau_{\max}\delta_t \quad (7.12)$$

本章只考虑了界面单元分离时的弹性效应，而没有考虑界面的塑性变形、摩擦、时间相关[24]等更为复杂的变形机制。界面损伤力学模型大多基于断裂力学思想，认为界面单元的承载能力由界面强度，或更准确地说，由Ⅰ型和Ⅱ型临界弹性能释放率，即断裂韧性 G_{IC} 和 $G_{\mathrm{ⅡC}}$ 决定。对于纯拉伸和纯剪切的情况，临界弹性能释放率等于每单位面积界面产生分离所需的总功，即

$$W_n = G_{\mathrm{IC}}, \quad W_t = G_{\mathrm{ⅡC}} \quad (7.13)$$

上式表明材料界面的断裂韧性与界面产生法向或切向分离的总功 W 相等。热障涂层界面的结合强度 $\sigma_{\max}$ 和 $\tau_{\max}$ 可以通过试验方法测试得到[16,26]，界面Ⅰ型和Ⅱ型裂纹的断裂韧性也可以由试验方法获得[3,27]，在缺少涂层界面Ⅱ型裂纹断裂韧性数据时，可认为Ⅰ型和Ⅱ型裂纹的断裂韧性相同，即 $G_{\mathrm{IC}} = G_{\mathrm{ⅡC}}$。这样，由式（7.11）～式（7.13）就可以确定 δ_n、δ_t、E 和 G 这 4 个模型参数。

3. 界面单元结点的位移

由于界面单元的应力-位移关系是在单元局部坐标系下表达的，因此需要建立空间总体坐标系和单元局部坐标系。令空间总体坐标系为 x-y，单元局部坐标系为 n-t，θ 为二者的夹角，规定从 x 轴到 t 轴沿逆时针方向旋转为正，θ 的范围为 $0° \leqslant \theta \leqslant 360°$，如图 7.24 所示。在总体坐标系中，界面单元结点的位移向量可以表示为

$$\boldsymbol{u}_1 = u_{1x}\boldsymbol{e}_i + u_{1y}\boldsymbol{e}_j, \quad \boldsymbol{u}_2 = u_{2x}\boldsymbol{e}_i + u_{2y}\boldsymbol{e}_j \quad (7.14)$$

其中，$\boldsymbol{e}_i$ 和 $\boldsymbol{e}_j$ 是空间总体坐标系中 x 轴和 y 轴方向的单位向量。在单元局部坐标系中，界面单元结点的位移分量可以表示为

$$\boldsymbol{u}_1 = u_{1n}\boldsymbol{e}_n + u_{1t}\boldsymbol{e}_t, \quad \boldsymbol{u}_2 = u_{2n}\boldsymbol{e}_n + u_{2t}\boldsymbol{e}_t \quad (7.15)$$

其中，$\boldsymbol{e}_n$ 和 $\boldsymbol{e}_t$ 是单元局部坐标系中沿法向和切向的单位向量。综合式（7.14）和式（7.15），可以得到结点位移分量在局部坐标系和总体坐标系之间的关系：

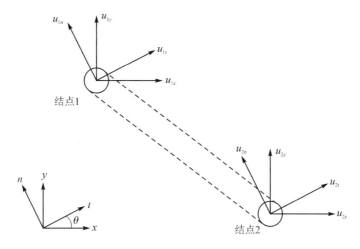

图 7.24　界面单元结点的位移

$$u_{1n} = -u_{1x}\sin\theta + u_{1y}\cos\theta$$
$$u_{1t} = u_{1x}\cos\theta + u_{1y}\sin\theta$$
$$u_{2n} = -u_{2x}\sin\theta + u_{2y}\cos\theta \qquad (7.16)$$
$$u_{2t} = u_{2x}\cos\theta + u_{2y}\sin\theta$$

这样,在单元的局部坐标系中,界面单元结点间的相对位移 Δ_n 和 Δ_t 可以表达为

$$\Delta_n = u_{1n} - u_{2n}, \quad \Delta_t = u_{1t} - u_{2t} \qquad (7.17)$$

其中,$\Delta_n > 0$ 表示界面单元沿法向张开,$\Delta_n < 0$ 表示界面之间的相互挤压;$\Delta_t > 0$ 和 $\Delta_t < 0$ 均表示界面沿着剪切方向发生分离,$\Delta_t > 0$ 表示结点 1 相对于结点 2 沿 t 轴正向,$\Delta_t < 0$ 表示结点 1 相对于结点 2 沿 t 轴负向,如图 7.25 所示。以上建立了界面单元结点间相对位移与结点在空间总体坐标系下位移的关系,为模型的有限元实现打下了基础。

通常情况下,当界面形状规则时,界面单元可由两个结点构成,如直线型界面。但是当界面形状不规则时,即每个单元处的 θ 均不相同时,有限元程序将因为无法判断单元的法向和切向而得到错误结果,因此本章构造了三结点界面单元,如图 7.26 所示。在原有两结点界面单元的基础之上添加结点 3,由用户在划分网格时指定,通过它与结点 1、2 在 0 时刻的坐标值,计算出空间总体坐标系与单元局部坐标系之间的夹角 θ,这样就可以确定出任意形状界面的法线方向。需要指出的是,结点 3 相当于一个虚拟结点,在这个结点上不存在力学响应,在计算时需要进行特殊处理,指定结点 3 的位移向量为零,力向量也为零,刚度系数取为 1,这样界面单元中该结点的存在不会影响有限元平衡方程的收敛性。结点 1 和结点 2 在开始时刻总体坐标完全相同,当界面单元承受载荷时,结点 1 和结点 2 将出现法向分离、切向分离以及相互挤压等情况,通过引入标量损伤作为判断界面裂纹张开的标准。

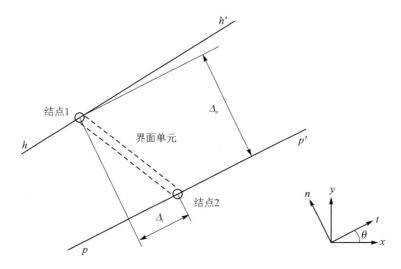

图 7.25　界面单元结点间相对位移

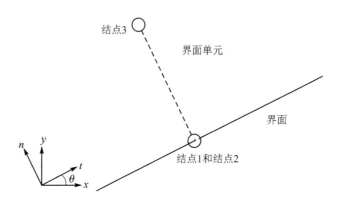

图 7.26　三结点界面单元示意图

4. 界面单元结点的应力

设界面单元的结点 1 和结点 2 在总体坐标系下所承受作用力为 f_1 和 f_2（如图 7.27 所示），则

$$\boldsymbol{f}_1 = f_{1x}\boldsymbol{e}_i + f_{1y}\boldsymbol{e}_j, \quad \boldsymbol{f}_2 = f_{2x}\boldsymbol{e}_i + f_{2y}\boldsymbol{e}_j \tag{7.18}$$

而 T_n 和 T_t 是作用在表面积为 A 的界面单元上的应力，因此 $f = TA$。本章目前只针对二维平面问题进行分析，模型厚度设为 l，这样得到 $f = Tl$，其中 l 是界面单元特征长度，与网格的疏密程度有关，有限元网格划分好后即可确定这个值。l 不能任意选取，而是依赖于实际的物理问题。例如，如果其他所有参数均相同，界面单元的特征长度设为 nl，它的刚度即特征长度为 l 的界面单元刚度的 n 倍。

T_n 和 T_t 处于单元局部坐标系当中，同样考虑局部坐标系与总体坐标系之间的夹角，可得

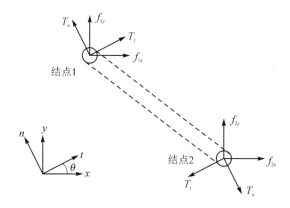

图 7.27　界面单元上应力与结点间作用力

$$
\left.
\begin{aligned}
f_{1x} &= (T_t \cos\theta - T_n \sin\theta)l \\
f_{1y} &= (T_t \sin\theta + T_n \cos\theta)l \\
f_{2x} &= -(T_t \cos\theta - T_n \sin\theta)l \\
f_{2y} &= -(T_t \sin\theta + T_n \cos\theta)l
\end{aligned}
\right\}
\tag{7.19}
$$

显然，由式(7.19)可得

$$
f_1 = -f_2 \tag{7.20}
$$

式(7.20)表示界面单元上结点间作用力的大小相等且方向相反，界面单元起到了为异质材料之间传递力的作用。需要强调的是，采用三结点界面单元对结构进行损伤与破坏分析时，对前处理中网格划分的要求比较高。首先，界面附近材料的单元网格应该均匀分布，以保证界面单元的特征长度相等。其次，需要准确选取结点 3 的位置，以保证界面单元法线方向的正确性。采用界面单元表征材料结构内部裂纹的扩展过程，需要事先已知裂纹路径，即通常认为结构只在不同材料的界面之间发生破坏。

5. 界面单元在 UEL 中的实现

　　ABAQUS 软件为用户提供了友好的接口程序 UEL(用户自定义单元子程序)。通过用户自定义单元可以建立结点间作用力(应力)与位移或速度(应变)的函数关系，可以自定义结点的自由度，单元上的本构关系可以是线性的或是非线性的，用户自定义单元可以方便地与常规单元相结合，从而成为有限元分析模型的一部分[28]。ABAQUS 主程序在调用子程序 UEL 时，向用户提供了单元结点坐标值、增量步开始时刻的位移和位移增量。用户需要在增量步结束时刻更新所有状态变量。自定义单元对整个分析模型的主要贡献在于通过结点位移值和单元状态变量而提供了结点力向量 **F**。在实际计算过程中，界面单元的本构关系完全取决于单元刚度矩阵 **K** 和右端结点力向量 **F**。

　　三结点界面单元共有 6 个位移分量，单元的结点力向量 **F** 和位移向量 **U** 写成矩阵形式：

$$F = \begin{bmatrix} f_{1x} \\ f_{1y} \\ f_{2x} \\ f_{2y} \\ f_{3x} \\ f_{3y} \end{bmatrix}, \quad U = \begin{bmatrix} u_{1x} \\ u_{1y} \\ u_{2x} \\ u_{2y} \\ u_{3x} \\ u_{3y} \end{bmatrix} \tag{7.21}$$

则单元刚度矩阵 K 可以表示为

$$K_{ij} = \frac{\partial F_i}{\partial U_j} = k_{ij}l, \quad (i,j = 1,2,\cdots,6) \tag{7.22}$$

写成矩阵形式:

$$K = \begin{bmatrix} K_{11} & K_{12} & K_{13} & K_{14} & K_{15} & K_{16} \\ K_{21} & K_{22} & K_{23} & K_{24} & K_{25} & K_{26} \\ K_{31} & K_{32} & K_{33} & K_{34} & K_{35} & K_{36} \\ K_{41} & K_{42} & K_{43} & K_{44} & K_{45} & K_{46} \\ K_{51} & K_{52} & K_{53} & K_{54} & K_{55} & K_{56} \\ K_{61} & K_{62} & K_{63} & K_{64} & K_{65} & K_{66} \end{bmatrix} \tag{7.23}$$

由式(7.9)、式(7.10)和式(7.14)~式(7.21)可得

$$\begin{aligned}
k_{11} &= \frac{\partial T_t}{\partial \Delta_t}\cos^2\theta + \frac{\partial T_n}{\partial \Delta_n}\sin^2\theta - \left(\frac{\partial T_t}{\partial \Delta_n} + \frac{\partial T_n}{\partial \Delta_t}\right)\sin\theta\cos\theta \\
k_{12} &= \frac{\partial T_t}{\partial \Delta_n}\cos^2\theta - \frac{\partial T_n}{\partial \Delta_t}\sin^2\theta + \left(\frac{\partial T_t}{\partial \Delta_t} - \frac{\partial T_n}{\partial \Delta_n}\right)\sin\theta\cos\theta \\
k_{13} &= -\frac{\partial T_t}{\partial \Delta_t}\cos^2\theta - \frac{\partial T_n}{\partial \Delta_n}\sin^2\theta + \left(\frac{\partial T_t}{\partial \Delta_n} + \frac{\partial T_n}{\partial \Delta_t}\right)\sin\theta\cos\theta \\
k_{14} &= -\frac{\partial T_t}{\partial \Delta_n}\cos^2\theta + \frac{\partial T_n}{\partial \Delta_t}\sin^2\theta - \left(\frac{\partial T_t}{\partial \Delta_t} - \frac{\partial T_n}{\partial \Delta_n}\right)\sin\theta\cos\theta \\
k_{21} &= -\frac{\partial T_t}{\partial \Delta_n}\sin^2\theta + \frac{\partial T_n}{\partial \Delta_t}\cos^2\theta + \left(\frac{\partial T_t}{\partial \Delta_t} - \frac{\partial T_n}{\partial \Delta_n}\right)\sin\theta\cos\theta \\
k_{22} &= \frac{\partial T_t}{\partial \Delta_t}\sin^2\theta + \frac{\partial T_n}{\partial \Delta_n}\cos^2\theta + \left(\frac{\partial T_t}{\partial \Delta_n} + \frac{\partial T_n}{\partial \Delta_t}\right)\sin\theta\cos\theta \\
k_{23} &= \frac{\partial T_t}{\partial \Delta_n}\sin^2\theta - \frac{\partial T_n}{\partial \Delta_t}\cos^2\theta - \left(\frac{\partial T_t}{\partial \Delta_t} - \frac{\partial T_n}{\partial \Delta_n}\right)\sin\theta\cos\theta \\
k_{24} &= -\frac{\partial T_t}{\partial \Delta_t}\sin^2\theta - \frac{\partial T_n}{\partial \Delta_n}\cos^2\theta - \left(\frac{\partial T_t}{\partial \Delta_n} + \frac{\partial T_n}{\partial \Delta_t}\right)\sin\theta\cos\theta \\
k_{31} &= -k_{11}, \quad k_{32} = -k_{12}, \quad k_{33} = -k_{13}, \quad k_{34} = -k_{14}, \\
k_{41} &= -k_{21}, \quad k_{42} = -k_{22}, \quad k_{43} = -k_{23}, \quad k_{44} = -k_{24} \\
k_{55} &= k_{66} = 1.0 \quad (\text{刚度阵}[k]\text{其余位置元素为}0)
\end{aligned} \tag{7.24}$$

将改进的三结点界面单元通过 ABAQUS 用户子程序 UEL 与有限元软件进行了结合。任意给定一组模型参数 E、G、K、δ_n 和 δ_t 分别为 2 790 MPa、2 790 MPa、3.0×10^9 MPa、0.09 mm 和 0.09 mm，界面单元应力–位移计算曲线如图 7.21～图 7.23 所示。由图可见，计算曲线能够较好地反映界面单元的各种性质，说明单元与用户子程序 UEL 的结合是成功的。

下面通过改进的界面单元数值模拟等离子涂层典型界面，在热循环载荷下的损伤以及在拉伸载荷下的破坏过程，并进一步验证三结点界面单元的性质。

7.5.2　涂层典型界面损伤与破坏模拟计算

1. 分析模型

借助改进的界面单元对等离子涂层典型界面的损伤与破坏进行数值模拟研究。将氧化层视为无厚度的界面层，通过界面单元来表征其性质，认为热障涂层中的裂纹在界面位置萌生，并且只沿界面扩展。根据等离子涂层截面形貌的 SEM 观测结果，建立了四结点平面应变分析模型，其中陶瓷层厚度为 0.25 mm，黏结层厚度为 0.125 mm。考虑到基体厚度较大且远离界面，因此忽略基体的影响，采用余弦曲线近似涂层界面形状，波长为 0.04 mm，幅值为 0.01 mm。在陶瓷层（图 7.28 中界面右侧材料）与黏结层的界面之间布置界面单元，选取沿界面外法线方向并与之相邻的结点为界面单元的第三个结点，划分网格时保证该结点位于界面的法线方向。

陶瓷层材料成分为 6%～8%$Y_2O_3 \cdot ZrO_2$，应力–应变分析时采用具有拉压不对称和静水应力相关特性的粘塑性本构模型[29]，黏结层材料成分为 Ni22Cr10Al1.0Y，采用理想弹塑性模型，材料屈服数据来源于文献[16]。根据文献[16]中涂层界面法向结合强度 σ_{max}（35 MPa）以及文献[25]中涂层断裂韧性（10 J·m^{-2}）的测量结果，并且假设界面法向和切向结合强度相等，界面 I 型和 II 型裂纹的断裂韧性相等，得到模型参数 E、G、δ_n 和 δ_t 分别为 236.25 MPa、236.25 MPa、0.508 μm 和 0.508 μm。考虑到涂层界面之间将出现分离现象，为了准确得到涂层内部应力计算结果，计算时采用了有限变形理论。

2. 热循环载荷下的损伤计算及结果分析

在计算热循环载荷下等离子涂层界面的损伤过程中，热循环最高温度为 1 050 ℃，最低温度为 15 ℃，且假设 400 ℃ 为涂层初始无应力状态温度[16]。施加一端固定，另一端位移协调的边界条件。加载时间和卸载时间均为 120 s，计算了 3 个循环。图 7.28 和图 7.29 分别为第 120 s 和第 240 s 时刻等离子涂层界面附近的法向（1 方向）应力分布图。由图 7.28 可见，在温度最高时刻，波谷处的陶瓷层材料承受 13.7 MPa 的拉应力，该处界面产生的分离最大；波峰处的陶瓷层材料承受 -22.6 MPa 的压应

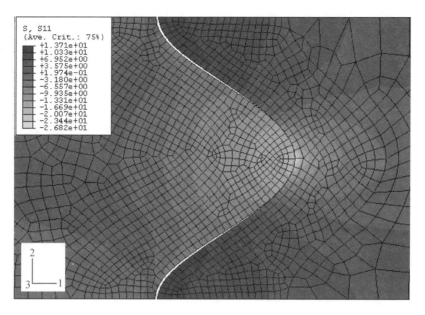

图 7.28 第 120 s 时刻界面附近法向应力分布图

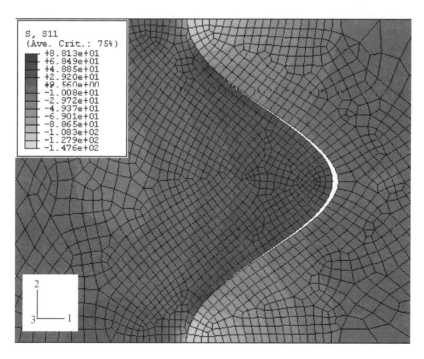

图 7.29 第 240 s 时刻界面附近法向应力分布图

力,该处没有产生分离。由图 7.29 可见,在温度最低时刻,波峰处的陶瓷层材料承受 16 MPa 的拉应力,该处产生的分离最大;而波谷处的陶瓷层材料承受 -124 MPa 的压应力,该处的分离现象消失,界面又重合到了一起。由于引入了不可逆的损伤变量,因此界面单元能够体现加/卸载的影响。由以上计算结果可见,当承受拉应力时,界面产生分离;而当承受压应力时,界面将不产生分离。这样,说明采用界面单元来模拟涂层界面的损伤与破坏是符合一般规律的。图 7.30 所示为从高温到低温的不同时刻,等离子涂层界面分离情况的计算结果。由图可见,界面单元结点间的位移出现不连续现象,表明涂层界面在该处发生了分离,并且分离大小随载荷历程和界面单元位置的不同而不同。以上模拟结果表征了界面裂纹的逐渐张开过程。

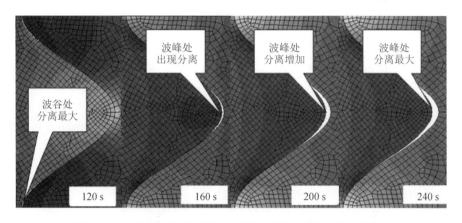

图 7.30　从高温到低温不同时刻涂层界面分离情况的计算结果

图 7.31 所示为等离子涂层界面在热循环不同时刻的损伤计算结果,其中 y 表示界面单元沿切向(图 7.29 中 2 方向)的位置,λ_{max} 表示损伤大小。由图可见,在第一个循环的最高温度时刻,等离子涂层界面波谷处产生的损伤最大,达到了 0.092,而界面波峰处几乎没有产生损伤;在第一个循环的最低温度时刻,波峰处的损伤迅速增大,达到了 0.329。由此可见,降温过程中波峰处产生了很大的损伤,而波谷处的损伤并没有增加。文献[30]中的计算结果表明,EB - PVD 涂层的界面位置在初始冷却过程中也产生了很大的损伤。因此,本章的计算结果是合理的。由图 7.31 还可看出,随着热循环次数的增加,界面损伤逐渐增加,但是每个循环所产生的损伤大小并不相同,其中第一个循环产生的损伤最大,后面的循环所造成损伤增量较小,并且界面不同部位损伤演化的程度也不相同。界面损伤随着热循环次数的增加,有趋于稳定的趋势,对此可解释如下:界面损伤即界面单元结点间相对分离的大小,与涂层内部的应力分布有关。计算结果表明,在热循环过程中,黏结层材料进入了屈服状态。随着循环次数的增加,涂层内部应力将会重新分布并达到稳定状态。因此,界面损伤也将逐渐达到稳定状态,不过此结论还需要通过进一步计算来验证。图 7.32 所示为第 720 s 界面单元法向和切向相对位移随单元位置的变化曲线,其中 y 表示界面单元沿切向(图 7.29 中 2 方向)的位置。通过比较法向和切向相对位移,并根据式(7.7)可知,界面在波峰处的法向相对位移构成了损伤的主要组成部分,而切向相对

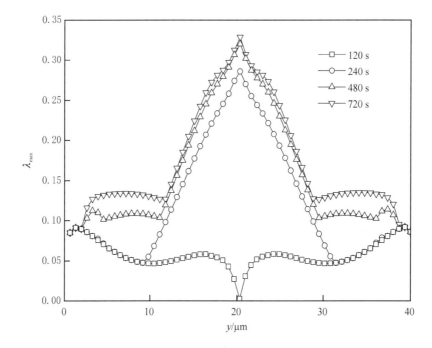

图 7.31　热循环载荷下涂层界面的损伤计算结果

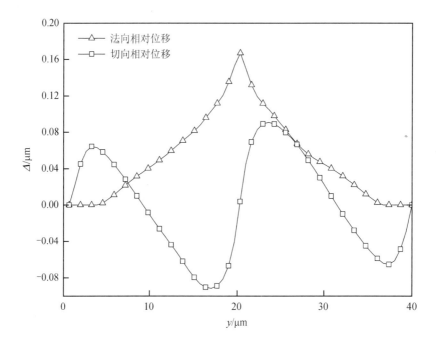

图 7.32　第 720 s 界面单元法向和切向相对位移

位移在波峰处所造成的损伤很小。综上所述,对于具有余弦形界面特征的等离子涂层来讲,在热循环载荷作用下,波峰位置产生的损伤最大,可以认为界面将在此处形成裂纹,其中法向应力起主导作用。

3. 拉伸载荷下的破坏计算及结果分析

在计算法向拉伸载荷下等离子涂层典型界面的破坏过程中,采用和计算热循环载荷时相同的有限元网格及位移边界条件,且在涂层表面沿涂层法向(图 7.29 中 1 方向)施加 100 MPa 的拉伸载荷。图 7.33 为涂层界面在法向拉伸载荷下的破坏情况,图 7.34 和图 7.35 分别为法向拉伸载荷下涂层界面损伤计算结果、界面单元法向和切向相对位移计算结果,其中 y 表示界面单元沿切向(图 7.29 中 2 方向)的位置,图 7.36 为不同应力水平下涂层界面分离情况。

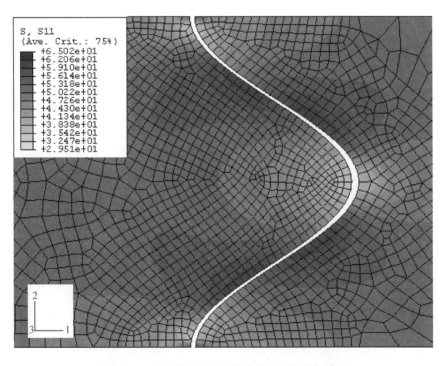

图 7.33　涂层界面在法向拉伸载荷下的破坏情况

由图 7.33 可见,与承受热循环载荷时的计算结果不同,在法向拉伸载荷作用下,界面单元在波峰和波谷处的分离程度差别不大。因此,载荷形式不同,界面损伤的变化情况也将有所不同。由图 7.34 可见,在拉伸载荷作用下,界面损伤分布较热循环载荷下的损伤分布均匀,波峰位置是容易出现最大损伤的位置。由图 7.35 可见,在余弦型界面中部位置附近,法向相对位移与切向相对位移都较大,说明这个位置附近的界面单元在法向和切向均承受了较大的载荷。而在波峰位置附近,界面单元结点

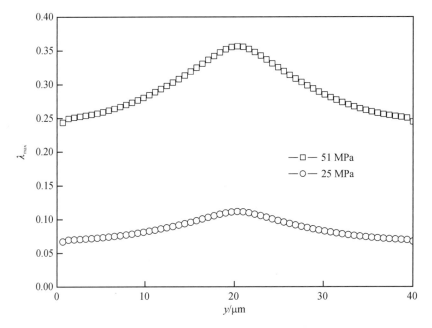

图 7.34　法向拉伸载荷下涂层界面损伤计算结果

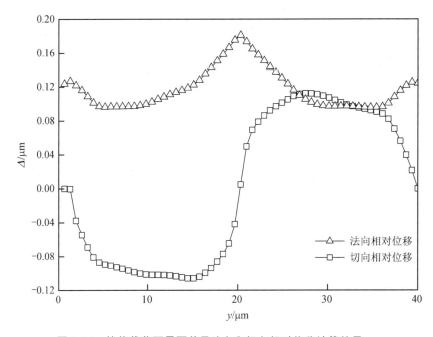

图 7.35　拉伸载荷下界面单元法向和切向相对位移计算结果

　间切向相对位移较小,因此界面将主要承受法向拉伸载荷。由图 7.36 可见,随着拉
伸载荷的增加,界面之间的相互分离逐渐增大。当程序计算到总载荷的 51% 时,整

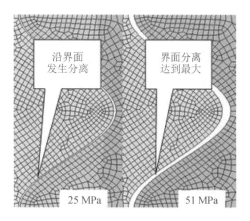

图 7.36　不同应力水平下涂层界面分离情况

个结构因为无法满足平衡条件而产生不收敛,说明等离子涂层界面已经无法继续承受增加的载荷,其承载能力达到了最大值。因此,可以认为陶瓷层与黏结层在界面位置发生了破坏,此时涂层界面的承载能力为 51 MPa,其中波峰位置处的损伤最大,达到了 0.357。作为对比,还计算了当涂层界面为直线时,相同应力载荷作用下涂层界面的承载能力。结果表明,在涂层破坏时界面的承载能力为 35 MPa,该值等于热障涂层界面的法向结合强度 σ_{max}。由此可见,等离子涂层粗糙界面承受法向拉伸载荷的能力较平直界面有所增加,当采用本章中的粗糙度值时,涂层界面的承载能力与 σ_{max} 相比增加约 46%。上述计算结果的出现并不难理解,当等离子涂层界面形状不规则时,界面单元的法向和切向之间相互耦合,共同承担了外载荷,因此将使界面的承载能力增强。以上从理论分析角度证实了等离子涂层界面存在粗糙度时黏结性能较好的结论,同时也说明了改进的界面单元能够合理地体现复杂形状界面法线方向变化的特点。

| 7.6　热障涂层的疲劳寿命预测方法 |

7.6.1　概　述

　　国外热障涂层寿命预测研究始于 20 世纪 80 年代,最初由美国 NASA LEWIS 中心建立了一个适用于试验室条件的模型,之后按照 HOST 计划的要求,GE、P&W 和 GARRET 三家公司又发展出各具特点的实用模型,其中 GE 在分析中引入了剪切应变参量,主要集中在涂层边缘效应引起的失效;GARRET 更多地从热腐蚀角度预测涂层寿命;P&W 寿命模型没有考虑以上两个因素的影响,其着眼点放在涂层本构关系的研究上,并由此发展出陶瓷层的黏塑性本构模型。以上基本都是针对等离子涂层,在这之后 P&W 公司又对 EB‐PVD 涂层进行了寿命研究并于 20 世纪 90 年代初完成了这部分工作。总之,三家公司已经较为成功地解决了热障涂层的材料和结构问题,所建立的寿命模型也具有相当的实用性。

Miller 等[31]于 1984 年在 NASA 研究出了以氧化和机械循环为基础的累积损伤模型,称为 NASA 模型。该模型假设热载荷作用下的复杂应力‐应变状态可使用单一参数径向应变 ε_r 表达。另外假设黏结层氧化可以表示为每一循环结束时的重量增量 W_n。假设涂层最终的失效是有效应变 ε_e 不断增大的结果,当 $W_n = 0$ 时 $\varepsilon_e = \varepsilon_r$,当 $W_n = W_c$ 时(W_c 为临界重量增量,定义为一次循环就使得涂层失效所要求的重量增量),$\varepsilon_e = \varepsilon_f$($\varepsilon_f$ 为失效应变),则有效应变 ε_e 可以表达为

$$\varepsilon_e = (\varepsilon_f - \varepsilon_r)\left(\frac{W_n}{W_c}\right)^m + \varepsilon_r \tag{7.25}$$

假设陶瓷层中裂纹的增长规律为

$$\frac{\mathrm{d}a}{\mathrm{d}N} = A\varepsilon_e^b a^c \tag{7.26}$$

式中,$\dfrac{\mathrm{d}a}{\mathrm{d}N}$ 是每次循环中裂纹的扩展增量,A 为常数,b、c 为亚临界裂纹增长指数,a 为裂纹长度。引入疲劳表达式 $N_f = \left(\dfrac{\varepsilon_e}{\varepsilon_f}\right)^{-b}$ 及 Miner 线性累积损伤模型 $\displaystyle\sum_{N=1}^{N_f}\left(\frac{1}{N_{fN}}\right) = 1$,得到寿命模型:

$$\sum_{N=1}^{N_f}\left[\left(1 - \frac{\varepsilon_r}{\varepsilon_f}\right)\left(\frac{W_n}{W_c}\right)^m + \frac{\varepsilon_r}{\varepsilon_f}\right]^b = 1 \tag{7.27}$$

式中,N_{fN} 为循环 N 次氧化重量增加到 W_n 后的剩余循环次数。试验表明该寿命模型计算出的结果与实际情况基本吻合。

P&W 公司通过与西南研究所合作,同样参考疲劳理论及 Miner 线性累积损伤模型,得出等离子涂层寿命模型基本表达式如下:

$$N_f = \left(\frac{\Delta\varepsilon_i}{\Delta\varepsilon_f}\right)^{-b} \tag{7.28}$$

式中,$\Delta\varepsilon_i$ 为非弹性应变变程。在研究初期仅仅考虑了塑性变形,到后期引入了 Walker 黏塑性模型,通过有限元计算得到。黏结层氧化通过氧化层厚度 δ 来表征,设 δ_c 为临界厚度,则考虑氧化的非弹性应变变程 $\Delta\varepsilon_i$ 的表达式为

$$\Delta\varepsilon_i = \Delta\varepsilon_{f0}\left(\frac{1-\delta}{\delta_c}\right)^c + \Delta\varepsilon_f\left(\frac{\delta}{\delta_c}\right)^d \tag{7.29}$$

于是,某一固定循环载荷下的寿命为

$$N = \left[\frac{\Delta\varepsilon_{f0}}{\Delta\varepsilon_c}\left(1 - \frac{\delta}{\delta_c}\right)^c + \left(\frac{\delta}{\delta_c}\right)^c\right]^b \tag{7.30}$$

其中,$\Delta\varepsilon_{f0}$、δ_c、b、c 四个参数通过试验获得,该式在建立时虽然针对等离子涂层,但后

来的 EB-PVD 寿命模型的基本形式与它完全一致,区别仅体现在非弹性应变变程改成弹性应变变程 $\Delta\varepsilon$,而且计算的位置也有区别,等离子涂层是指陶瓷层的非弹性应变,而 EB-PVD 是针对氧化层的弹性应变。另外,对于氧化层厚度 δ 的计算,可通过如下经验公式得到:

APS 涂层　　　　$\delta = 1.2 \times (5.714 \times 10^{11} \times g^{-104\,856/(RT)} \times t)^{0.5}$　　　(7.31)

EB-PVD 涂层　　$\delta = \left\{ t \times \exp\left[Q\left(\dfrac{1}{T_0} - \dfrac{1}{T} \right) \right] \right\}^n$

其中,t 为氧化时间(h),T 为工作温度(K),R 为广义气体常数,$Q = \dfrac{H}{R} = 27\,777.4$,$T_0 = 2\,423.7$ K。

当涂层只是局部覆盖于部件表面时,一般来说其边缘会首先产生剥落。GE 模型认为,涂层边缘失效主要受两个方向应变分量的影响,剪切应变变程 $\Delta\varepsilon_{RZ}$ 和法向应变变程 $\Delta\varepsilon_R$,对于某个特定循环,涂层边缘的寿命为

$$\Delta\varepsilon_{RZ} + 0.4\Delta\varepsilon_R = 0.121N_f^{-0.486}$$　　　(7.32)

以上寿命预测模型都建立在热障涂层失效和损伤机理的研究之上,而这些研究目前大多只停留在宏观基础之上,如对金属黏结层的氧化现象,只关注了氧化增重和氧化层厚度的增加等宏观量,把这些量引入寿命预测模型,得到的结果存在一定的误差。所以,寻求更准确、更适合于工程应用的热障涂层寿命模型对热障涂层体系的进一步发展具有重要意义。目前,国外正从微观角度研究金属黏结层 Al 贫化现象,提升对热障涂层氧化损伤的认识,把黏结层 Al 浓度作为控制参量引入寿命预测模型,从而得到了比 NASA 模型更好的结果。

我国在热障涂层的研究方面起步较晚,虽然在制造工艺上取得了一定的进步,但总体水平仍与国际先进水平存在一定差距。特别是在涂层的寿命预测方面,只有北京航空航天大学与沈阳航空发动机研究所于 20 世纪 90 年代中期合作,对涂层寿命方面的课题进行了一系列的研究,主要包括涂层失效机理与强度标准的研究、涂层微观特性与残余应力的分析,最后还建立了寿命模型,并进行了寿命试验,所取得的成果对热障涂层的研究具有很重要的指导意义。

7.6.2　基于唯象的热障涂层寿命预测方法

文献[32]中针对等离子涂层热疲劳寿命预测模型的基本表达式如下:

$$N = \left(\dfrac{\Delta\varepsilon_i}{\Delta\varepsilon_f} \right)^{-b}$$　　　(7.33)

其中,$\Delta\varepsilon_i$ 为危险点的非弹性应变变程,通过计算得到;$\Delta\varepsilon_f$ 为静载荷作用下失效时,涂层危险点的非弹性应变变程;b 为模型参数。由于涂层失效是黏结层氧化和热不匹配综合作用的结果,而上述公式仅能反映出热不匹配的影响,于是为引入涂层氧化作用的影响,假设黏结层发生氧化时,$\Delta\varepsilon_f$ 随着氧化层厚度的增加而减小,由初始值

$\Delta\varepsilon_{f0}$（新试验件）降低到最终值 $\Delta\varepsilon_i$，其表达式为[32]

$$\Delta\varepsilon_f = \Delta\varepsilon_{f0}\left(1 - \frac{\delta}{\delta_c}\right)^c + \Delta\varepsilon_i\left(\frac{\delta}{\delta_c}\right)^c \tag{7.34}$$

其中，δ 为任意时刻的氧化层厚度，δ_c 为完全因氧化而导致涂层失效的临界氧化层厚度，c 为模型参数。这样，将考虑氧化作用的式(7.34)引入式(7.33)中，得到热障涂层的寿命预测模型为

$$N = \left[\frac{\Delta\varepsilon_{f0}}{\Delta\varepsilon_i}\left(1 - \frac{\delta}{\delta_c}\right)^c + \left(\frac{\delta}{\delta_c}\right)^c\right]^b \tag{7.35}$$

可以看出，上式右端项中除了氧化层厚度 δ 和应变变程 $\Delta\varepsilon_i$ 外，$\Delta\varepsilon_{f0}$、δ_c、b、c 四个参数须通过试验数据拟合获得，相关参数的物理意义在文献[8]中进行过详细的论述。为了进一步简化，认为参数 c 的值等于 1[16]。于是在式(7.35)中，将只有 $\Delta\varepsilon_{f0}$、δ_c 和 b 三个参数。δ 可以通过热障涂层的氧化动力学规律得到，应变变程 $\Delta\varepsilon_i$ 将通过有限元计算分析得到。

通过 7.4 节的研究可知，在针对等离子涂层圆管构件进行热疲劳寿命建模时，可以选取陶瓷层内部余弦型界面中部偏上位置处的剪切应变变程和轴向应变变程作为控制参量，二者分别代表了涂层发生失效的两个过程，即微裂纹萌生过程与最终剥落过程。因此，本章针对等离子涂层采用的寿命模型为

$$N = \left[\frac{\Delta\varepsilon_{f0}}{\Delta\gamma_i + a\,\Delta\varepsilon_i}\left(1 - \frac{\delta}{\delta_c}\right) + \frac{\delta}{\delta_c}\right]^b \tag{7.36}$$

其中，$\Delta\gamma_i$ 和 $\Delta\varepsilon_i$ 分别为危险点处的剪切应变变程和轴向应变变程，已经在 7.5 节中给出；δ 为当前时刻涂层内部的氧化层厚度，已经在 7.4 节中给出；a、b、$\Delta\varepsilon_{f0}$ 和 δ_c 为模型参数。该寿命模型能够体现涂层氧化损伤、热疲劳损伤以及二者之间相互耦合的特点。由 7.4.2 小节可知，随着氧化层厚度的增加，涂层界面附近的应力应变场也在不断发生变化，每个循环所造成的损伤将是不同的，因此在进行寿命计算时，需要采用损伤累积理论。对于任意时刻的应变变程，由有限元计算得到，而任意时刻的氧化层厚度通过式(7.4)获得。当氧化层厚度较小时，危险点处剪切应变变程较大，裂纹在陶瓷层内部开始萌生，因此，疲劳损伤构成涂层损伤的主要部分。当氧化层厚度增加时，危险点处的剪切应变变程减小，这时氧化损伤构成涂层损伤的主要部分，最终涂层会在较大的轴向压缩应力作用下发生屈曲型失效。

本章针对热障涂层的热疲劳寿命进行计算时，选取 Miner 线性累积损伤模型，假设某一次循环造成的损伤为 $D_m = 1/N_m$，则在多次循环作用下的总损伤为

$$D = \sum_{m=1,k} n_m \cdot D_m = \sum_{m=1,k} n_m/N_m$$

引入式(7.36)，可以得到

$$D = \sum_{m=1,k} n_m \cdot \left[\frac{\Delta\varepsilon_{f0}}{\Delta\gamma_i + a\,\Delta\varepsilon_i}\left(1 - \frac{\delta}{\delta_c}\right) + \frac{\delta}{\delta_c}\right]^{-b} \tag{7.37}$$

这里 N_m 代表某个载荷工况下的循环寿命，n_m 为该工况下的循环次数，当累积损

伤 $D \geqslant 1$ 时，表示涂层失效。式(7.36)适用于最高温度为一定值时的载荷情况，对于最高温度发生变化的复杂载荷工况，损伤累积的计算方法还需要进一步处理。

根据表 7.2 中以及文献[16]中带涂层圆管构件热疲劳寿命试验数据，结合式(7.37)并采用非线性回归的方法，得到了涡轮导向叶片涂层结构的热疲劳寿命预测模型参数，如表 7.7 所列。等离子涂层构件热疲劳寿命试验值与预测值如图 7.37 所示，图中实心点数据为本章试验数据，空心点数据为文献[16]中的数据，可见寿命预测值与试验值之比最大达到了 2.24；除了这个数据点之外，其他所有寿命值均处于在 ± 2 倍分散系数之间，说明所建立的热疲劳寿命预测模型是合适的。目前，由于带涂层圆管构件的热疲劳试验数据还很有限，因此还不足以对这种模型的优劣进行评价。但是，在确定寿命预测模型中的控制参量时，本章将其与涂层内部微裂纹萌生以及涂层的最终失效模式相结合，相信由此方法确定得到的控制参量是合理的，并且由目前寿命预测的情况来看是合适的。

表 7.7　等离子涂层构件热疲劳寿命预测模型参数

参　数	a	b	$\Delta\varepsilon_{f0}$	δ_c
取　值	2.202	3.751	0.087	0.058

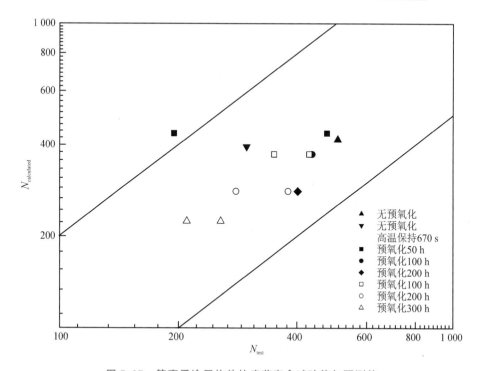

图 7.37　等离子涂层构件热疲劳寿命试验值与预测值

7.7 某型涂覆热障涂层涡轮导向器叶片热疲劳寿命分析

等离子涂层涡轮导向叶片结构体系具有如下特点:① 涂层界面形貌复杂,高温时黏结层发生氧化现象;② 各组成材料间热、力学性能参数差别较大;③ 各组成材料的厚度相差较大,叶片基体壁厚在毫米量级,而氧化层厚度在微米量级,可以说二者相对处于宏观与细观的不同尺度上。考虑到当前的数值模拟水平,还不能针对整个叶片涂层结构建立跨尺度分析模型,而必须做出适当的简化,即忽略涂层界面粗糙度及氧化层厚度的影响。这样在进行有限元分析时,只能得到结构体系基于宏观尺度的应力/应变场。然而,等离子涂层内部氧化层界面附近,基于细观尺度的应力状态对涂层失效起决定性作用[10]。因此,如何使二者的计算结果相联系,将是准确预测涡轮导向叶片涂层结构寿命的前提条件。

本节首先分析了三维涡轮导向叶片涂层结构的稳态温度场、涂层隔热效果和基于宏观尺度的应力/应变场,研究了界面几何建模的差异对于涂层内部应力分布的影响,以及宏、细观有限元计算结果间的转换关系;然后结合带涂层圆管构件基于细观尺度的真实应力/应变场,提出了等效系数的方法,对涡轮导向叶片涂层结构的热疲劳寿命进行了预测。

7.7.1 涡轮导向叶片涂层结构热疲劳分析

1. 涡轮导向叶片涂层结构稳态温度场及涂层隔热效果分析

在已知某型航空发动机涡轮导向叶片基体六面体单元网格的基础上,沿叶身表面外法线方向扩展生成等离子热障涂层单元,其中黏结层厚度为 0.125 mm,陶瓷层厚度为 0.25 mm。考虑到叶片壁厚以及基体网格的尺寸,忽略涂层界面粗糙度和氧化层的存在。黏结层沿厚度方向分成了一层单元(555 个),陶瓷层沿厚度分成了两层单元(1 100 个),整个有限元模型共包含 2 900 个单元、14 326 个结点(如图 7.38 所示),其中 3 方向为涡轮导向叶片的叶高方向。计算时采用 20 结点减缩积分单元。

首先,根据涡轮导向叶片基体有限元模型的稳态温度场条件进行第一次传热分析。将陶瓷层与黏结层材料的热传导系数均设定为接近无穷大,对带涂层叶片进行固定温度边界条件的传热计算,从而得到陶瓷层外表面各结点的温度分布,此温度值与原叶片基体模型外表面所对应结点的温度相同。然后,再以得到的陶瓷层外表面结点温度场和叶片空腔内壁结点温度场作为边界条件,对结构体系中的各种材料赋予真实的热传导系数,进行第二次传热计算,得到如图 7.38 和图 7.39 所示的稳态温度场。由图可见,沿结构表面以及涂层厚度方向温度分布不均匀,前缘和尾缘部位存在比较明显的高温集中区域,其中前缘进气边最高温度为 943 ℃,位于叶身中部位

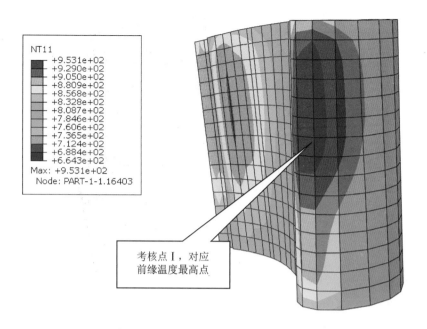

考核点 I，对应
前缘温度最高点

图 7.38　等离子涂层涡轮导向叶片前缘稳态温度场及考核点的选取

置,尾缘排气边最高温度为 953 ℃,位于背侧的 2/3 叶高位置。

　　下面考察叶片表面涂层在高温状态下的隔热效果。叶片前缘温度最高点为陶瓷层外表面的第 17111 号结点,与之相对应的陶瓷层内表面上的结点为第 14942 号结点,两结点的温度分别为 943 ℃ 和 873 ℃,可见涂层在前缘的隔热效果达到了 70 ℃。叶片尾缘温度最高点为陶瓷层外表面的第 16403 号结点,与之相对应陶瓷层内表面上的结点为第 15650 号结点,两结点的温度分别为 953 ℃ 和为 917 ℃,可见涂层在尾缘的隔热效果达到了 36 ℃。在工作过程中,涡轮导向叶片内部空腔通冷却空气,前缘强迫冷却空气温度较低,叶片内、外壁温差较大,涂层所起到的隔热作用较大;而尾缘部位的冷却空气温度较高,叶片内、外壁温差较小,因此涂层所起到的隔热效果没有前缘那么明显。一般来讲,等离子涂层的破坏均从陶瓷层界面附近开始发生。因此,本章选取界面上的 14942 号结点(图 7.38 中考核点 I)和 15650 号结点(图 7.39 中考核点 II)作为衡量涡轮导向叶片涂层结构热循环寿命的考核点。

2. 涡轮导向叶片涂层结构热应力分析

　　在三维涡轮导向叶片涂层结构稳态温度场的基础上,利用已建立的应力/应变分析方法对结构体系进行热循环载荷下的有限元计算。热疲劳分析载荷谱如图 7.40 所示,其中升温时间为 155 s,保持时间为 670 s,冷却时间为 109 s。相对转速为 0 时对应的是最低温度状态,即室温状态;相对转速为 1 时对应的是最高温度状态,即图 7.38 和图 7.39 中的稳态温度场。此外,任意时刻的温度场可在上述两个状态温

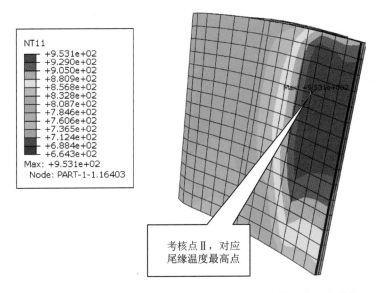

考核点Ⅱ，对应
尾缘温度最高点

图 7.39　等离子涂层涡轮导向叶片尾缘稳态温度场及考核点的选取

度场的基础上通过线性插值的方法获得。进行瞬态温度载荷下的应力计算，认为
400 ℃为涂层初始无应力状态温度[16]，位移边界条件为对叶片空腔内部隔板底面上
的结点位移进行全约束。由于涡轮导向叶片涂层结构的有限元模型中没有包括氧化
层，因此在结构体系的热循环过程中，没有考虑高温保载时间的影响。认为在高温保
载时间内，叶片涂层结构内部的应力/应变场不发生变化，共计算了两个循环。

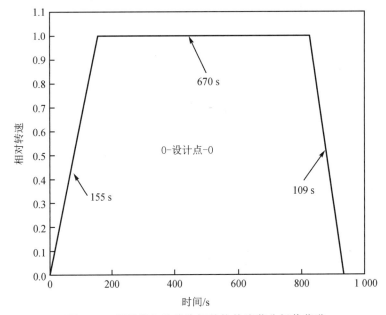

图 7.40　涡轮导向叶片涂层结构热疲劳分析载荷谱

有限元计算结果表明,在最高温度状态,叶片表面涂层沿叶高方向(图 7.38 中 3 方向)承受拉应力作用;在最低温度状态,叶片表面涂层沿叶高方向承受压应力作用。计算得到了涡轮导向叶片涂层结构中考核点沿叶高方向的应力/应变曲线,如图 7.41 所示。由图可见,由于考核点 Ⅰ 的最高温度低于考核点 Ⅱ 的最高温度,因此考核点 Ⅰ 的应变变程小于考核点 Ⅱ 的应变变程。由于没有考虑陶瓷层材料的循环硬化或软化现象,因此认为材料在第二个循环就达到了稳定状态。需要指出的是,上述计算结果是基于宏观尺度的结构体系得到的,并不能直接反映出叶片表面涂层的实际破坏情况,需要将此结果与基于细观尺度的计算结果相结合以对涂层寿命进行预测。

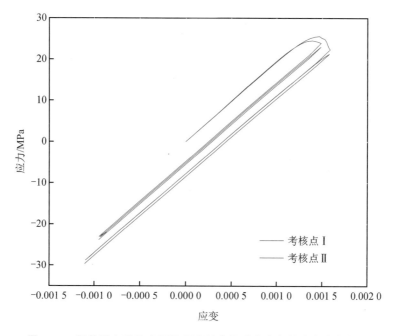

图 7.41   涡轮导向叶片表面涂层考核点沿叶高方向的应力应变曲线

7.7.2   界面几何建模的差异对涂层内部应力计算结果的影响

1. 圆管构件曲率半径变化对计算结果的影响

在 7.3 节中已经指出,圆管构件可以部分模拟涡轮导向叶片的结构特征。但是,涡轮导向叶片从前缘到尾缘的曲率半径是逐渐变化的,而圆管构件曲率半径是个定值,显然二者在这方面存在着较大的差别。因此,通过数值计算方法研究圆管曲率半径对界面附近陶瓷层内部应力场的影响,对于涡轮导向叶片涂层结构的热疲劳寿命预测具有重要的指导意义。改变圆管构件的曲率半径,使其分别等于 2.25 mm、50 mm 和 1 000 mm,其中 2.25 mm 对应于涡轮导向叶片前缘的最小曲率半径。认为涂层内部带有厚度为 2 μm 的氧化层,涂层界面粗糙度的大小、单元类型、网格划分情况、热障涂层中不同材料的本构模型、热力学性能参数以及计算时的温度载荷、位移边界条件等均与 7.4.2 小节中的有限元分析模型一致。由此计算得到不同曲率半径条件下,等离子涂层圆管构件内部的应力分布情况。由于涂层内部的微裂纹首先在陶瓷层中萌生,因此下面主要考察陶瓷层内部的应力计算结果。

图 7.42 为热循环最低温度时刻,不同曲率半径条件下陶瓷层内部剪切应力分布图,图中(a)、(b)、(c)、(d)对应圆管内径分别为 2.25 mm、5.5 mm、50 mm 和 1 000 mm。由图可见,虽然圆管构件曲率半径的变化幅度很大,而陶瓷层内部剪切应力分布规律却基本不变,剪切应力为最大的点始终位于余弦型界面中部偏上位置。另外,图 7.42(a)、(b)、(c)、(d)中剪切应力的最大值分别为 58.4 MPa、57.6 MPa、55.9 MPa、55.7 MPa。可见,随着圆管曲率半径的增加,危险点处的剪切应力越来越小,并且趋于一个定值,各计算结果间相对相差最大在 5% 以内。由此可以认为,

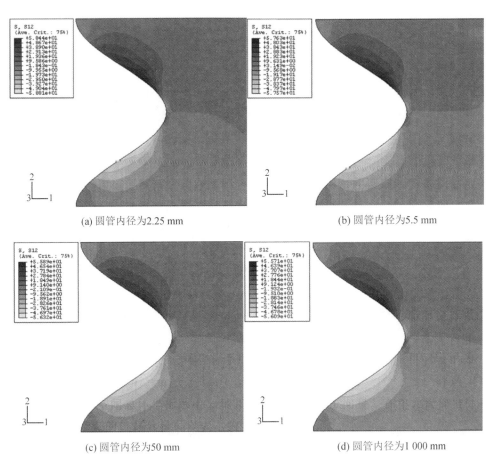

(a) 圆管内径为2.25 mm

(b) 圆管内径为5.5 mm

(c) 圆管内径为50 mm

(d) 圆管内径为1 000 mm

图 7.42　不同曲率半径条件下陶瓷层内部剪切应力分布图(带 2 μm 氧化层)

陶瓷层内部应力分布情况与圆管曲率半径无关。图 7.43 所示为陶瓷层内部危险点位置轴向应力随时间的变化曲线,图中给出了圆管构件 4 种不同曲率半径下的计算结果。由图可见,危险点处的轴向应力基本不随圆管构件曲率半径的变化而变化。由以上计算结果可以得到,在温度载荷和位移协调的边界条件下,陶瓷层内部的应力分布情况与圆管构件的曲率半径无关。因此,可以把本章中圆管构件基于细观尺度的应力状态,与涡轮导向叶片涂层结构基于宏观尺度的应力状态相关联,其中圆管的轴向对应于涡轮导向叶片的叶高方向,即可以认为涡轮导向叶片的叶身部分由曲率连续变化的圆管构成。只要温度载荷相同,应力/应变计算结果与考核点位置的选取无关。该结论为涡轮导向叶片涂层结构的热疲劳寿命预测研究奠定了基础。

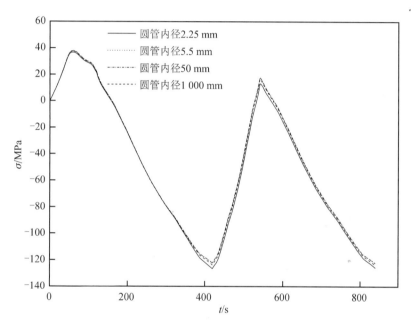

图 7.43　陶瓷层内部危险点位置轴向应力随时间的变化曲线

2. 直线型界面条件下涂层内部应力分布特点

等离子涂层内部通常存在较大的界面粗糙度,而在对涡轮导向叶片涂层结构进行有限元建模时,无法反映出氧化层的存在以及界面粗糙度的影响,只能得到直线型界面条件下基于宏观尺度的单元网格。因此,考察当等离子涂层界面不存在粗糙度时涂层内部应力分布有何特点,对开展涡轮导向叶片涂层结构的寿命预测研究具有重要的指导意义。建立如图 7.44 所示的轴对称有限元分析模型,认为涂层内部带有厚度为 10 μm 的氧化层,其中单元类型、热障涂层中不同材料的本构模型、热力学性能参数以及计算时的温度载荷、位移边界条件等均与 7.4 节中的有限元分析模型一致。计算了直线型界面条件下等离子涂层圆管构件内部的应力分布情况。

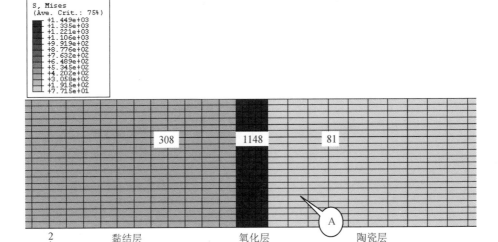

图 7.44　直线型界面条件下涂层内部 Mises 等效应力分布图(带 10 μm 氧化层)

图 7.44 为在热循环最低温度时刻,带有 10 μm 氧化层的等离子涂层内部 Mises 等效应力分布图,图中数字表示 Mises 应力的大小,单位为 MPa。由图可见,在温度载荷与位移协调的边界条件下,当界面粗糙度为零时,涂层内部应力场的分布很均匀,界面附近不会出现应力集中现象;氧化层内部的 Mises 等效应力最大,为 1 488 MPa,陶瓷层内部的 Mises 等效应力最小,为 81 MPa。图 7.45 所示为直线型界面条件下陶瓷层内部 A 点(见图 7.44)处不同应力分量随时间的变化曲线。由图可见,在界面不存在粗糙度的情况下,陶瓷层材料只承受轴向和周向两个方向的应力分量作用,并且二者大小基本相等;界面附近陶瓷层内部剪切应力分量为零,法向应力分量很小,其最大值只有 2.5 MPa。因此,等离子涂层界面附近将不会萌生引起涂层发生剥落失效的横向微裂纹。很明显,这样的结论是不符合实际情况的。由此可见,通过直线型界面得到的计算结果将无法反映等离子涂层内部的裂纹萌生情况,也就是说,对涡轮导向叶片涂层结构进行有限元计算所得到的基于宏观尺度的结果,必须与考虑涂层界面粗糙度和氧化层厚度影响的基于细观尺度的结果相关联,才能够做到对叶片表面涂层热疲劳寿命的准确预测。

一般来讲,为了获得较好的黏结强度,等离子涂层界面需要存在一定大小的粗糙度,即涂层界面粗糙度的存在是客观的。然而,界面粗糙度的存在使涂层在热循环过程中产生了应力集中,从而引起了微裂纹的萌生。由此可见,等离子涂层的黏结强度与热循环寿命之间具有相互矛盾的关系。可以推断,界面粗糙度应该存在最优值,既使得等离子涂层在具有较好的黏结强度,又能够获得较长的热循环寿命。

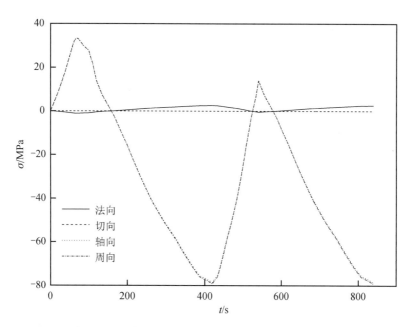

图 7.45　直线型界面条件下陶瓷层内部 A 点处应力随时间的变化曲线

7.7.3　宏、细观有限元计算结果间的转换关系

对于大规模复杂材料结构体系的局部细化分析,可采用子模型法。但分析表明,对于等离子涂层涡轮导向叶片结构,采用子模型法时网格数量仍然比较庞大,子模型法在这里不合适。因此,需要通过建立等效的方法,使宏观尺度下的应力状态和细观尺度下的应力状态相联系。图 7.46 所示为等离子涂层不同有限元模型网格间的对照关系,其中:图(a)为涡轮导向叶片结构沿壁厚方向的实体单元网格,该模型无法反映界面粗糙度以及氧化层厚度的影响;图(b)为等离子涂层基于细观尺度的轴对称平面单元网格,该模型考虑了氧化层厚度的影响,但是没能考虑界面粗糙度的影响;图(c)为等离子涂层基于细观尺度的轴对称平面单元网格,该模型考虑了界面粗糙度以及氧化层厚度的影响。定义图(c)中陶瓷层内部粗糙界面附近的区域为近场区域,而远离粗糙界面的区域为远场区域。由 7.4 节的计算结果容易得到,当带涂层圆管构件内部不存在温度梯度时,由于界面粗糙度的存在引起的应力集中现象,使得陶瓷层内部近场区域的应力/应变计算结果变化较为剧烈,而远场区域的计算结果基本保持不变。

由 7.7.2 小节可知,界面附近危险点处的应力计算结果与圆管构件曲率半径的大小无关。因此,在将叶片基于宏观尺度的应力状态和圆管构件基于细观尺度的应力状态进行对比的过程中,可以忽略叶片前缘和尾缘曲率半径的差异,即可将图 7.46(a)中考核点处的计算结果与图 7.46(b)中陶瓷层界面附近的计算结果相对

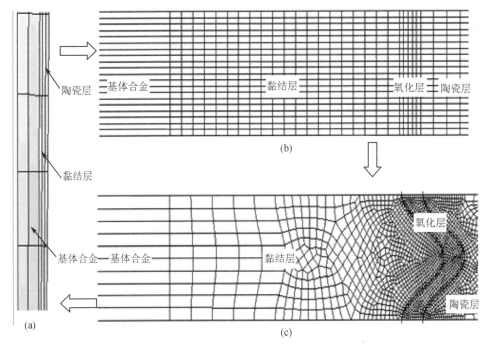

图 7.46　等离子涂层不同尺度有限元模型网格间的对照关系

应。带涂层涡轮导向叶片在实际工作过程中内部空腔中通冷却空气,因此,沿涂层厚度方向通常存在较大的温度梯度。而本章在针对圆管构件开展热疲劳试验及理论分析时,没有考虑温度梯度的影响,认为整个模型处于均温状态。一般来讲,温度梯度的存在对于涂层内部应力计算结果会产生一定的影响。不过,本章为了做到基于宏观尺度计算结果与基于细观尺度计算结果间的相互关联,目前忽略了温度梯度的影响。因此,只要二者的温度载荷条件相同,就认为图 7.46(b)中界面附近陶瓷层单元的有限元计算结果与图 7.46(c)中陶瓷层单元远场区域的有限元计算结果是相等的。而图 7.46(c)中远场区域与近场区域的计算结果存在一定的比例关系,这个比例的大小由界面粗糙度的大小决定。这样就建立了由图 7.46(a)中宏观结构、平直界面到图 7.46(c)中细观结构、粗糙界面之间的转换关系,也就使不同尺度下的有限元计算结果取得了联系。简单地说,细观尺度下的有限元计算结果是在考虑界面粗糙度引起的应力集中,以及沿涂层厚度方向上不存在温度梯度的条件下得到的;而宏观尺度下的有限元计算结果是在不考虑界面粗糙度引起的应力集中,以及沿涂层厚度方向存在温度梯度的条件下得到的。本章将这两种计算结果相关联,以得到导向叶片表面涂层内部粗糙界面附近区域的真实应力/应变结果。

7.7.4　涡轮导向叶片涂层结构热疲劳寿命预测

选取图 7.38 中考核点处沿叶高方向的应变变程,将其与 1 050 ℃下圆管构件细观模型中远场区域的应变变程进行对比,定义二者的比值为等效系数,计算结果如表 7.8 所列。等效系数的大小反映了相同界面粗糙度条件下,温度载荷的不同而引起的应变变程不同,并且计算结果表明,只要热循环载荷保持不变,圆管构件涂层内部远场区域轴向应变变程与氧化层厚度的大小无关,即等效系数的大小与涂层内部氧化层厚度的大小无关。

在计算涡轮导向叶片涂层结构的热应力时没考虑保持时间的影响,而实际载荷谱中是包含 670 s 的高温保载时间。本章在寿命预测时考虑了这个因素的影响,认为在高温保持时间内,涡轮导向叶片涂层结构内部的应力应变场不发生变化,而涂层内部氧化层厚度随高温保持时间的增加而增加,这一点可以在式(7.36)的寿命预测模型中得以体现。虽然涡轮导向叶片涂层结构各处的温度场有所不同,但这里认为氧化层增厚统一按照 1 050 ℃下的氧化动力学规律变化。

将陶瓷层内部危险点处的轴向应变变程和剪切应变变程乘以表 7.8 中的等效系数,换算得到了涡轮导向叶片涂层结构中考核点处的真实应变变程,将其代入式(7.37)中,得到了涡轮导向叶片涂层结构的热疲劳寿命预测值,计算结果见表 7.8。由表可见,叶片表面涂层在前缘和尾缘的热疲劳寿命分别达到了 334 h 和 255 h,与前缘相比,尾缘考核点处涂层热循环寿命较短。考虑到圆管构件的轴向对应于涡轮导向叶片的叶高方向,所以可以推断,在实际工作过程中位于尾缘处的涂层应该首先发生沿叶高方向的屈曲型剥落失效现象。

表 7.8　涡轮导向叶片涂层结构热疲劳寿命预测结果

项　目	叶片表面涂层沿叶高方向应变变程	圆管构件远场轴向应变变程	等效系数	循环数 N_c	寿命值/h
考核点 I	0.002 44	0.003 52	0.693	1 288	334
考核点 II	0.002 68	0.003 52	0.761	986	255

需要指出的有以下三点:首先,等离子涂层界面粗糙度所形成波浪形曲面是三维的,而本章采用轴对称模型具有一定的近似性;其次,本章认为氧化层增厚统一按照 1 050 ℃下的氧化动力学规律变化,将会给计算结果带来一定的误差;最后,需要进一步研究并明确温度梯度的存在对于计算结果的影响。本章所采用的基于等效系数的方法只是一种尝试而已,寿命预测精度还需要真实部件的试验数据来进一步加以验证。总之,本章建立了三维涡轮导向叶片涂层结构的应力/应变分析方法与寿命预测方法,可供相关领域内的研究人员参考。

|7.8　本章小结|

本章针对热障涂层失效机理、界面破坏与热疲劳寿命预测方法等进行研究,建立了一套适合于工程应用且能够准确合理地预测带涂层涡轮导向片热疲劳寿命的分析方法。主要结论如下：

① 开展了等离子涂层高温氧化试验研究。结果表明，涂层在 1 050 ℃下高温氧化现象明显。对试验件截面的 SEM 分析表明，等离子涂层界面存在较大的粗糙度，考虑界面粗糙度效应的试验件表面积比不考虑粗糙度效应的表面积大得多。对等离子涂层氧化动力学规律进行了建模，并通过试验数据获得了模型参数。上述工作的开展对于建立等离子涂层体系基于细观尺度的有限元分析模型，以及建立涂层耦合氧化损伤的热疲劳寿命预测模型具有重要作用。

② 开展了等离子涂层圆管构件的热疲劳试验研究，从构件设计以及载荷施加等方面都尽量模拟了带涂层涡轮导向叶片的特征，可以在最大程度上再现真实导向叶片表面涂层的热疲劳失效模式。在热循环载荷作用下，圆管构件表面涂层表现出隆起、屈曲和大面积剥落的失效模式，在涂层表面没有观察到可见裂纹及龟裂现象。简要分析了对构件表面涂层失效起主导作用的应力状态，为进一步开展等离子涂层的失效机理研究提供了一定的试验支持。得到了圆管构件在给定载荷条件下的热循环寿命数据，为开展涡轮导向叶片涂层结构体系的寿命预测研究打下了基础。

③ 结合涂层热疲劳失效模式，在引入了陶瓷层材料与基体材料黏塑性本构模型的基础上，对带涂层圆管构件的热疲劳进行了数值模拟，考虑等离子涂层界面存在粗糙度以及氧化层厚度变化的特点，建立了基于细观尺度的有限元分析模型，详细分析了涂层界面附近陶瓷层内部，以及不同厚度氧化层内部的应力场。不同厚度氧化层内部均存在较高的 Mises 等效应力，从而形成较高的应变能密度，这将引起氧化层中裂纹扩展与接合现象的发生。综合有限元计算结果，从理论分析角度给出了等离子涂层内部裂纹的形成过程及机理。

④ 基于界面损伤力学思想，提出了三结点界面单元的概念，能够模拟任意形状界面的开裂问题。将改进的界面损伤力学模型与通用有限元程序进行了结合，为准确开展热障涂层典型界面的损伤与破坏研究提供了有效的数值工具。模拟计算结果表明，等离子涂层界面单元结点间位移出现不连续现象，体现了裂纹的逐渐张开过程，界面损伤随热循环次数的增加而增加，其中第一个循环造成的损伤最大，波峰处是界面断裂的危险位置，法向分离起主导作用；等离子涂层粗糙界面承受法向拉伸载荷的能力较平直界面显著增加。改进的界面单元能够体现界面法线方向变化的特点，将其用来模拟异质材料复杂形状界面的损伤与破坏是可行的，结果是合理的。

⑤ 针对三维涡轮导向叶片涂层结构开展了热疲劳分析与寿命预测工作。采用有限元法研究了界面几何建模的差异对涂层内部应力计算结果的影响，分析表明涂层内部应力分布与圆管构件的曲率半径无关；建立了可以体现氧化损伤与热疲劳损伤耦合效应的寿命预测模型，并结合圆管构件热疲劳寿命试验数据，获得了寿命预测模型参数，涂层热疲劳寿命的试验值与预测值基本处于 2 倍分散系数以内，所建立的热疲劳寿命预测模型是合适的；提出了基于等效系数的方法，该方法虽然具有一定的

近似性质,但却是目前预测涡轮导向叶片结构体系寿命的必要途径。与前缘相比,位于叶片尾缘考核点位置的涂层热循环寿命较短。可以推断,涡轮导向叶片表面涂层将在尾缘部位发生沿叶高方向的屈曲型剥落失效现象。热疲劳寿命预测结果是较为合理的,说明方法是可行的。

参考文献

[1] EVANS A G, HE M Y, HUTCHINSON J W. Effect of Interface Undulations on the Thermal Fatigue of Thin Films and Scales on Metal Substrates[J]. Acta Mater, 1997(45): 3543-3554.

[2] AKTAA J, SFAR K, MUNZ D. Assessment of TBC Systems Failure Mechanisms Using a Fracture Mechanics Approach[J]. Acta Materialia, 2005(53): 4399-4413.

[3] EVANS A G, MUMM D R, HUTCHINSON J W, et al. Mechanisms Controlling the Durability of Thermal Barrier coatings[J]. Prog Mater Sci, 2001, 46(5): 505-553.

[4] BEDNARZ P. Finite Element Simulation of Stress Evolu-tion in Thermal Barrier Coating System[D]. [S. l.]: Schriften des Forschungszentrums Jülich, 2007.

[5] RANJBAR-FAR M, ABSI J, MARIAUX G, et al. Simulation of the Effect of Material Properties and Interface Roughness on the Stress Distribution in Thermal Barrier Coatings Using Finite Element Method [J]. Mater Design, 2010, 31(2):772-781.

[6] AKTAA J, SFAR K, MUNZ D. Assessment of TBC Systems Failure Mechanisms Using a Fracture Mechanics Approach[J]. Acta Materialia, 2005(53): 4399-4413.

[7] WANGER C. Measurement of Oxidation Rate of Metal[J]. Z Elektrochem, 1959(63): 772.

[8] MEIER S M, NISSLEY D M, SHEFFLER K D. Thermal Barrier Coating life Prediction Model Development, Phase Ⅱ: Final Report [R]. NASA-CR-189111, 1991.

[9] RABIEI A, EVANS A G. Failure Mechanisms Associated with the Thermally Grown Oxide in Plasma-Sprayed Thermal Barrier Coatings[J]. Acta mater, 2000(48): 3963-3976.

[10] BUSSO E P, LIN J, SAKURAI S, et al. A Mechanistic Study of Oxidation-

Induced Degradation in a Plasma-Sprayed Thermal Barrier Coating System，Part Ⅱ：Life Prediction Model[J]. Acta Materialia, 2001(49)：1529-1536.

[11] EVANS A G，HE M Y，HUTCHINSON J W. Effect of Interface Undulations on the Thermal Fatigue of Thin Films and Scales on Metal Substrates [J]. Acta Mater，1997(45)：3543-3554.

[12] KARLSSON A M，HUTCHINSON J W，EVANS A G. A Fundamental Model of Cyclic Instabilities in Thermal Barrier Systems[J]. Journal of the Mechanics and Physics of Solids，2002(50)：1565-1589.

[13] KARLSSON A M，HUTCHINSON J W，EVANS A G. The Displacement of the Thermally Grown Oxide in Thermal Barrier Systems upon Temperature Cycling[J]. Materials Science and Engineering A，2003(351)：244-257.

[14] FREBORG A M，FERGUSON B L，BRINDLEY W J，et al. Modeling Oxidation Induced Stresses in Thermal Barrier Coatings[J]. Mater Sci Eng A，1998，A245(3)：182-190

[15] AKTAA J，SFAR K，MUNZ D. Assessment of TBC Systems Failure Mechanisms Using a Fracture Mechanics Approach[J]. Acta Materialia，2005(53)：4399-4413.

[16] 耿瑞. 热障涂层强度分析及寿命预测研究[D]. 北京：北京航空航天大学,2001.

[17] CHENG J，JORDAN E H，BARBER B，et al. Thermal/Residual Stress in an Electron-Beam Physical Vapor Deposited Thermal Barrier Coatings System [J]. Acta Mater，1998，46(16)：5839-5850.

[18] QIAN G. Fracture Analysis and Microstructural Modeling of Thermal Spray Coatings[D]. New York：School of Mechanical Engineering，State University of New York，1999.

[19] CHABOCHE J L，FEYEL F，MONERIE Y. Interface Debonding Models：a Viscous Regularization with a Limited Rate Dependency[J]. International Journal of Solids and Structures，2001(38)：3127-3160.

[20] NUSIER S，NEWAZ G. Analysis of Interfacial Cracks in a TBC/Superalloy System under Thermal Loading[J]. Engineering Fracture Mechanics，1998，60(5/6)：577-581.

[21] 牛鑫瑞，余寿文，冯西桥. 含圆形夹杂两相材料界面变形与损伤特性的数值模拟[J]. 机械强度，2005，27(5)：681-686.

[22] HE M Y，MUMM D R，EVANS A G. Criteria for the Delamination of Thermal Barrier Coatings：with Application to Thermal Gradients[J]. Surface and Coatings Technology，2004(185)：184-193.

[23] CHABOCHE J L, GIRARD R, LEVASSEUR P. On the Interface Debonding Models[J]. International Journal of Damage Mechanics, 1997b(6): 220-257.

[24] CORIGLIANO A, MARIANI S. Parameter Identification of a Time-dependent Elastic Damage Interface Model for the Simulation of Debonding in Composites[J]. Composites Science and Technology, 2001(61): 191-203.

[25] RANJBAR-FAR M, ABSI J, MARIAUX G, et al. Simulation of the Effect of Material Properties and Interface Roughness on the Stress Distribution in Thermal Barrier Coatings Using Finite Element Method[J]. Mater Design, 2010, 31(2):772-781.

[26] GELL M, JORDAN E, VAIDYANATHAN K, et al. Bond Strength, Bond Stress and Spallation Mechanisms of Thermal Barrier Coatings[J]. Surf Coat Technol, 1999(120/121): 53-60.

[27] SHAW L L, BARBER B, JORDAN E H, et al. Measurements of The Interfacial Fracture Energy of Thermal Barrier Coatings[J]. Scripta Materialia, 1998, 39(10): 1427-1434.

[28] BUSSO E P, LIN J, SAKURAI S, et al. A Mechanistic Study of Oxidation-Induced Degradation in a Plasma-Sprayed Thermal Barrier Coating System. Part I: Model Formulation[J]. Acta Materialia, 2001(49): 1515-1528.

[29] CALIEZ M, CHABOCHE J L, FEYEL F, et al. Numerical Simulation of EBPVD Thermal Barrier Coatings Spallation[J]. Acta Materialia, 2003(51): 1133-1141.

[30] BRINDLEY W J, MILLER R A. Thermal Barrier Coating Life and Isothermal oxidation of Low Plasma-Sprayed Bond Coat Alloys[J]. Surface and Coating Teehnology, 1990(43/44):446-457.

[31] DEMASI J T, SHEFFLER K D, ORTIZ M. Thermal Barrier Coating Life Prediction Model Development[R]. NASA-CR-182230, 1989.

[32] BERNDT C C, MILLER R A. Failure Analysis of Plasma-Sprayed Thermal Barrier Coatings[R]. NASA Technical Memorandum, No. 83777, 1984.

第 8 章
焊接接头的高温疲劳

| 8.1 引 言 |

焊接作为一种高效灵活的连接方式,在航空发动机中的应用比较广泛。第二次世界大战前,采用以氩弧焊为主的焊接工艺制备的接头质量一般,因此只能在对强度要求不高的结构上采用焊接,如机匣结构和管道附件。第二次世界大战后,先进焊接工艺的逐渐发展,发动机的其他结构也逐渐采用焊接工艺制备。20 世纪 50 年代,电子束焊接技术出现。由于电子束焊接技术具有较大的功率密度和能够制备出较高质量的焊接接头,故发动机中开始大量采用焊接结构[1]。例如:Trent 800 的 1~8 级中压压气机转子、PW4000 的压气机后 3 级盘与后轴和 GE90 的涡轮后机匣等均采用了电子束焊接技术[2]。同时,扩散连接和摩擦焊也在航空发动机中得到了应用。例如:Trent 系列的宽弦风扇叶片采用扩散连接制备[2];GE 系列的 GE90 风扇盘、2~6 级高压压气机鼓筒和高压涡轮盘轴组件采用惯性摩擦焊制备[3]。20 世纪 70 年代,激光焊接技术也逐渐应用于发动机[4]。由于激光焊接与电子束焊均为高能粒子束焊接,且不需要提供真空环境,因此其在发动机中能够应用的场景基本与电子束焊类似。综上所述,目前焊接结构已广泛应用于许多先进航空发动机中。

但是,焊接接头的特殊性会导致其成为整个焊接结构的薄弱环节。在材料方面主要体现为焊接缺陷和材料非均匀性,而在力学方面包括几何不连续、力学性能非均匀和残余应力等。具体来说,材料非均匀性主要来自两个方面:一是焊接融化过程带来的焊缝金属;二是焊接过程中由于热循环温度和冷却速度不同带来的热影响区。材料非均匀性将引起力学性能非均匀。此外,焊后残余应力的存在使得焊接接头的力学行为分析变得更加复杂。焊接接头的特殊性使其容易成为整个结构的薄弱环节。例如,国内的 WP7 乙发动机就曾在燃烧室外套的焊缝周围出现裂纹[5];国外的 F100 发动机的加力筒体因焊接处断裂而发生故障[6]。这些焊接结构的失效主要是由接头质量不高所导致的。随着先进焊接工艺的发展，由焊接缺陷导致航空发动机焊接结构失效的案例也逐渐少见。

本章针对某型航空发动机涡轮叶片钎焊焊接结构强度问题，以定向凝固高温合金 DZ125 钎焊接头为研究对象，主要开展了试验研究和寿命分析。试验部分主要包括了力学性能试验和破坏失效机理试验：力学性能试验方面为 850 ℃下的疲劳试验；破坏失效机理试验主要包括对试验件断口进行微观观测和分析。寿命分析部分主要采用了基于连续损伤力学的寿命预测方法，并在此基础上提出了一种新的损伤计算方法，且对 DZ125 合金及其钎焊接头的寿命进行了预测。

8.2　焊接接头疲劳试验方法

8.2.1　试验标准

根据试验目的，焊接结构疲劳试验可以分为三类：实际焊接结构的疲劳试验、疲劳 S-N 曲线试验和疲劳裂纹扩展试验。目前，针对获取实际焊接结构疲劳性能或获取焊接接头 S-N 曲线的试验标准较少。只有 ISO/TR 14345 *Fatigue—Fatigue testing of welded components—Guidance* 给出了焊接结构在恒定或可变载荷下的疲劳测试指南[7]。此外，对于焊接接头疲劳裂纹扩展试验的标准也不多，在 ISO、ASTM 标准中尚未看到相关试验标准。因此，大部分焊接结构的疲劳裂纹扩展试验主要参考均质金属材料的试验方法。但是，关于焊缝准静态断裂韧性的测试方法，有 ISO 15653、BS 7448 part2 和 ASTM E2818 等试验标准。国内曾有过一些焊接接头裂纹扩展相关的试验标准，如 GB 2656—1981《焊缝金属和焊接接头的疲劳试验法》[8]、GB/T 9447—1988《焊接接头疲劳裂纹扩展速率试验方法》[9]、JB/T 6044—1992《焊接接头疲劳裂纹扩展速率　侧槽试验方法》[10]、JB/T 4291—1999《焊接接头裂纹张开位移（COD）试验方法》[11]。但上述标准目前均已被废止。

焊接结构疲劳试验的试验件设计与试验目的有关。实际焊接结构的疲劳试验所采用的试验件在材料、几何和加工等方面应尽可能体现实际焊接结构的特征。对于疲劳试验，所采用的试验件通常可以从一块较大的焊板中切割取出。疲劳裂纹扩展试验所采用的试验件几何形状大多与传统断裂力学试验件一致，并保证试验件裂纹扩展路径上的微观组织来自待测量的焊接区域。此外，有些焊接接头疲劳裂纹试验在取样之前会进行焊后热处理以消除焊后残余应力的影响。

8.2.2　试验件设计

钎焊宽板的结构形式及钎焊接头取样方式如图 8.1 所示。高温疲劳试验件均是从同一块焊接宽板上采用线切割截取然后经过机加工制造出来的,这样在一定程度上保证了试验件原始性能状态的统一性和同一性。钎焊试验件均采用对接接头的形式,钎焊接头间隙大约为 0.15 mm。

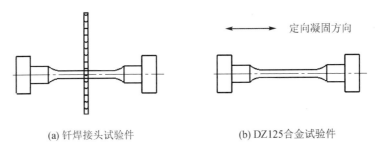

(a) 钎焊接头试验件   (b) DZ125合金试验件

图 8.1 钎焊宽板及钎焊接头取样方式示意图

本章试验目的是考察不同应力水平下,DZ125 母材合金、经过热处理的钎焊接头和未经过热处理的钎焊接头疲劳寿命的差异。为便于区分,下文中使用的经过焊后热处理的钎焊接头用 HT – BJ(Heated – Treatment Brazed Joint)表示,而未经过焊后热处理的钎焊接头用 NHT – BJ(Non – Heated – Treatment Brazed Joint)表示。

图 8.2 给出了 NHT – BJ 和 HT – BJ 两类钎焊接头试验件在疲劳试验开始前的纵向截面 SEM 图以及 B 和 Si 降熔元素相对含量的分布图。可以看出,NHT – BJ 试

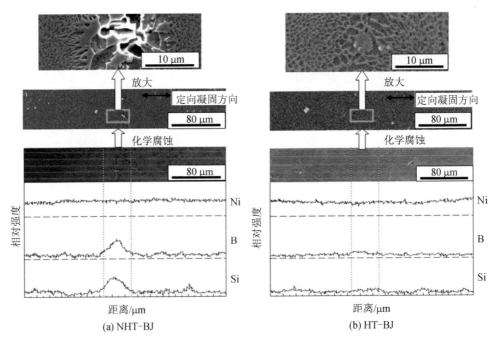

(a) NHT-BJ   (b) HT-BJ

图 8.2 高温疲劳试验前 NHT – BJ 和 HT – BJ 试验件纵向截面 SEM 图和重要元素分布图

验件的纵向截面包含两个明显的区域,即金属间化合物区和共晶相区;而 HT-BJ 试验件的纵向截面只包含一个区域,即共晶相区。图 8.2(a)和(b)中的五条蓝色点画线分别代表了 X 射线线性扫描路径。从 B 和 Si 元素的相对分布情况来看(这里特指五条线性扫描路径下不同元素的平均值),NHT-BJ 试验件金属间化合物区的 B 和 Si 元素含量较高,且含量从金属间化合物区过渡到共晶相区时有一个快速下降的趋势。对于 HT-BJ 试验件,其纵向方向 B 和 Si 元素的含量基本上是均匀分布的。

B 和 Si 元素是金属间化合物 Ni_3B(Boride)和 Ni_3Si(Silicide)的重要组成元素,大量试验研究[12-16]表明这些金属间化合物对材料的力学性能是有害的。在焊后热处理过程中,HT-BJ 试验件钎缝中的元素 B 和 Si 向 DZ125 母材合金的扩散比较完全和均匀,进而消除了金属间化合物相,形成了力学性能优异的共晶相区。所以,采用合理的焊后热处理工艺能够促进钎缝区降熔元素的充分扩散和组织的均匀性,进而提高钎焊接头试验件的强度和寿命[17]。

8.2.3　试验方案

高温疲劳试验方案分别参考了试验标准 ISO 1099—2006(Metallic Materials—Fatigue Testing—Axial force-controlled method,即《金属材料—疲劳试验—轴向应力控制方法》)。试验温度为 850 ℃,且在 100 kN 液压伺服材料测试系统 MTS(型号为 MTS810)试验机上进行。另外,考虑到高温条件下疲劳试验中应变水平可能较高,同时又要精确测量应变数值,因此选用型号为 Epsilon-3448 大量程且精确度较高的耐高温引伸计进行应变测量。加热装置所使用的三段式高温辐射炉在稳定工作状态下,其温度变化不超过 2.5 ℃。试验环境为实验室静态空气介质,高温试验中载荷形式和试验数据收集均由计算机系统控制和记录。高温疲劳试验采用轴向应力加载的控制方式。试验波形为三角波,应力比 $R=0$,加载应力速率为 40 MPa/s。应力水平分别为 560 MPa、600 MPa、640 MPa、680 MPa 和 720 MPa。

8.3　焊接接头的疲劳寿命规律

图 8.3 和图 8.4 分别给出了 850 ℃下 NHT-BJ 和 HT-BJ 试验件的应变(仅包括最大应变和最小应变)随循环数变化的试验结果。可以看出,两类钎焊接头试验件应变的演化规律是相似的,即:① 无论是 NHT-BJ 试验件还是 HT-BJ 试验件均表现出不同程度的循环软化现象;② 在低应力条件下(小于 640 MPa),两类钎焊接头试验件的循环软化程度在其寿命前期非常明显,而在经历较短的循环后,其循环软化程度不再明显,最终表现出循环稳定的状态;③ 在高应力条件下(大于 640 MPa),

航空发动机涡轮叶片疲劳寿命分析理论

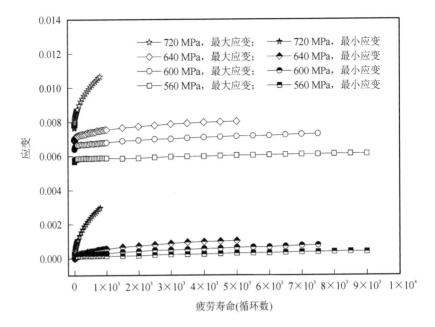

图 8.3　850 ℃条件下,NHT－BJ 试验件应变随循环数的演化规律

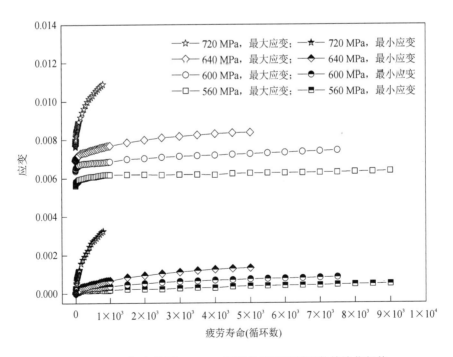

图 8.4　850 ℃条件下,HT－BJ 试验件应变随循环数的演化规律

288 Fatigue Lifetime Analysis Theory of Aero-Engine Turbine Blades

两类钎焊接头试验件的循环软化现象非常明显,并一直持续到试验件断裂为止。以上试验现象说明,两类钎焊接头的循环软化效应与应力水平是相关的,即随着施加应力的增加其循环软化现象越来越明显。而钎焊接头试验件的循环稳定状态出现在较低应力水平下,且占据疲劳寿命的绝大部分。

位错沿晶体学滑移系的重复滑动是金属材料疲劳形变的主要方式。而对于疲劳形变的特定形式–循环软化现象,众多研究人员[18-25]进行了大量的研究和仔细的调研,并得到了许多有趣的结论。其中尤以 Valsan 等[26]基于物理机制给出的关于循环软化的结论和解释最为严谨和精辟。他们认为循环软化行为主要源于材料位错的湮灭。位错缠结的分解和在循环中具有不同符号位错的来回滑动导致的后续湮灭最终促成了材料位错的湮灭现象,从而导致了材料循环软化行为的发生。

850 ℃下两类钎焊接头试验件的平均应变随循环数的演化规律如图 8.5 所示。整体来看,同一应力水平下,HT – BJ 试验件的平均应变明显大于 NHT – BJ 试验件的平均应变。另外,随着施加应力水平的增加,NHT – BJ 试验件的平均应变与HT – BJ 试验件的平均应变差距越来越大,说明平均应变与施加应力的大小是相关的。特别是在钎焊接头试验件的疲劳寿命后期,两类钎焊接头试验件的平均应变差距更加明显。同时从图中还可以看出,焊后热处理工艺改善了钎焊接头的力学性能,使得钎焊接头具有良好的韧性。因此,大大降低了钎焊接头材料发生低应力脆断的可能性。

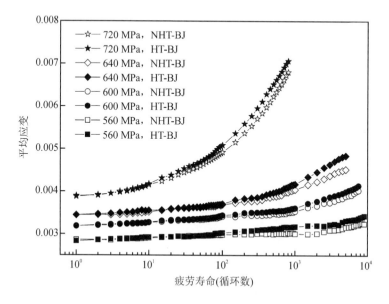

图 8.5　850 ℃条件下,NHT – BJ 和 HT – BJ 试验件平均应变随循环数的演化规律

对于 850 ℃下的高温疲劳试验结果而言,两类钎焊接头试验件在不同应力水平条件下的迟滞环演化规律是相似的。为简单起见,选取两类钎焊接头试验件在

560 MPa 下的迟滞回线演化规律做详细分析,其迟滞回线演化规律分别如图 8.6 和图 8.7 所示。众所周知,当材料受到横幅循环应力作用时,如果正向加载阶段的塑性变形没有被反向加载阶段的等量屈服所抵消,就会出现棘轮效应。一般而言,材料在循环加载时,由于平均应力的存在,塑性应变沿着平均应力的方向累积,这种应变积累即棘轮应变。从图 8.6 和图 8.7 中可以看出,HT – BJ 试验件和 NHT – BJ 试验件均表现出棘轮效应。但不同的是,在相同的试验条件下,HT – BJ 试验件的棘轮应变比 NHT – BJ 试验件的棘轮应变大。特别是在半寿命以后,两者的棘轮应变差距更加明显。值得注意的是,由于钎焊接头中钎缝的厚度很小,钎缝自身的应变可能很大。但是对于整个钎焊接头试验件而言,钎缝的变形量微乎其微。所以,850 ℃条件下两类钎焊接头试验件的棘轮效应主要来源于钎焊接头中 DZ125 母材合金材料的变形。可以推断出,DZ125 母材合金是否经过焊后热处理工艺才是两类钎焊接头试验件展现出不同棘轮效应的真正原因。

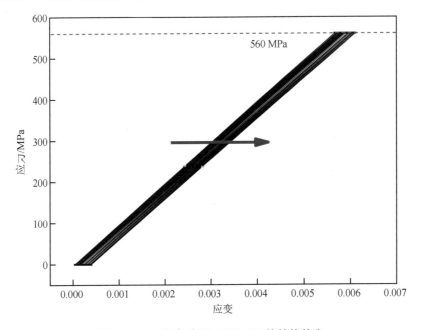

图 8.6　850 ℃条件下,NHT – BJ 的棘轮效应

　　DZ125 母材合金及其两类钎焊接头的高温疲劳试验数据分别列于图 8.8 中。可以得到以下三个结论:① 相比于 DZ125 母材合金,钎焊接头的高温疲劳寿命明显减小,说明钎焊技术本身降低了 DZ125 母材合金的高温疲劳强度;② 相比于 NHT – BJ,HT – BJ 的高温疲劳寿命明显提高,说明经过合理的焊后热处理工艺,钎焊接头的高温疲劳强度有所增加;③ 高温疲劳试验中,随着施加疲劳载荷的增加,HT – BJ 与 DZ125 母材合金的高温疲劳寿命逐渐接近。尽管 NHT – BJ 与 DZ125 母材合金的高温疲劳寿命差距逐渐减小,但是两者的疲劳寿命差距依然很大。

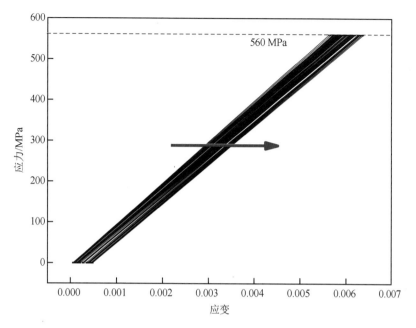

图 8.7　850 ℃条件下,HT‒BJ 的棘轮效应

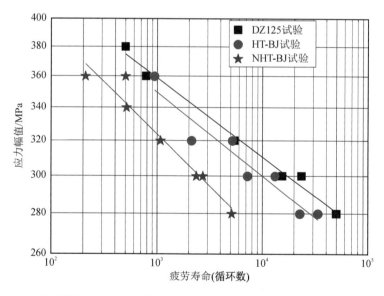

图 8.8　850 ℃条件下,DZ125 母材合金及其两类钎焊接头的施加应力与疲劳寿命关系

　　可以看出,本节涉及的 DZ125 母材合金、NHT‒BJ 和 HT‒BJ 三类试验件在高温疲劳试验条件下,均采用了对比分析的研究方法对其力学行为和高温寿命进行了深入的研究和分析。具体来讲,由于在 DZ125 母材合金材料上引入钎焊特征,DZ125 钎焊接头的力学性能和高温寿命与纯 DZ125 母材合金相比发生了很大的变化,这种

变化对 DZ125 母材合金的综合性能是有害的,同时也大大降低了 DZ125 母材合金的高温强度和寿命;作为一种折中和改善措施,工程实践中常采用焊后热处理工艺对钎焊接头进行优化处理,以期改善钎焊接头的力学行为,并提高其高温强度和寿命。试验结果表明,采取合理的焊后热处理工艺能够使钎焊接头的各项力学性能、高温强度和寿命指标逼近 DZ125 母材合金。

总之,钎焊工艺本身对 DZ125 母材合金的力学行为和高温寿命都产生了不良影响。其原因是多方面的,既有焊接工艺的不完备性,同时也有材料本身的局限性。另外,通过合理的焊后热处理工艺可以显著改善钎焊接头的力学性能,同时也提高了钎焊接头的高温强度和寿命。这主要是因为焊后热处理工艺可以促进 MPD 元素的均匀性分布,使钎缝附近区域材料和力学性能的非均匀性程度降低,从而提高了钎焊接头材料抵抗高温破坏的能力,即提高了材料的抗断裂韧度。

| 8.4 焊接接头的疲劳损伤机理 |

8.4.1 宏观破坏特征

图 8.9 显示了 DZ125 合金及其两类钎焊接头的完整疲劳断口。整体来说,三类疲劳失效断口均包含三个典型区域,即裂纹萌生源、裂纹扩展区和瞬断区。疲劳裂纹形核后,将在使用载荷的作用下不断扩展,直至试验件的断裂发生。疲劳裂纹形核处通常称为裂纹源区。

一般地,疲劳裂纹起源于高应力区和滑移面[27-33]。裂纹的萌生通常位于以下两个位置:① 材料表面,因为在大多数情况下,试验件高应力区域通常位于表面(或次表面)处,另外材料表面还难免有加工痕迹(诸如切削刀痕或额外划痕)的影响和环境腐蚀的影响,同时表面处于平面应力状态,有利于塑性滑移系的开动,而滑移系是材料裂纹形核的重要原因之一;② 材料内部缺陷处,任何材料不可能是完全均匀的,在制造过程中或多或少的存在夹杂、气孔等缺陷,当材料受载时这些内部缺陷处将会产生应力集中,从而导致裂纹的萌生。

从图 8.9(a)可以看出,DZ125 合金的疲劳裂纹形核方式是表面起裂的,并且只有一个疲劳源区。对于 NHT - BJ 试验件,其疲劳裂纹形核方式是多源起裂的,即疲劳裂纹不仅从材料的表面而且也从材料的内部缺陷处起裂,如图 8.9(b)所示。NHT - BJ 试验件疲劳裂纹多源起裂方式与 Xu 等[34]研究的摩擦搅拌焊焊接构件的疲劳裂纹起裂方式相似,不同的是两者疲劳裂纹的形核位置不同。尽管 HT - BJ 试验件进行了焊后热处理,但是其疲劳裂纹同样是多源起裂的,只是疲劳源数量较少,并且所有的疲劳裂纹均起源于材料的表面处,如图 8.9(c)所示。

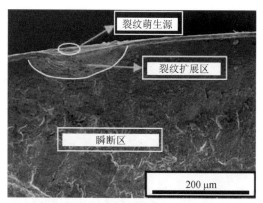

(a) DZ125合金

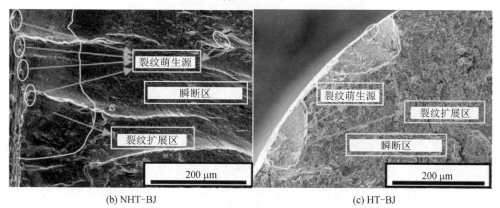

(b) NHT-BJ (c) HT-BJ

图 8.9 DZ125 合金、NHT - BJ 和 HT - BJ 试验件典型疲劳特征 SEM 图

8.4.2 微观破坏特征

DZ125 合金、NHT - BJ 和 HT - BJ 三类试验件的疲劳源形貌分别如图 8.10 (a)、(b)和(c)所示。借助能谱仪,在 DZ125 合金疲劳源区可以观测到大量的碳化物。这些碳化物可能会造成应力集中进而诱发疲劳裂纹的萌生。在 NHT - BJ 试验件的疲劳源区能够观测到未焊透(Incomplete Fusion)缺陷。这类缺陷主要是在复杂的焊接过程中,焊接的不充分性和不完全性造成了部分钎料未来得及熔化即凝固。HT - BJ 试验件的疲劳源区也能够观察到未焊透缺陷。但是其未焊透缺陷尺寸和面积都比较小。这种明显的尺寸和形貌差异可能源于钎焊接头的焊后热处理工艺。一般情况下,焊接接头在设计时要求焊接必须充分和完全,但是由于焊接过程的复杂性和不可控性,最终真正制造出的焊接接头中未焊透等焊接缺陷[35]不可避免。有研究表明[36]:未焊透缺陷主要是因为材料在焊接温度条件下,液态钎料流动的不充分性和不完全性所致。值得注意的是,DZ125 合金疲劳源区的碳化物尺寸较小,而焊接接头疲劳源区的未焊透缺陷尺寸较大,特别是 NHT - BJ 试验件,其未焊透缺陷尺寸

更大。这意味着由碳化物诱发的疲劳裂纹形核时间要比钎焊接头未焊透缺陷诱发的疲劳裂纹形核时间长。

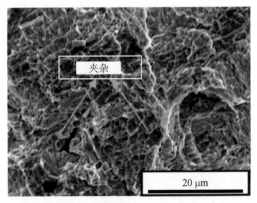

(a) DZ125合金

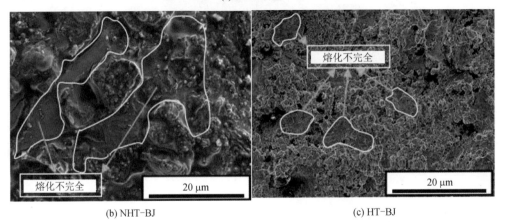

(b) NHT-BJ   (c) HT-BJ

图 8.10   DZ125 合金、NHT - BJ 和 HT - BJ 钎焊接头疲劳源区 SEM 图

DZ125 合金、NHT - BJ 和 HT - BJ 三类试验件的疲劳裂纹稳定扩展区形貌分别如图 8.11(a)、(b)和(c)所示。从图 8.11(a)可以看出,DZ125 合金在疲劳裂纹稳定扩展区具有明显的疲劳条带,且呈现出清晰的河流花样特征。它的形成机理如下[197]:解理微裂纹在某一晶粒内扩展或穿过一个晶粒向相邻晶粒传播时,均会造成解理裂纹在不同的凝固面上断开,这些解理裂纹相交处即会形成解理台阶,因此解理台阶是随着循环数的增加而逐渐形成的。NHT - BJ 和 HT - BJ 试验件疲劳条带的轮廓不是特别明显,如图 8.11(b)和(c)所示。但是相比于 NHT - BJ 试验件,HT - BJ 试验件的疲劳条带更接近 DZ125 合金疲劳条带的外貌特征,这说明通过合理的焊后热处理工艺,可以将钎缝材料的微观组织调配成与 DZ125 合金相似的情形。因此,相比于 NHT - BJ 试验件,HT - BJ 试验件的高温疲劳强度、寿命与 DZ125 合金更接近。由断口学相关知识可知,延性金属疲劳断口中的疲劳条带比脆性金属的更

容易生成。即从表面上看,延性金属疲劳断口中的疲劳条带应比脆性金属断口中的更加明显。因此,可以得到以下结论:850 ℃高温条件下,DZ125 合金趋于延性断裂,而两类钎焊接头趋于脆性断裂。此外,图中箭头方向代表了 DZ125 合金及其两类钎焊接头裂纹扩展的方向。可以看出,疲劳裂纹扩展方向垂直于疲劳条带的走向,这与疲劳裂纹扩展的一般规律相吻合。

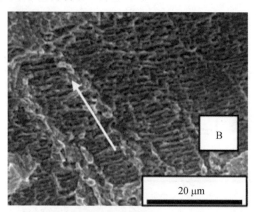

(a) DZ125合金

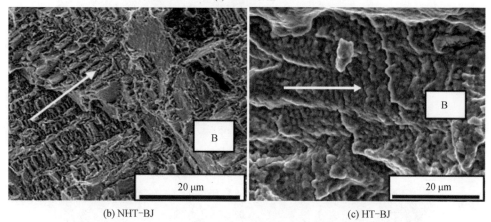

(b) NHT‐BJ　　　　　　　　　　　(c) HT‐BJ

图 8.11　DZ125 合金、NHT‐BJ 和 HT‐BJ 钎焊接头裂纹稳定扩展区 SEM 图

图 8.12(a)、(b)和(c)分别给出了 DZ125 合金、NHT‐BJ 和 HT‐BJ 三类试验件最终断裂区的 SEM 图。从表面上看,三类试验件最终断裂区的形貌是相似的:① 所有的最终断裂区均包含准解理小平面、二次疲劳裂纹和大量韧窝;② 在韧窝的底部可以观察到对韧窝的形成起重要作用的第二相粒子。但是从韧窝形貌特征来看,三类试验件断口中的韧窝形貌又不尽相同。相比于 DZ125 合金,钎焊接头韧窝周围的撕裂棱较薄,同时其韧窝数量较多、密度较大。通过对第二相粒子化学成分的鉴定发现,DZ125 合金最终断裂区的第二相粒子主要由碳化物组成,而钎焊接头最终断裂区的第二相粒子主要由硼化物和硅化物组成。实际上,钎缝中的降熔元素由

于焊接工艺的不完备性并没有扩散均匀和完全,以至于第二相粒子很容易在钎缝中生成并聚集,从而导致断口中韧窝数量和密度的大幅增加。

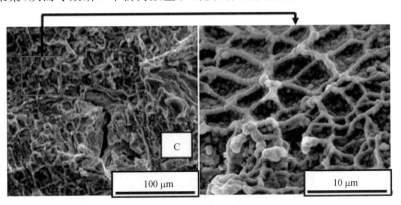

(a) DZ125合金

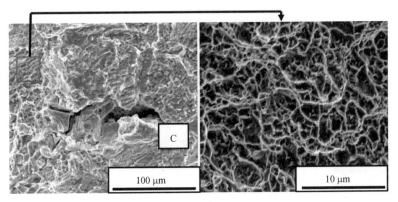

(b) NHT−BJ

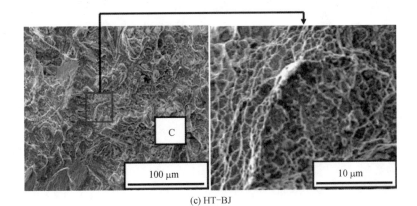

(c) HT−BJ

图 8.12　DZ125 合金、NHT – BJ 和 HT – BJ 钎焊接头最终断裂区 SEM 图
（右图均为左图的局部放大）

8.5　焊接接头疲劳寿命预测方法

8.5.1　概　述

从焊接结构疲劳失效所占的比重可以看到,疲劳强度及寿命是焊接结构在实际服役过程中非常重要的考察指标。对于焊接结构的疲劳强度分析,目前国内外主要采用以下四种评定方法,即名义应力评定法、热点应力评定法、缺口应力评定法和损伤容限评定法。这几种方法既可单独使用,也可相互配合使用。下面分别就这 4 种方法及其在国内外的研究现状进行综述,以期对焊接接头疲劳强度和寿命的评价方法有更进一步的认识。

1. 名义应力评定法

名义应力评定法[37,38]是以材料力学为理论基础的一种评定方法,它是指焊接接头某一截面上的平均应力,通常可表达为[39]

$$\sigma_{nom} = \frac{F}{A} + \frac{My}{I} \tag{8.1}$$

其中,F 和 M 分别代表了所讨论截面上的轴向力和弯矩,A 和 I 是焊接接头某个截面的面积和惯性矩,y 是所讨论点距中性轴的距离。

名义应力的定义很简单,它仅是一个平均的概念。名义应力评定法也是目前现有大多数结构疲劳设计和评价准则最常用的方法,例如我国钢结构设计规范GB 17—1988[40]、欧洲钢结构协会的钢结构疲劳设计规范[41]、国际焊接学会设计标准 IIWDOC – 693 – 81[42] 等。

确定尺寸的设计标准其核心通常是名义应力的确定,即先经简单工程计算得到所给载荷情形下结构各部分的名义应力,然后判断它们是否小于由材料确定的许用名义应力。

名义应力评定的基本准则如下:

$$\sigma_{nom} \leqslant \sigma_{per} \tag{8.2}$$

其中,σ_{nom} 代表焊接接头的名义应力,σ_{per} 代表材料的许用应力。

尽管名义应力的评定方法应用比较广泛,但是它也存在一些难以克服的困难,例如基于名义应力的 S – N 曲线方程严重依赖于焊接接头的几何构型和载荷类型等,即不同的焊接接头及载荷形式需要不同的 S – N 曲线来描述。这主要是因为名义应力不是控制焊接接头疲劳强度和寿命的主控因素,它与焊接接头的具体结构形状和尺寸以及施加载荷类型等诸多因素相关,因而基于名义应力法得到的 S – N 曲线仅仅是某一种具体焊接接头在特定载荷条件下的定量描述,而不具有普适性。名义应力法的使用所面临的另外一个问题是焊接接头截面应力的非均匀性,这是由焊接接头自身的宏观几何缺口效应造成的,如图 8.13 所示[43]。特别是在双轴或多轴应力状态下,无法确定焊接接头的名义应力及其位置。另外,名义应力法没有考虑焊趾处应力非均匀性的程度(应力集中效应),而采用什么样的修正或等效方式获得截面上的名义应力这个问题到目前还没有解决。其次,现代设计和工作流程的日益复杂要求强度设计能够越来越多地采用有限元方法,这使得名义应力法遇到了前所未有的困难:通过有限元计算得到的是焊接接头缺口应力而非名义应力。到目前为止,还没有任何一套通用的规范和程序可以指导设计者如何从有限元结果中获得名义应力的方法。随着有限元方法在疲劳强度设计中的广泛应用,并且现有的绝大多数强度评价规范都是基于名义应力建立起来的。因此,迫切需要一种借助于有限元方法能够确定焊接接头名义应力的规范。

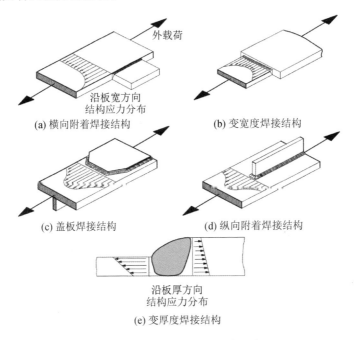

图 8.13　焊接接头的应力分布示意图

2. 热点应力评定法

热点应力评定法是指采用基于热点应力表示的 S - N 曲线对裂纹可能萌生于焊根或焊趾处的焊接结构进行疲劳寿命评估[44]。这里热点应力是指结构在热点处的结构应力[43-75]。其中,"热点"是指焊趾位置,也可以拓展至焊根位置。因为焊趾或焊根处存在应力集中,容易成为疲劳裂纹萌生部位;"结构应力"是指在忽略焊缝或焊趾的几何后,结构本身在外载荷作用下的应力。热点应力法可适用于具有复杂几何结构的焊接结构(参见图 8.13),这类焊接结构的特点是缺少名义应力的明确定义。

热点应力的定义如图 8.14 所示,即将参考点的结构应力外推至焊趾处(热点)。因此,热点应力的计算主要包含两个步骤:一是选取合适的参考点位置;通常在焊趾附近选择 2～3 个参考点,且需要保证参考点处的应力不受焊趾所导致的非线性应力的影响;二是获得参考点处的应力;一般利用有限元法对焊接结构进行建模计算,或利用应变片进行测量。

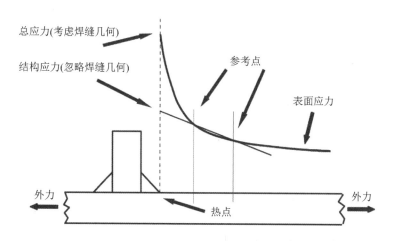

图 8.14　热点应力的定义和计算[44]

　　几乎所有实际场合中,热点应力与名义应力之间都存在着较大的偏差,且热点应力在很大程度上能克服接头种类与加载形式对 S - N 曲线的影响。实际上,焊接结构的热点应力分析最初是由 Kloth 提出的,他对热点应力做了系统描述[48]。后来,Haibach 从方法上奠定了热点应力评定法定量分析的可靠性基础[49]。

　　通常热点应力是基于焊接接头表面两点或三点应力线性外推得到焊趾处的一种应力表示,计算得到的总应力为考虑到焊趾处局部缺口效应的真实应力,如图 8.15所示。实际上,热点应力是一种假想的应力,并不真实存在。热点应力评定法要求除名义应力外还要确定焊接接头应力分布情况,主要是考虑应力集中效应。因此,其表达式通常表示为以下形式:

$$\sigma_{\mathrm{hot}} = K_{\mathrm{s}} \sigma_{\mathrm{n}} \qquad (8.3)$$

其中,σ_{hot} 为热点应力,K_{s} 为焊接接头应力集中系数,σ_{n} 为名义应力。

　　同济大学机械工程学院的武奇等[50]对焊接接头疲劳评定的热点应力法研究现状进行了详细的论述。特别说明了该方法的应用历史和进程:热点应力法首先应用在海洋平台焊接管接头的疲劳评估上,迅速扩展到了船舶工业、压力容器、交通运输,并陆续写进了一些行业学会制定的设计规范中。直到 20 世纪 90 年代,热点应力法才开始逐渐在焊接板结构中得到应用。另外,有限元计算方法的普及也加速了该方法的研究和推广,自 1996 年国际焊接学会对焊接平板结构的设计和疲劳评定给出了此方法原理和应用的指导说明后,该指导说明一直处于不断完善中。热点应力评定

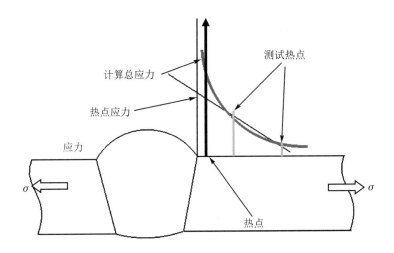

图 8.15　焊接接头的应力分布示意图

法使用所面临的两个关键问题如下：① 焊接接头处的几何应力如何确定；② 热点处对应的 S‑N 曲线如何获得。针对以上两个问题，国内外研究者做了大量的探索性工作，最终确立了以下几种方法可以获得焊接接头处的热点应力：① 表面外推法[51,52]，考虑到焊接接头焊趾处的局部应力集中现象严重，采用外推法以避开由于焊缝形状、切口等因素引起的非线性峰值应力的影响；② 厚度线性法[53,54]，考虑到热点应力主要由焊趾表面处膜应力和弯曲应力两部分组成，两种应力的叠加呈现出非线性化，可通过应力分布线性化的方法得到表面应力作为焊接接头的热点应力；③ The Dong 法[55‑57]，热点应力可由距离焊趾一定距离处沿厚度方向上的应力表示，同时弯曲应力也考虑了剪应力的作用；④ 1 mm 法[58‑60]，焊接接头的热点应力可由其厚度方向上距离表面 1 mm 处的应力来表达。另外，通过有限元分析可以得到焊接接头的热点应力，并且强度评价指南中给出了焊接接头单元类型的选取和网格疏密程度等信息。Niemi 等[61]的研究结果表明，可以采用比较稀疏的单元来完成焊接接头疲劳强度的分析。国际焊接学会推荐了在有限元模型中读取应力或应变的节点位置以及外推到焊趾处热点应力的具体计算方法等。

　　焊接接头热点应力评定法也存在一些自身缺陷，体现在以下两方面：① 表面疲劳裂纹的萌生位置不确定，而热点应力评定法目前仅仅局限于焊接接头焊趾处的疲劳强度和寿命评估，对于其他裂纹萌生位置焊接接头的疲劳评定显得无能为力；② 在热点应力评定法的研究中，目前多数以焊接接头拉伸应力状态为主，而对于其他应力甚至多轴应力状态下的焊接接头疲劳评定的有效性需要进一步的验证。尽管热点应力评定法存在以上不足，但是它已经在管道结构、轮船和其他工程焊接结构中得到广泛应用。

3. 缺口应力评定法

缺口应力评定法[62,63]主要根据缺口尖端应力来定量描述承受疲劳载荷焊接接头中的裂纹萌生问题。采用局部缺口应力与相应的材料强度值进行对比可对结构的强度做出评价。在进行缺口应力分析时,除名义应力和热点应力之外还需要确定焊缝根部的应力集中程度。一般意义上,工程材料的缺口应力概念不能直接应用于焊接接头,这是因为焊接接头焊趾几何形状的不规则性严重影响了缺口应力的准确确定。近期的一些研究[64-68]表明,焊接接头焊趾处不规则的缺口形状可以简化为半径为 1 mm 的等效缺口(如图 8.16 所示),且简化后半径为 1 mm 缺口的疲劳强度和寿命与试验数据吻合得很好。另外,随着计算能力的不断提高,研究人员也希望越来越多地采用此类方法进行焊接接头的疲劳强度评定,同时也避免了诸如热点应力的不确定性和名义应力的不合理性等缺点。

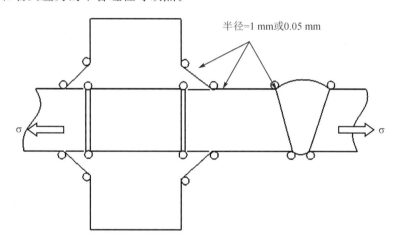

图 8.16　焊接接头有效缺口示意图

Neuber[68]基于不同假设把缺口应力评定方法分为两种情况:① 对于较厚的焊接板(板厚度>5 mm),规定等效缺口半径为 1 mm,且这种缺口应力方法已经被国际焊接学会所采纳并应用于大型焊接结构的疲劳强度和寿命评估中;② 对于较薄的焊接板(板厚度<5 mm),规定等效缺口半径为 0.05 mm,且这种方法在汽车工业疲劳强度和寿命评定中得到越来越广泛的应用。实际上,缺口半径为 1 mm 的概念是基于 Neuber 提出的微观理论,也是源自 Radaj 等人的工作。缺口半径为 0.05 mm 的概念是在 Creager、Paris 和 Irvin 等人的基础上把应力强度因子和缺口应力关联起来提出的。选择缺口半径为 1 mm 或 0.05 mm 也是基于试验观察和近似假设得出的,即在厚度大于 5 mm 的结构钢焊接接头中经常可以观察到半径大约为 1 mm 的缺口[69,70],在厚度小于 5 mm 的中低强度钢焊接薄板中,缺口半径为 0.05 mm 近似与它们的晶粒尺寸相当,并且在很多情况下与点焊或激光焊接头的缺口根部

相等[71]。

在确定缺口应力集中时,可用应变片对焊趾或其平面光弹模型进行测量,也可用有限元方法或边界元方法进行计算。然后结合S-N曲线方程评估焊接接头的疲劳强度和寿命。但是,缺口应力法在确定焊接接头缺口处应力时需要复杂的计算,且该方法在实际工程中的应用还不多见,其有效性有待进一步验证。目前,国际焊接学会的最新标准中只提供了一条结构钢焊接接头缺口应力疲劳强度S-N曲线[72],即FAT225。

4. 损伤容限评定法

损伤容限评定法是用断裂力学关于疲劳裂纹扩展的理论和方法来确定结构存在缺陷或裂纹后,在疲劳载荷作用下由初始裂纹尺寸扩展到临界裂纹尺寸的剩余寿命方法[73]。断裂力学非常适合评估带有裂纹或裂纹状缺陷焊接结构的寿命。应用断裂力学方法之前需要知道裂纹尖端的应力状态,例如膜应力、壳应力和非线性峰值应力等,另外还需要确定应力强度因子的方法。应力强度因子的确定问题已经得到很好的解决。因此,构件的疲劳寿命可通过Pairs公式来获得,即

$$\frac{\mathrm{d}a}{\mathrm{d}N} = C_0 \Delta K^m \tag{8.4}$$

其中,$\Delta K = \Delta\sigma\sqrt{\pi a}\,Y(a)M_{\mathrm{k}}(a)$,$\Delta K$ 是应力强度因子变程,它是疲劳裂纹扩展的主要控制参量;K_{th} 是应力强度因子门槛值,它是表征裂纹是否扩展的参量;C_0 和 m 是描述材料疲劳裂纹扩展性能的基本参数,由试验确定。值得注意的是,只有当 $\Delta K > K_{\mathrm{th}}$ 时,式(8.4)才成立。$M_{\mathrm{k}}(a)$ 充分考虑了不同结构细节和接头形式的非线性峰值应力和几何形状。例如,$M_{\mathrm{k}}(a)$ 可采用权函数法通过有限单元沿着厚度方向的应力集中因子分布 $k_{\mathrm{t,nlp}}$ 进行确定[74,75],即

$$M_{\mathrm{k}}(a) = \frac{2}{\pi}\int_{x=0}^{x=a} \frac{k_{\mathrm{t,nlp}}(x)}{\sqrt{a^2 - x^2}}\,\mathrm{d}x \tag{8.5}$$

在应用断裂力学进行材料的疲劳强度设计时需要确定裂纹的初始长度。大部分研究者认为检测到0.1 mm的裂纹就可以进行断裂力学分析了,而基于合理使用的评定规范出于安全的原因规定断裂力学分析的初始裂纹长度为0.15 mm。一些近期的研究表明机械工程应用中可用断裂力学分析的初始裂纹长度为0.05 mm。可以看出,采用断裂力学进行分析之前的初始裂纹长度还没有形成统一看法,有待进一步规范化和标准化。目前,国际焊接学会推荐使用的裂纹长度为0.15 mm,并得到了非常保守的疲劳寿命[76]。这也许是对于焊接缺陷不能通过破坏试验进行准确测量而使用的一种折中方法。

断裂力学评定法作为名义应力评定法、热点应力评定法和缺口应力评定法的发展与补充,在使用时应明确应力强度因子的确定方法、应力强度因子门槛值与材料的断裂韧性。对形状复杂的裂纹和焊接结构中复杂的焊接接头几何形状,欲足够精确

地确定应力强度因子变程,需要较为复杂的力学分析和相应的计算方法。但随着有限元等方法的广泛应用和计算方法的简化,断裂力学在评估焊接接头疲劳强度方面起着不可替代的作用,尤其是对于评估那些形状复杂且较厚焊接结构的疲劳强度和寿命更是如此。

　　以往焊接结构的疲劳问题大部分专注于研究由焊接缺陷引起的疲劳强度和疲劳裂纹扩展行为。一般把焊接缺陷简化为宏观裂纹进行处理。疲劳裂纹扩展问题可由断裂力学或其他方法解决。然而,由于焊接过程的不可控性,焊接区域容易产生材料的不连续性,诸如微裂纹、孔洞、气孔、非金属夹杂等。实际上,焊接区域是包含微观缺陷的初始损伤区,再加上此区力学的不连续性共同导致了焊接接头力学性能的降低。试验结果表明,大部分焊接结构的失效行为并不是仅仅由焊接缺陷产生的疲劳裂纹扩展这一阶段直接导致的,而是在焊接接头焊趾应力集中处首先形成裂纹,然后裂纹在外部循环载荷条件下不断扩展导致了焊接接头的完全断裂。相比于裂纹扩展,损伤演化过程占据了焊接接头疲劳寿命的绝大部分。因此,在焊接接头形成宏观裂纹之前,更重要的是研究损伤演化的规律及其物理机制。然而,由于焊接接头微观缺陷的复杂性,故很难定量地研究微观缺陷对接头疲劳损伤的影响。近年来,连续损伤力学的快速发展为解决此类问题提供了一种有效途径。连续损伤力学的任务就是解决在宏观裂纹形成之前通过引入损伤变量分析焊接缺陷引起的损伤演化问题[77]。连续损伤力学与断裂力学、疲劳分析理论统归破坏力学范畴,它是研究物质不可逆破坏过程的一门学科。从狭义上讲,损伤力学是用宏观理论解决微观断裂问题,研究对象是物体内连续分布的缺陷。从宏观来看,这些缺陷的发生和发展表现为材料的变形与破坏。损伤力学就是研究一定条件下,物体中的损伤随变形而发展并最终导致破坏的演化过程[78]。从损伤的定义可以看出,连续损伤力学理论不仅能用于疲劳损伤而且也能用于蠕变损伤的计算中,即这套方法不依赖于材料特定的载荷类型,而是适用于包括疲劳和蠕变问题。

　　在 20 世纪七八十年代,人们已经开始研究焊接接头的蠕变、疲劳和裂纹扩展行为。通常,焊接缺陷先被简化成宏观裂纹,然后采用断裂力学或其他方法研究裂纹扩展问题。然而,由于焊接本身的影响,焊接区经常存在诸如微裂纹、微孔洞、气孔、非金属夹杂和未焊透等微小焊接缺陷。实际上,焊接区是初始损伤的聚集区。换句话说,焊接本身对母材造成了一定的初始损伤。这种初始损伤区和材料性能的不连续导致了焊接接头力学性能的下降。在循环载荷或持久载荷条件下,焊接接头的最终断裂就是由这种初始损伤逐渐演化造成的。断裂力学主要解决含有宏观裂纹焊接接头的承载能力问题,而不涉及材料微观缺陷损伤演化问题。焊接结构的失效大多数情况下是因为裂纹易于在应力集中的焊趾处萌生,进而扩展到一定长度后达到临界尺寸导致结构的最终断裂。相比于裂纹扩展,损伤演化过程占据了焊接接头寿命的绝大部分。因此,研究焊接接头在形成宏观裂纹之前的损伤演化规律和物理机制是非常重要的。

8.5.2 基于损伤力学的钎焊结构疲劳寿命预测方法

1. Chaboche 疲劳损伤理论

通常情况下,疲劳损伤过程与材料表面缺陷的形核和穿晶裂纹的扩展现象是分不开的。尽管在复杂载荷情况下会遇到一些困难,疲劳损伤方程还是经常写成以循环为基本变量的表达形式。在众多疲劳损伤方程中,尤以 Chaboche 疲劳损伤方程最为经典和简便。Chaboche 疲劳损伤是 Chaboche 在 1981 年提出的,它具有较高的非线性损伤演化和损伤循环累积特征,能够较为准确地对材料的疲劳损伤和寿命进行合理的描述。因此,这里采用 Chaboche 疲劳损伤方程对 DZ125 合金及其两类钎焊接头的疲劳寿命和损伤进行分析和研究。

在单轴应力状态下,Chaboche 疲劳损伤方程可表达为

$$\delta D_f = \left[1 - (1 - D_f)^{\beta+1}\right]^{\alpha(\sigma_{max}, \sigma_m)} \left[\frac{\sigma_{max} - \sigma_m}{M_0 (1 - b\sigma_m)(1 - D_f)}\right]^{\beta} \delta N \qquad (8.6)$$

其中,β、M_0 和 b 是材料常数。σ_{max} 和 σ_m 分别是一次循环中的最大应力和平均应力。$\alpha = \alpha(\sigma_{max}, \sigma_m) = 1 - a\langle [\sigma_{max} - \sigma_1(\sigma_m)]/(\sigma_{UTS} - \sigma_{max})\rangle$,这里 a 是材料常数,$\langle x \rangle$ 是 Havside 函数,当 $x < 0$ 时,$\langle x \rangle = 0$,而当 $x > 0$ 时,$\langle x \rangle = x$;$\sigma_1(\sigma_m)$ 是材料的疲劳极限,并表述为 $\sigma_1(\sigma_m) = \sigma_{10} + (1 - b\sigma_{10}/\sigma_{UTS})\sigma_m$,$\sigma_{10}$ 是对称循环下材料的疲劳极限,σ_{UTS} 是抗拉强度。为简单起见,令 $b = 0$。

在特定应力条件下,疲劳寿命可以通过对方程(8.6)两边积分得到。即疲劳损伤变量从 $D_f = D_{f0}$ 到 $D_f = D_{fr}$ 进行积分,而循环变量从 $N = 0$ 到 $N = N_{fr}$ 进行积分,可以得到

$$N_{fr} = \frac{\left[1 - (1 - D_{fr})^{\beta+1}\right]^{1-\alpha} - \left[1 - (1 - D_{f0})^{\beta+1}\right]^{1-\alpha}}{(1 - \alpha)(1 + \beta)} \left(\frac{\sigma_a}{M_0}\right)^{-\beta} \qquad (8.7)$$

另外,假设材料在 $N = 0$(初始状态)时疲劳损伤 $D_f = D_{f0}$,如上所述积分式(8.6),可以得到

$$N = \frac{\left[1 - (1 - D_f)^{\beta+1}\right]^{1-\alpha} - \left[1 - (1 - D_{f0})^{\beta+1}\right]^{1-\alpha}}{(1 - \alpha)(1 + \beta)} \left(\frac{\sigma_a}{M_0}\right)^{-\beta} \qquad (8.8)$$

式(8.8)除以式(8.7)经整理可得到疲劳损伤演化方程的表达式:

$$D_f = 1 - \left[1 - \left(\left[1 - (1 - D_{f0})^{\beta+1}\right]^{1-\alpha} + \right.\right.$$

$$\left.\left.\left\{\left[1 - (1 - D_{fr})^{\beta+1}\right]^{1-\alpha} - \left[1 - (1 - D_{f0})^{\beta+1}\right]^{1-\alpha}\right\} \frac{N}{N_r}\right)^{\frac{1}{1-\alpha}}\right]^{\frac{1}{\beta+1}} \qquad (8.9)$$

2. 确定初始损伤和临界损伤的新方法

建立损伤模型的第一步是定义一个合适的损伤变量,且它能很好地描述材料损

伤的演化行为。一般说来,损伤并无几何上的绝对真实意义,它仅是材料性能劣化的相对度量和间接表征。到目前为止,可作为损伤变量的物理量有很多。例如,损伤变量可以用弹性模量的变化来定义[79,80],可以用循环塑性响应来表示[81]等。沈为等[82]给出了其他的诸如黏性特性变化、剩余强度变化、质量密度变化、声波传播速度变化、电参量变化、光参量变化、缺陷密度变化和位错对直径变化等,它们均可作为损伤变量的物理量。

从连续损伤理论的损伤变量角度看,任何状态变量只要能用来测量材料的损伤且能随着时间的推移而单调变化都可以用来定义损伤变量。这里采用材料的弹性模量变化来定义损伤变量:

$$D = 1 - \frac{\widetilde{E}}{E_0} \tag{8.10}$$

其中,$\widetilde{E}$ 和 E_0 分别表示当前弹性模量和初始弹性模量。

从式(8.10)可以看出,当 $\widetilde{E} = E$ 时,$D = 0$,这种情况相当于材料处于初始状态,没有任何损伤;当 $\widetilde{E} = 0$ 时,$D = 1$,这种情况相当于材料处于完全断裂的状态,材料的弹性模量已完全耗尽。

国内外许多研究人员[83-87]在运用连续损伤理论进行本构建模或寿命预测分析时,都做以下两个方面的假设:一是假设材料原始状态的初始损伤为 0(材料处于无损状态);二是假设材料在最终断裂时的损伤为 1(材料处于失效状态)。这种假设对于像 DZ125 母材合金不含初始损伤的均匀材料是正确的,但对于钎焊接头这样的非均匀材料未必是合适的。图 8.17 显示了 DZ125 母材合金、NHT - BJ 和 HT - BJ 三类试验件的纵向截面微观组织图。可以看出,DZ125 合金微观组织均匀,可假设其初始损伤为 0;由于钎焊接头焊接时焊缝间隙非常小(大约 150 μm),钎料不能充分润湿 DZ125 母材合金,因此容易在焊缝处形成未熔合等焊接固有缺陷,故假设 NHT - BJ 试验件初始损伤不等于 0,而是具有一定的初始损伤;虽然部分钎焊接头经过焊后热处理,但是很难消除焊接对 DZ125 母材合金产生的初始损伤,故 HT - BJ 试验件的初始损伤也不等于 0,同样具有一定的初始损伤。现在面临的问题是,既然两类 DZ125 钎焊接头都具有一定的初始损伤,那么它们的初始损伤应该采取怎样的方法进行确定,这是采用连续损伤理论进行寿命建模和预测必须首要解决的问题。经过仔细分析和研究,确定两类钎焊接头初始损伤的思路如下:

首先,在疲劳试验之前,分别开展 DZ125 母材合金及其两类钎焊接头的单轴拉伸试验,其目的是通过拉伸试验来确定三者的弹性模量。980 ℃条件下,DZ125 母材合金、HT - BJ 和 NHT - BJ 的平均弹性模量(定向凝固方向)分别为 82 580 MPa、80 500 MPa 和 70 889 MPa。850 ℃条件下,DZ125 母材合金、HT - BJ 和 NHT - BJ 的平均弹性模量(定向凝固方向)分别为 96 700 MPa、94 570 MPa 和 82 025 MPa。

然后,在 DZ125 母材合金弹性模量的基础上,并借助式(8.10)可确定 980 ℃条件下 NHT - BJ 和 HT - BJ 的初始损伤分别为 0.142 和 0.025,而 850 ℃条件下

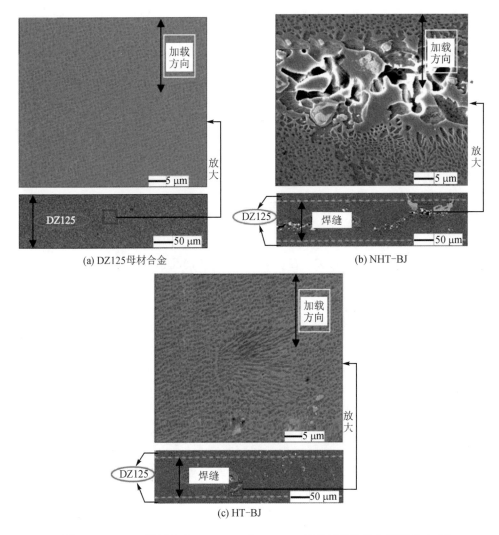

图 8.17　DZ125 母材合金、NHT－BJ 和 HT－BJ 三类试验件纵向截面 SEM 图

NHT－BJ 和 HT－BJ 的初始损伤分别为 0.152 和 0.022。另外,由于在疲劳试验中,三类试验件发生断裂时其弹性模量不可能为 0,也即最终损伤值不应为 1,而是一个未知的临界值,它可以根据高温疲劳寿命方程求出。具体来讲,根据式(8.7)并结合不同应力水平下的疲劳寿命求得高温疲劳损伤临界值。如果求出三类试验件的高温疲劳损伤临界值,再结合式(8.10),则可分别求得两种试验条件下三类试验件发生断裂时的残余弹性模量。

3. 寿命建模结果及分析

为了更加直观和清晰地对 DZ125 母材合金及其两类钎焊接头进行寿命建模和

预测,有必要把三类试验件的疲劳寿命试验结果全部提供出来,如表 8.1 所列。如前所述,本节采用 Chaboche 疲劳损伤理论分别对 DZ125 母材合金及其两类钎焊接头的疲劳的损伤演化和寿命进行研究和分析。采用 Levenberg - Marquart 非线性优化算法来确定两类损伤模型相应的材料参数和临界损伤。具体来讲,利用式(8.8)对三类试验件的应力幅、断裂循环数试验数据及材料的疲劳极限和抗拉强度进行优化分析,可以获得参数 α、β 和 M_0 以及疲劳损伤值 D_{fr}。三类试验件的 Chaboche 疲劳损伤模型的材料参数和损伤值分别列于表 8.2～表 8.4 中。可见 Chaboche 疲劳损伤寿命模型分别描述三类试验件疲劳寿命的相关系数基本控制在 0.91～0.99 范围内,充分说明了疲劳损伤方程描述三类试验件寿命的正确性。另外,图 8.18 给出了疲劳试验条件下,DZ125 母材合金、HT - BJ 和 NHT - BJ 三类试验件的寿命试验结果与预测寿命结果的对比图。需要说明的是,图中的蓝色点划线均代表了±2 倍的寿命分散系数。可见,基于连续损伤理论预测的 DZ125 母材合金、HT - BJ 和 NHT - BJ 疲劳寿命均分布在试验寿命±2 倍的分散系数内,预测结果与寿命试验结果吻合得很好。

表 8.1　850 ℃条件下,三类试验件的高温疲劳试验结果

DZ125		NHT - BJ		HT - BJ	
应力/MPa	时间/h	应力/MPa	时间/h	应力/MPa	时间/h
760	1 003	720	420	720	1 878
720	1 568	720	1 000	640	4 236
640	20 000	680	1 020	640	10 434
600	31 000	640	2 143	600	14 450
600	46 900	600	4 693	640	26 420
560	98 963	600	5 421	560	45 270
560	100 253	560	10 230	560	66 632

表 8.2　DZ125 母材合金试验件的材料参数、初始和临界损伤计算结果

参　数	β	a	M_0	D_{f0}	D_{fr}
数　值	15.3	0.06	845.1	0.00	0.95

表 8.3　NHT - BJ 钎焊接头试验件的材料参数、初始和临界损伤计算结果

参　数	β	a	M_0	D_{f0}	D_{fr}
数　值	11.8	0.11	932.4	0.152	0.85

表 8.4　HT - BJ 钎焊接头试验件的材料参数、初始和临界损伤计算结果

参　数	β	a	M_0	D_{f0}	D_{fr}
数　值	14.8	0.09	745.2	0.022	0.91

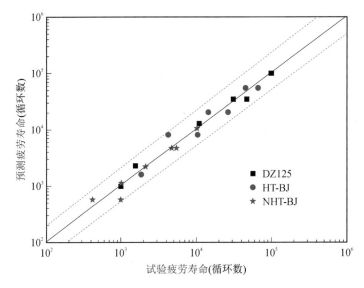

图 8.18 三类试验件试验寿命与预测寿命的对比

图 8.19 显示了 DZ125 母材合金、NHT–BJ 和 HT–BJ 三类试验件的疲劳损伤随归一化的时间和循环数的演化规律。可以看出,三类试验件的损伤演化规律都有较大的差异和不同。DZ125 母材合金、NHT–BJ 和 HT–BJ 三类试验件的高温疲

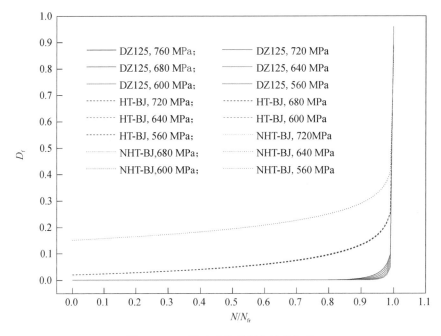

图 8.19 三类试验件的损伤演化规律

劳临界损伤分别为 0.95、0.85 和 0.91,其相应断裂时所对应的弹性模量分别为 4.835 GPa、14.505 GPa 和 8.703 GPa,如图 8.20 所示。疲劳损伤与施加的应力大小有关。不过对于每类试验件,不同大小应力下的高温疲劳损伤演化规律是非常相似的。

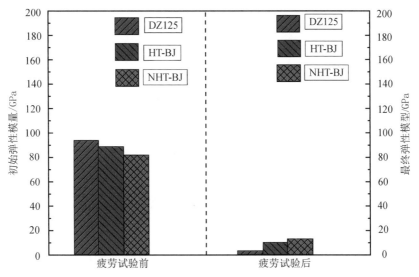

图 8.20　三类试验件的初始和临界损伤

|8.6　本章小结|

为了分析和评估航空发动机涡轮转子叶片材料和钎焊结构的承载能力和变形行为,本章从 DZ125 合金钎焊接头的疲劳行为着手,分析和研究了钎焊接头的疲劳损伤机理、寿命预测方法等,主要结论如下:

① 分别开展了 DZ125 合金及其钎焊接头 850 ℃ 条件下的高温疲劳试验,所有的钎焊接头均在钎缝处发生断裂;相比于 DZ125 母材合金,钎焊接头的高温疲劳寿命明显减小;相比于无热处理焊接接头,经过焊后热处理后的焊接接头的高温疲劳寿命明显提高。

② 高温疲劳试验条件下,DZ125 合金及其钎焊接头在裂纹的起裂方式、裂纹源数量、裂纹稳定扩展区的疲劳条带和最终断裂区的韧窝形貌以及第二相粒子的化学组分等方面存在明显的差别。

③ 采用 Chaboche 疲劳损伤理论并基于一种计算损伤的新方法,分别建立了 DZ125 母材合金、NHT - BJ 和 HT - BJ 三类试验件的疲劳寿命模型,结果表明基于连续损伤理论预测的 DZ125 母材合金、HT - BJ 和 NHT - BJ 疲劳寿命均分布在试验寿命±2 倍的分散系数内。

| 参考文献 |

[1] 康文军，梁养民. 电子束焊在航空发动机制造中的应用[J]. 机械制造文摘（焊接分册），2012(5)：30-33.

[2] 张露，韩秀峰，王伦. 焊接工艺在商用航空发动机中的应用[J]. 焊接，2016(8)：54-59,75.

[3] 张露，韩秀峰，阮雪茜. 惯性摩擦焊在商用航空发动机中的应用与研究现状[J]. 电焊机，2022，52(05)：91-98.

[4] 张文毓. 激光焊接技术的研究现状与应用[J]. 新技术新工艺，2009(1)：48-51.

[5] 李雪松，郑伟，李邵兴. WP7 乙燃烧室外套裂纹故障分析[J]. 材料工程，1994(11)：43-45.

[6] 陈光. 航空发动机结构设计分析[M]. 北京：北京航空航天大学出版社，2006.

[7] ISO/TR 14345. Fatigue-Fatigue Testing of Welded Components-Guidance[S]. International Organisation for Standardization，2012.

[8] GB/T 2656—1981. 焊缝金属和焊接接头的疲劳试验法[S]. 北京：中国标准出版社，1981.

[9] GB/T 9447—1988. 焊接接头疲劳裂纹扩展速率试验方法[S]. 北京：中国标准出版社，1988.

[10] JB/T 6044—1992. 焊接接头疲劳裂纹扩展速率 侧槽试验方法[S]. 北京：中国标准出版社，1993.

[11] JB/T 4291—1999. 焊接接头裂纹张开位移(COD) 试验方法[S]. 北京：中国标准出版社，1999.

[12] VILLARS P，PRINCE A，OKIMTO H. Handbook of Ternary Phase Diagrams[M]. [S. l.]：ASM International，1995.

[13] POURANVARI M，EKRAMI A，KOKABI A H. Effect of Bonding Temperature on Micro-Structure Development During TLP Bonding of a Nickel Base Superalloy[J]. Journal of Alloys and Compounds，2009，469(1/2)：270-275.

[14] WU X W，CHANDEL R S，LI H. Wide Gap Brazing of Stainless Steel to Nickel-Based Superalloy[J]. Journal of Materials Processing Technology，2001，113(1/3)：215-221.

[15] RADHAKRISHNA C H，PRASAD R K. The Formation and Control of Laves Phase in Superalloy 718 Welds[J]. Journal of Materials Science，1997(32)：1978-1984.

[16] RAM J G D，REDDY A V，RAO K P. Microstructure and Mechanical Prop-

erties of Inconel 718 Electron Beamwelds[J]. Materials Science and Technology, 2005, 21(10): 1132-1138.

[17] SHI D Q, DONG C L, YANG X G, et al. Creep and Fatigue Lifetime Analysis of Directionally Solidified Superalloy and Its Brazed Joints Based on Continuum Damage Mechanics at Elevated Temperature[J]. Materials and Design, 2013(45): 643-652.

[18] MERCKEL Y, DIANI J, BRIEU M, et al. Experimental Characterization and Modelling of the Cyclic Softening of Carbon-Black Filled Rubbers[J]. Materials Science and Engineering: A, 2011, 528(29/30): 8651-8659.

[19] KONG L X, HODGSON P D, WANG B. Development of Constitutive Models for Metal Forming with Cyclic Strainsoftening[J]. Journal of Materials Processing Technology, 1999(89/90): 44-50.

[20] EVRARD P, AUBIN V, DEGALLAIX S, et al. Formulation of a New Single Crystal Law for Modeling the Cyclic Softening[J]. Mechanics Research Communications, 2008, 35(8): 589-594.

[21] BOLMARO R E, SIGNORELLI J W, BROKMEIER H G, et al. Cyclic Softening Mechanisms of Zry-4 at Room Temperature: the Unlikely Influence of Texture Variations[J]. Scripta Materialia, 2004, 51(6): 618-621.

[22] GIORDANA M F, GIROUX P F, ALVAREZ-ARMAS I, et al. Micromechanical Modeling of the Cyclic Softening of EUROFER 97 Steel[J]. Procedia Engineering, 2011(10): 1218-1273.

[23] ALVAREZ-ARMAS I, MARINELLI M C, HEREñú S, et al. On the Cyclic Softening Behavior of SAF 2507 Duplex Stainless Steel[J]. Acta Materialia, 2006, 54(19): 5041-5049.

[24] SAAD A A, SUN W, HYDE T H, et al. Cyclic Softening Behaviour of a P91 Steel Under Low Cycle Fatigue at High Temperature[J]. Procedia Engineering, 2011(10): 1103-1106.

[25] SAUZAY M, FOURNIER B, MOTTOT M, et al. Cyclic Softening of Martensitic Steels at High Temperature-Experiments and Physically Based Modelling[J]. Materials Science and Engineering: A, 2008(483/484): 410-414.

[26] VALSAN M, SUNDARAMAN D, BHANU Sankara Rao K, et al. A Comparative Evaluation of LCF Behavior of Type 316LN Base Metal, 316 Weld Metal, and 316LN/316 Weld Joint[J]. Metallurgical and Materials Transactions A, 1995, 26A: 1208-1219.

[27] OKAZAKI M, YAMAZAKI Y. Creep-Fatigue Small Crack Propagation in a Single Crystal Ni-Base Superalloy, CMSX-2: Microstructural Influences and

Environmental Effects[J]. International Journal of Fatigue, 1999, 21(1): S76-S86.

[28] LEIDERMARK D, MOVERARE J, SEGERSäLL M, et al. Evaluation of Fatigue Crack Initiation in a Notched Singlecrystal Superalloy Component[J]. Procedia Engineering, 2011, 10: 619-624.

[29] LEIDERMARK D, ASPENBERG D, GUSTAFSSON D, et al. The Effect of Random Grain Distributions on Fatigue Crack Initiation in a Notched Coarse Grained Superalloy Specimen[J]. Computational Materials Science, 2012, 51 (1): 273-280.

[30] LEO PRAKASH D G, WALSH M J, MACLACHLAN D. Crack Growth Micro-Mechanisms in the IN718 Alloy Under the Combined Influence of Fatigue, Creep and Oxidation[J]. International Journal of Fatigue, 2009, 31 (11/12): 1966-1977.

[31] CONNOLLEY T, REED P A S, STARINK M J. Short Crack Initiation and Growth at 600 ℃ in Notched Specimens of Inconel 718[J]. Materials Science and Engineering: A, 2003, 340(1/2): 139-154.

[32] GHONEM H, ZHENG D. Depth of Intergranular Oxygen Diffusion During Environment-Dependent Fatigue Crack Growth in Alloy 718[J]. Materials Science and Engineering: A, 1992, 150 (2): 151-160.

[33] DAVIDSON D L, CHAN K S. The Crystallography of Fatigue Crack Initiation in Coarse-Grainedastroloy at 20 ℃[J]. Acta Metallurgica, 1989, 37(4): 1089-1097.

[34] XU X D, YANG X Q, ZHOU G, et al. Microstructures and Fatigue Properties Of-Friction Stir Lap Welds in Aluminum Alloy AA6061-T6[J]. Material and Design, 2012(35): 175-183.

[35] GUPTA U, SINGH PP, SINGH D P. Observation of Large Incomplete Fusion in 16O + 103Rh System at 3-5MeV/Nucleon[J]. Nuclear Physics A, 2008, 811(1/2): 78-92.

[36] HE P, FENG J C, XU W. Mechanical Property and Fracture Characteristic of Induction Brazed Joints of Tial-Based Intermetallics to Steel 35CrMo with Ag-Cu-Ni-Li Filler[J]. Materials Science and Engineering: A, 2005, 412(1/2): 214-221.

[37] BARSOUM Z, KHURSHID M, BARSOUM I. Fatigue Strength Evaluation of Friction Stir Welded Aluminium Joints Using the Nominal and Notch Stress Concepts[J]. Materials and Design, 2012(41): 231-238.

[38] SUSMEL L, ASKES H. Modified Wöhler Curve Method and Multiaxial Fa-

tigue Assessment of Thin Welded Joints[J]. International Journal of Fatigue，2012(43)：30-42.

[39] 王斌杰. 高速列车结构热点应力疲劳评定方法及应用研究[D]. 北京：北京交通大学，2008.

[40] 冶金工业部. 钢结构设计规范：GB 50017—2017[S]. 北京：中国建筑工业出版社，1975.

[41] ECCS-TC6-Fatigue：Recommendation for the Fatigue Design of Steel Structures[S]. Europ Convention. Constructional Steelwork. Brussels，1985.

[42] IIW-Doc 693-81：Design Recommendation for Cyclic Loaded Welded Steel Structures[J]. Weld World，1982，20(8-8)：153-165.

[43] HOBBACHER A F. Recommendations for Fatigue Design of Welded Joints and Components[M]. Springer，2016，47.

[44] NIEMI E，FRICKE W，MADDOX S J. Structural Hot-Spot Stress Approach to Fatigue Analysis of Welded Components[J]. IIW doc，Springer，2018，13：1819-00.

[45] NIEMI E，FRICKE W，MADDOX S J. Fatigue Analysis of Welded Components：Designer's Guide to the Structural Hot-Spot Stress Approach[M]. Woodhead Publishing，2006.

[46] DOERK O，FRICKE W，WEISSENBORN C. Comparison of Different Calculation Methods for Structural Stresses at Welded Joints[J]. International Journal of Fatigue，2003，25(5)：359-369.

[47] HUTHER M，HENRY J. Recommendation for Hot-Spot Stress Definition in Welded Joints[R]. International Institute of Welding，1991.

[48] KLOTH W. Atlas of the Stress Fields in Structural Components[M]. [S. l.]：Publ Verlag Staheisen，1961.

[49] Haibach E. The Fatigue Strength of Welded Joints from the Point of View of Local Strain Measurement[M]. [S. l.]：LBF Report FB-77 Publ Lab，1968.

[50] 武奇，邱惠清. 焊接接头疲劳评定的结构热点法研究现状[J]. 焊接，2008(7)：18-21.

[51] NIEMI E. Structure Stress Approach to Fatigue Analysis of Welded Components[C]. IIW Document XIII-1819-00/XV-1090-01/XIII-WG3-06-99. Paris：International Institute of Welding，2001：4-10.

[52] DNV. Fatigue Assessment of Ship Structure[S]. Det Norske Veritas Classifieation Notes No. 30. 7，2001.

[53] HOBBACHER A. Recommendations for Fatigue Design of Welded Joints and Components[C]. IIW-Doc. XIII-1965-03/XV-1128-03. Pairs：International

Institute of Welding，2005

[54] RADAJ D. Design and Analysis of Fatigue Resistant Welded Structures[M]. Cambridge：Abington Publishing，1990.

[55] DONG P. A Structural Stress Definition and Numerical Implementation for Fatigue Analysis of Welded Joints[J]. International Journal of Fatigue，2001，23：865-876.

[56] NIEMI E，TANSKANEN P. Hot Spot Stress Determination for Welded Edge Gussets[C]. IIW DOC. IIW. XIII-1781-99. Paris：International Institute of Welding，1999.

[57] DONG P，HONG J K，GAO Z. A Mesh-Insensitivity Structural Stress Procedure for Fatigue Evaluation of Welded Structures[C]. IIW DOC. XIII-1902-01/XV-1089-01. Paris：International Institute of Welding，2001.

[58] GANG X Z，YAMADA K. A Method of Determining Geometric Stress for Fatigue Strength Evaluation of Steel Weldedjoints[J]. International Journal of Fatigue，2004，26：1278- 1293.

[59] POUTIAINEN I，MARQUIS G. A Fatigue Assessment Method Based on Weld Stress[J]. International Journal of Fatigue，2006，28：1031-1046.

[60] XIAO Z G，CHEN T，ZHAO X L. Fatigue Strength Evaluation of Transverse Fillet Welded Joints Subjected to Bendingloads[J]. International Journal of Fatigue，2012，38：58-64.

[61] NIEMI E，FRICKE W. Structural Hot-Spot Stress Approach to Fatigue Analysis of Welded Components-Designers Guide. IIW doc[C]. III-1819-00/XV-1090-01. Paris：International Institute of Welding，1999.

[62] RADAJ D，SONSINO CM，FRICKE W. Fatigue Strength Assessment of Welded Joints by Local Approaches [M]. Cambridge：Woodhead Publishing，2006.

[63] RADAJ D，SONSINO C M，FRICKE N. Recent Developments in Local Concepts of Fatigue Assessment of Welded Joints[J]. International Journal of Fatigue，2009，31：2-11.

[64] NEUBER H. Theory of Notch Stresses[M]. Berlin：[s. l.]，1985.

[65] RADAJ D. Fatigue Verification by Notch Stress for Welded Components[J]. Konstruktion 1985，37(2)：53-59.

[66] OLIVER R，KöTTGEN VB，SEEGER T. Welded Joints I-Fatigue Strength Assessment Method for Welded Joints Based on Local Stresses[R]. FKM Research report 143，Frankfurt-M，Germany，1989.

[67] MORGENSTERN C，SONSINO C M，HOBBACHER A，et al. Fatigue De-

sign of Aluminium Welded Joints by the Local Stress Concept with the Ficti-tious Notch Radius of $r = 1$ mm[J]. Weld Cut, 2005, 4(6): 318-322.

[68] NEUBER H. About the Consideration of the Stress Concentration in Strength Assessments[J]. Konstruktion, 1968, 20(7): 245-251.

[69] OLIVIER R, KöTTGEN VB, SEEGER T. Fatigue Strength Proof for Welded Joints on Basis of Local Stresses-Welded Joints I[R]. Forschungskuratorium Maschinenbau, (FKM), Frankfurt, Forschungsheft 143, 1998.

[70] OLIVIER R, KöTTGEN VB, SEEGER T. Investigations for Integrating of a new Fatigue Strength Proof of Welded Joints in Design Codes-Welded Joints II [R]. Forschungskuratorium Maschinenbau, (FKM), Frankfurt, Report No. 180, 1994.

[71] ZHANG G, RICHTER B. A New Approach to the Numerical Fatigue-Life Prediction of Spot-Welded Structures[J]. Fatigue and Fracture of Engineering Materials and Structures, 2000, 23(6): 499-508.

[72] 王斌杰. 高速列车结构热点应力疲劳评定方法及应用研究[D]. 南京：南京航空航天大学, 2008.

[73] 翟新康. 飞机整体翼梁结构损伤容限试验及分析研究[D]. 西安：西北工业大学, 2007.

[74] ALBRECHT P, YAMADA K. Rapid Calculation of Stress Intensity Factors [J]. Journal of the Structural Division, 1977, 103(2): 378-389.

[75] HOBBACHER A. Stress Intensity Factors of Welded Joints[J]. Engineering Fracture Mechanics, 1993, 46(2): 173-182.

[76] British Standard BS 7910: 2004: Guide for Methods for Assessing the Accept-ability of Flaws in Metallic Structures[S]. 2004.

[77] CHENG G X, ZUO J Z, LOU Z W, et al. Continuum Damage Model of Low-Cycle Fatigue and Fatigue Damage Analysis of Welded Joint[J]. Engineering Fracture Mechanics, 1996, 55(1): 155-161.

[78] 孙立德. 运用连续损伤理论对结构损伤分析和寿命预测的研究[D]. 大连：大连理工大学, 2004.

[79] ALVES M, YU J L, JONES N. On the Elastic Modulus Degradation in Con-tinuum Damage Mechanics[J]. Computers & Structures, 2000, 76(6): 703-712.

[80] ZHAO A H, YU J L. The Overall Elastic Moduli of Orthotropic Composite and Description of Orthotropic Damage of Materials[J]. International Journal of Solids and Structures, 2000, 37(45): 6755-6771.

[81] SáNCHEZ-Santana U, RUBIO-González C, MESMACQUE G, et al. Effect

of Fatigue Damage Induced by Cyclic Plasticity on the Dynamic Tensile Behavior of Materials[J]. International Journal of Fatigue，2008，30(10-11)：1708-1719.

[82] 沈为，彭立华. 疲劳损伤演变方程与寿命估算-连续损伤力学的应用[J]. 机械强度，1994，16(2)：32-57.

[83] KIM T W，KANG D H，YEOM J T，et al. Continuum Damage Mechanics-Based Creep-Fatigue -Interacted Life Prediction of Nickel-Based Superalloy at High Temperature[J]. Scripta Materialia，2007(57)：1149-1152.

[84] DATTOMA V，GIANCANE S，NOBILE R，et al. Fatigue Life Prediction Under Variable Loading Based on a New Non-Linear Continuum Damage Mechanics Model[J]. International Journal of Fatigue，2006，28(2)：89-95.

[85] AYOUB G，NAïT-Abdelaziz M，ZAïRI F，et al. A Continuum Damage Model for the High-Cycle Fatigue Life Prediction of Styrene-Butadiene Rubber Under Multiaxial Loading[J]. International Journal of Solids and Structures，2011(48)：2458- 2466.

[86] GIANCANE S，NOBILE R，PANELLA F W，et al. Fatigue Life Prediction of Notched Components Based on a New Nonlinear Continuum Damage Mechanics Model[J]. Procedia Engineering，2010，2(1)：1318-1325.

[87] CHENG G X，PLUMTREE A. A Fatigue Damage Accumulation Model Based on Continuum Damage Mechanics and Ductility Exhaustion[J]. International Journal of Fatigue，1998，20(7)：495-501.